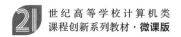
21世纪高等学校计算机类课程创新系列教材·微课版

C#.NET 程序设计项目化教程

第2版·微课视频版

张震 陈金萍 李秋 主编

清华大学出版社
北京

内 容 简 介

本书以 Visual Studio 2017 为开发平台，从初学者角度出发，以典型的任务为载体，采取课内外项目并行的模式，系统地介绍使用 C♯ 进行 Windows 应用程序开发的常用技术和方法。为贯彻"项目驱动，案例教学，理论实践一体化"的教学理念，每个项目单元内容由项目情境、学习重点与难点、学习目标、任务描述、相关知识、任务实现、项目小结、拓展实训和习题构成，方便在教学过程中将知识的讲解和技能训练相结合。

本书共包含 10 个项目单元：初识 Visual C♯ 开发环境、C♯ 基础知识、设计流程控制程序、数组的使用、开发窗体应用程序、使用集合类型开发程序、设计面向对象应用程序、使用继承和多态开发程序、文件操作、综合实训。最后部分的综合实训依托一个完整的项目——房屋出租管理系统，让读者体验基于数据库的 Windows 应用程序的开发过程。

本书可作为应用型本科院校相关专业的教材，也可作为高职高专、中职学校和培训机构的 C♯ 教学用书。

版权所有，侵权必究。举报：010-62782989，beiqinquan@tup.tsinghua.edu.cn。

图书在版编目（CIP）数据

C♯.NET 程序设计项目化教程：微课视频版/张震，陈金萍，李秋主编. -- 2 版. -- 北京：清华大学出版社，2025.5. -- （21 世纪高等学校计算机类课程创新系列教材：微课版）. -- ISBN 978-7-302-69206-5
Ⅰ. TP312.8
中国国家版本馆 CIP 数据核字第 2025K35H03 号

责任编辑：黄 芝 李 燕
封面设计：刘 键
责任校对：申晓焕
责任印制：刘 菲

出版发行：清华大学出版社
    网 址：https://www.tup.com.cn，https://www.wqxuetang.com
    地 址：北京清华大学学研大厦 A 座 邮 编：100084
    社 总 机：010-83470000 邮 购：010-62786544
    投稿与读者服务：010-62776969，c-service@tup.tsinghua.edu.cn
    质量反馈：010-62772015，zhiliang@tup.tsinghua.edu.cn
    课件下载：https://www.tup.com.cn，010-83470236
印 装 者：北京瑞禾彩色印刷有限公司
经 销：全国新华书店
开 本：185mm×260mm 印 张：18.5 字 数：447 千字
版 次：2018 年 6 月第 1 版 2025 年 6 月第 2 版 印 次：2025 年 6 月第 1 次印刷
印 数：9001～10500
定 价：59.80 元

产品编号：097246-01

前　言

　　.NET 是软件开发人才培养的一个比较重要的方向，技术越来越成熟，已成为面向对象程序开发的主流平台。作为 Visual Studio.NET 的语言，C♯语言备受专业爱好者和从业人员的青睐。Visual C♯是一个功能强大、使用简单的语言，既可以开发基于 Windows 的 C/S 模式的应用程序，又可以开发基于 Web 的 B/S 模式的应用程序。

　　目前全社会大力弘扬"工匠精神"，致力于培养"工匠人才"。工匠精神代表的是一种执着专注、精益求精、一丝不苟、追求卓越的良好品质。本书本着精益求精、一丝不苟、追求卓越的宗旨，在第 1 版的基础之上对内容和形式进行了调整，配套了丰富的教学和学习资源，包括教学课件、微课视频、测试习题、项目代码等。

　　本书的编写立足体现应用型本科院校的以能力为本的教学要求，基于 Visual Studio 2017 开发环境，通过项目情境提出问题，通过示例项目训练技能、解决问题并讲解相应的技术和方法，最后通过完成项目任务巩固所学的知识，训练学生的综合应用能力。本书内容打破传统的学科章节，采用项目化形式编写。本书主要内容如下：

项目 1　初识 Visual C♯开发环境
项目 2　C♯基础知识
项目 3　设计流程控制程序
项目 4　数组的使用
项目 5　开发窗体应用程序
项目 6　使用集合类型开发程序
项目 7　设计面向对象应用程序
项目 8　使用继承和多态开发程序
项目 9　文件操作
项目 10　综合实训

　　本书由张震、陈金萍、李秋编写，其中陈金萍编写项目 1~3，张震编写项目 4~6，李秋编写项目 7~10，张震负责统稿。大连广播电视大学李峰副教授帮助校对初稿，在此感谢所有对本书给予帮助的人。

　　限于作者水平，书中难免有疏漏之处，敬请读者批评指正。

编　者
2025 年 3 月

下载源码

项目1　初识 Visual C♯ 开发环境 ··· 1

　项目情境 ·· 1
　学习重点与难点 ·· 1
　学习目标 ·· 1
　任务描述 ·· 1
　相关知识 ·· 1
　　任务 1　Visual Studio 2017 开发环境的安装 ······································ 10
　　任务 2　创建 C♯ 控制台应用程序 ··· 13
　　任务 3　创建 Windows 窗体应用程序 ·· 15
　　任务 4　创建 WPF 应用程序 ·· 17
　项目小结 ·· 21
　拓展实训 ·· 21
　习题 ··· 21

项目 2　C♯ 基础知识 ·· 23

　项目情境 ·· 23
　学习重点与难点 ·· 23
　学习目标 ·· 23
　任务描述 ·· 23
　相关知识 ·· 23
　　任务 1　编写控制台程序,实现个人简历的制作 ····································· 36
　　任务 2　简单计算器程序 ·· 38
　　任务 3　长方体面积和体积计算器 ··· 41
　　任务 4　根据身份证号获取个人信息 ·· 43
　项目小结 ·· 45
　拓展实训 ·· 45
　习题 ··· 46

项目 3　设计流程控制程序 ··· 48

　项目情境 ·· 48
　学习重点与难点 ·· 48

学习目标 …………………………………………………………………… 48
　　任务描述 …………………………………………………………………… 48
　　相关知识 …………………………………………………………………… 49
　　任务 1　输入两个数 a 和 b，编写程序使 a 的值大于 b 的值 ……………… 61
　　任务 2　判断一个数是不是 3 的倍数 ……………………………………… 63
　　任务 3　成绩转换 …………………………………………………………… 64
　　任务 4　采用 switch 语句实现任务 3 ……………………………………… 65
　　任务 5　计算景点门票优惠率 ……………………………………………… 66
　　任务 6　简单计算器 ………………………………………………………… 68
　　任务 7　输出 100 以内的所有奇数和、偶数和 …………………………… 69
　　任务 8　用 do…while 语句改写任务 7 …………………………………… 70
　　任务 9　用 for 循环改写任务 7 …………………………………………… 72
　　任务 10　利用 foreach 统计字符串中各种字符的个数 …………………… 72
　　任务 11　石头、剪刀、布猜拳游戏 ………………………………………… 74
　　任务 12　输出图形 ………………………………………………………… 76
　　任务 13　输出斐波那契数列的前 20 项 …………………………………… 78
　　任务 14　输出 1000 以内的完数 …………………………………………… 79
　　任务 15　百钱买百鸡问题的求解 …………………………………………… 79
　　项目小结 …………………………………………………………………… 80
　　拓展实训 …………………………………………………………………… 80
　　习题 ………………………………………………………………………… 81

项目 4　数组的使用 ……………………………………………………………… 85
　　项目情境 …………………………………………………………………… 85
　　学习重点与难点 …………………………………………………………… 85
　　学习目标 …………………………………………………………………… 85
　　任务描述 …………………………………………………………………… 85
　　相关知识 …………………………………………………………………… 85
　　任务 1　统计学生成绩中超出平均分的人数 ……………………………… 88
　　任务 2　将一个二维数组倒置 ……………………………………………… 90
　　任务 3　输出杨辉三角形 …………………………………………………… 91
　　任务 4　使用 Sort() 方法对数组进行快速排序 …………………………… 94
　　项目小结 …………………………………………………………………… 95
　　拓展实训 …………………………………………………………………… 95
　　习题 ………………………………………………………………………… 95

项目 5　开发窗体应用程序 ……………………………………………………… 98
　　项目情境 …………………………………………………………………… 98
　　学习重点与难点 …………………………………………………………… 98

学习目标	98
任务描述	98
相关知识	98
任务 1　制作个人信息登记程序	133
任务 2　制作简易文本编辑器	136
项目小结	142
拓展实训	142
习题	143

项目 6　使用集合类型开发程序 ………………………………………………… 145

项目情境	145
学习重点与难点	145
学习目标	145
任务描述	145
相关知识	145
任务　制作简易通讯录管理程序	151
项目小结	154
拓展实训	154
习题	155

项目 7　设计面向对象应用程序 ………………………………………………… 156

项目情境	156
学习重点与难点	156
学习目标	156
任务描述	156
相关知识	157
任务 1　认识面向对象	158
任务 2　定义一个学生类	162
任务 3　利用属性访问汽车类的字段	163
任务 4　使用属性对年龄字段的访问进行限定	164
任务 5　使用方法求圆的面积	168
任务 6　利用值传递交换两个变量的值	171
任务 7　利用引用传递交换两个变量的值	172
任务 8　使用 out 参数返回矩形的面积	173
任务 9　利用方法重载制作简易计算器	175
任务 10　使用构造方法制作学生类对象生成器	178
任务 11　使用静态成员统计长方体的个数	184
任务 12　体验 this 关键字在类中的不同角色	187
项目小结	190

拓展实训 190
习题 191

项目 8　使用继承和多态开发程序 197

项目情境 197
学习重点与难点 197
学习目标 197
任务描述 197
相关知识 198
任务 1　使用继承定义学生类 204
任务 2　在派生类中隐藏从基类继承的成员 208
任务 3　使用虚方法与重写方法编写动物出行方式游戏 209
任务 4　使用抽象类与抽象方法输出动物的呼吸方式 212
任务 5　为海尔和美的厂家制作统一的洗衣机接口 213
项目小结 215
拓展实训 215
习题 216

项目 9　文件操作 220

项目情境 220
学习重点与难点 220
学习目标 220
任务描述 220
相关知识 221
任务 1　文件操作初体验 228
任务 2　制作文件编辑器 231
任务 3　遍历目录 235
任务 4　制作文件流读写器 236
任务 5　制作文本文件读写器 237
任务 6　制作二进制文件读写器 241
项目小结 243
拓展实训 243
习题 245

项目 10　综合实训 247

项目情境 247
学习重点与难点 247
学习目标 247
任务描述 247

相关知识·· 248
　　任务 1　房屋出租管理系统的概要设计·· 254
　　任务 2　数据库设计·· 255
　　任务 3　公共类设计·· 256
　　任务 4　登录模块的设计与功能实现··· 256
　　任务 5　主窗体模块的设计与功能实现·· 258
　　任务 6　出租人信息模块的设计与功能实现··· 262
　　任务 7　房屋信息模块的设计与功能实现··· 266
　　任务 8　房屋查询模块的设计与功能实现··· 269
　　任务 9　客户查询模块的设计与功能实现··· 277
　　任务 10　利润信息模块的设计与功能实现·· 278
　　项目小结··· 280
　　拓展实训··· 280
　　习题·· 281

参考文献·· 283

项目 1 初识 Visual C# 开发环境

扫码答题

项目情境

小张才从某高校毕业,应聘到一家软件公司的.NET 开发团队,公司主管要小王编写一个"欢迎小张加入.NET 开发团队!"的程序,要求编写控制台程序和 Windows 应用程序两种形式。

学习重点与难点

- 熟悉 Visual Studio 2017 开发环境
- 了解控制台应用程序和 Windows 应用程序的内涵和区别
- 掌握创建和运行控制台应用程序的方法和步骤
- 掌握创建和运行 Windows 应用程序的方法和步骤

学习目标

- 能使用控制台编写简单的应用程序
- 能独立设计 Windows 窗体应用程序

任务描述

任务 1　Visual Studio 2017 开发环境的安装
任务 2　创建 C# 控制台应用程序
任务 3　创建 Windows 窗体应用程序
任务 4　创建 WPF 应用程序

相关知识

知识要点:
- .NET 概述
- C# 概述
- Visual Studio 2017 集成开发环境
- C# 源程序的基本结构
- C# 编码规范

知识点 1　.NET 概述

.NET 是一个用于建立应用程序的平台,它在内部封装了大量功能强大的应用程序编程接口(Application Programming Interface,API)函数,利用这些函数可以开发各类 Windows 应用程序。.NET 也是 Microsoft 公司为适应 Internet 高速发展的需要而推出的新的开发平台,它向广大程序员提供了功能强大的集成开发环境——Visual Studio.NET。

.NET 的核心是.NET Framework(.NET 框架体系)。.NET 框架从上至下由应用程序开发技术、Microsoft.NET Framework 类库、基类库和公共语言运行库(Common Language Runtime,CLR)4 部分组成,如图 1-1 所示。

应用程序开发技术				
ASP.NET				WinForms
Microsoft.NET Framework类库				
数据库访问(ADO.NET)	XML应用	目录服务	正则表达式	消息支持
基类库				
集合操作	线程支持	代码生成	输入输出(I/O)	映射	安全

（补充：表格最后一行为6列，上面合并处理）

公共语言运行库(CLR)			
内存管理	公共类型系统(CTS)	生命周期监控	JIT编译器等

图 1-1　.NET 框架的组成

1. 应用程序开发技术

应用程序开发技术位于框架的最上方,是应用程序开发人员开发的主要对象,包括 ASP.NET 技术和 WinForms 技术等。

2. Microsoft.NET Framework 类库

Microsoft.NET Framework 类库是一个综合性的类集合,用于应用程序开发的一些支持性的通用功能。它主要包括以下类库:数据库访问(ADO.NET)、XML 应用、目录服务、正则表达式和消息支持。

3. 基类库

基类库提供了支持底层操作的一系列通用功能,主要包括集合操作、线程支持、代码生成、输入输出(I/O)、映射和安全等方面的内容。

4. 公共语言运行库

公共语言运行库是一种受控的执行环境,用于执行和管理任何一种针对 Microsoft.NET 平台的代码。

知识点 2　C#概述

1. C#的由来

在没有 C#语言之前,C 和 C++一直是商业软件开发领域中最具有生命力的语言。这两种语言为程序员提供了丰富的功能、高度的灵活性和强大的底层控制力,但是利用 C 和 C++语言开发的 Windows 应用程序显然复杂了很多,往往需要消耗更多的时间来完成开发,所以程序员们试图寻找一种新的语言,希望能在功能和效率之间找到一个更为理想的平衡点。

针对这一问题,微软公司从 1998 年 12 月开始了 COOL 项目,直到 1999 年 7 月 COOL

被正式更名为 C♯。2000 年 6 月,微软在奥兰多举行的"职业开发人员技术大会"上正式发布了新的语言 C♯。它是一种面向对象的、运行于.NET Framework 之上的高级程序设计语言。

2. C♯的特点

C♯是一种安全的、稳定的、简单的、优雅的,由 C 和 C++ 衍生而来的面向对象的编程语言,它继承 C 和 C++ 强大功能的同时,去掉了它们的一些复杂特性(例如没有宏以及不允许多重继承)。C♯具有如下特点。

1) 简洁的语法

C♯中几乎不再用 C++ 中流行的指针,整数数据 0 和 1 也不再是布尔值,它摒弃了 C 和 C++ 中复杂且不常用的语法元素,使用统一的类型系统。

2) 与 Web 的紧密结合

在微软的.NET 开发套件中,C♯与 ASP.NET 是相互融合的。ASP.NET 的应用程序可以使用 VB.NET 语法,也可以使用 C♯语法。使用 C♯编写的 ASP.NET 结构更严谨,运行更高效。由于有了 Web 服务框架的帮助,对程序员来说,网络服务看起来就像是 C♯的本地对象。强大的 Web 服务器端组件和 XML 技术使其能设计功能更完善的企业级分布式应用系统。

3) 精心的面向对象设计

C♯是一种彻底的、面向对象的编程语言,具有面向对象的一切特性:封装、继承和多态。在实际编程中,C♯都是在命名空间中定义类,然后在类内编写程序的入口函数 Main()。

4) 完整的安全性与错误处理

语言的安全性与错误处理能力是衡量一种语言是否优秀的重要依据。C♯的先进设计思想可以消除软件开发中的许多常见错误,并提供了包括类型安全在内的完整安全性能。为了减少开发中的错误,C♯可以帮助开发者通过更少的代码完成相同的功能,这不但减轻了编程人员的工作量,同时更有效地避免了错误的发生。C♯中不能使用未初始化的变量,对象的成员变量由编译器负责将其置为零,当局部变量未经初始化而被使用时,编译器将做出提醒。C♯不支持不安全的指向,不能将整数指向引用类型。C♯提供了边界检查与溢出检查功能。

5) 版本处理技术

C♯提供了内置的版本支持来减少开发费用,使用 C♯将会使开发人员更加轻易地开发和维护各种商业用户。C♯语言中内置了版本控制功能。

6) 灵活性和兼容性

在简化语法的同时,C♯并没有失去灵活性。尽管它不是一种无限制的语言,但它仍然是那么的灵巧。C♯允许与 C 风格的需要传递指针型参数的 API 进行交互操作,动态链接库(Dynamic Link Library,DLL)的任何入口点都可以在程序中进行访问。C♯遵守.NET 公用语言规范,从而保证了 C♯组件与其他语言组件间的互操作性。

3. C♯、.NET 与 Visual Studio 的关系

.NET 框架是微软公司推出的一个全新的开发平台。Visual Studio 则是微软公司为了配合.NET 战略推出的智能化集成开发环境和工具,同时它也是目前开发 C♯应用程序的最好的工具。C♯只是一种基于.NET 框架的程序开发语言,它并不是.NET 的一部分。

在安装 Visual Studio 的同时，.NET 框架也会自动安装。在安装过程中，可以选择安装 C#、VB 或者 C++等，也可以选择都安装。

C#、.NET 与 Visual Studio 各版本之间的对应关系如表 1-1 所示。

表 1-1 C#、.NET 与 Visual Studio 各版本之间的对应关系

集成开发环境版本	开发平台版本	C#语言版本
Visual Studio 2002	.NET Framework 1.0	C# 1.0
Visual Studio 2003	.NET Framework 1.1	C# 1.1
Visual Studio 2005	.NET Framework 2.0	C# 2.0
Visual Studio 2008	.NET Framework 3.5	C# 3.5
Visual Studio 2010	.NET Framework 4.0	C# 4.0
Visual Studio 2012/2013	.NET Framework 4.5	C# 5.0
Visual Studio 2015	.NET Framework 4.6	C# 6.0
Visual Studio 2017	.NET Framework 4.6.2	C# 7.0
Visual Studio 2019	.NET Framework 4.7.1	C# 8.0

知识点 3　Visual Studio 2017 集成开发环境

观看视频

Visual Studio 2017 是微软公司于 2017 年发布的，其集成开发环境（Integrated Development Environment，IDE）的界面被重新设计和组织，变得更加简单了。Visual Studio 2017 的集成开发环境如图 1-2 所示。

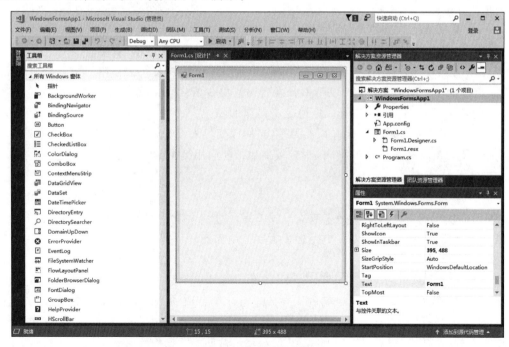

图 1-2　集成开发环境

Visual Studio 2017 的集成开发环境主要包括菜单栏、工具栏、窗体设计器、工具箱、"属性"窗口、解决方案资源管理器和代码编辑器等。

1. 菜单栏

菜单栏包括文件、编辑、视图、项目、生成、调试、团队、工具、测试、分析、窗口、帮助 12 个菜单项，它们提供了程序设计过程中所需的功能。

2. 工具栏

工具栏以图标形式提供了常用命令的快速访问按钮，单击某个按钮可以执行相应的操作。Visual Studio 2017 将常用的命令按功能的不同进行了不同的分类。可以通过"视图"→"工具栏"菜单打开不同的工具栏。标准工具栏中主要按钮的功能如图 1-3 所示。

3. "解决方案资源管理器"窗口

使用 Visual Studio 2017 开发的每一个应用程序都叫作一个解决方案，每一个解决方案可以包含一个或多个项目。一个项目通常是一个完整的程序模块。一个项目可以有多个文件。

"解决方案资源管理器"窗口位于 IDE 右上方，如果在 IDE 中已经创建了方案或项目，则项目中所有文件以分层树的形式显示，如图 1-4 所示。

图 1-3　标准工具栏

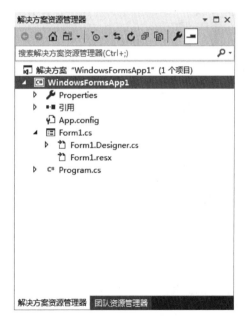

图 1-4　"解决方案资源管理器"窗口

4. "工具箱"窗口

工具箱在 IDE 的左侧，是 Visual Studio 2017 的重要工具，其中包含许多可视化的控件，用户可以从中选择相应的控件，将它们添加到窗体上，进行可视化界面的设计。

工具箱中的控件和各种组件按照功能进行了分组，如图 1-5 所示。通过单击分组前面的三角可以展开组，显示该组中的所有控件，展开"公共控件"组后显示出的控件集合如图 1-6 所示。

图 1-5　工具箱的分组

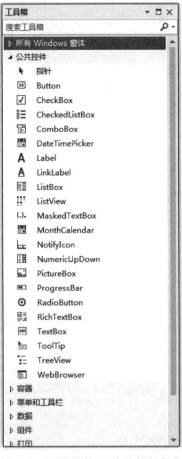

图 1-6　"公共控件"组中的控件集合

5．"窗体设计器/代码编辑器"窗口

"窗体设计器/代码编辑器"窗口是 Visual Studio 2017 集成开发环境的主窗口。窗体设计器用于进行可视化的设计，它像一块画布一样，用户可以在上面绘制各种图形。用户可以将各种控件放在窗体设计器上，完成用户界面的设计。代码编辑器用来进行代码的设计。如果当前项目是 Windows 窗体应用程序，可以使用多种方法实现两个窗体之间的切换：

（1）按 F7 键显示代码编辑器，按 Shift+F7 组合键显示窗体设计器。

（2）选择"视图"→"代码"命令或"视图"→"设计器"命令。

（3）当"代码编辑器"窗口和"窗体设计器"窗口被打开后，在该主窗口上方就会出现选项卡，可以通过单击来切换，如图 1-7 所示。

6．"属性"窗口

"属性"窗口如图 1-8 所示，在默认情况下位于 IDE 的右下方，主要用来查看、设置项目、类和控件的特性。在 Windows 窗体的设计视图下，在"属性"窗口中可以设置控件的属性并链接用户界面控件的事件。"属性"窗口同时采用了两种方式来管理属性和方法，即按"分类顺序"和"字母顺序"，用户可以根据自己的习惯来采取不同的方式。

窗体和控件都有自己的属性，用户可以通过"属性"窗口对控件的属性值进行修改。

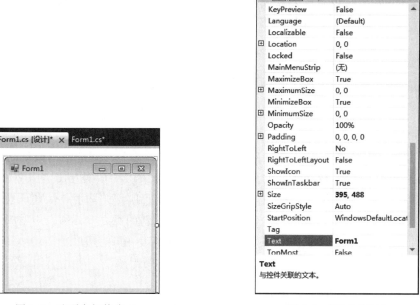

图 1-7　选项卡切换窗口　　　　　　图 1-8　"属性"窗口

说明：在 IDE 中，窗口被关闭后，可以通过视图菜单或通过组合键来打开，如"属性"窗口被关闭后，可以通过"视图"→"属性窗口"菜单打开，也可以按 Ctrl＋W/P 组合键打开。

知识点 4　C♯源程序的基本结构

一个 C♯源程序的结构大体可以分为命名空间、类、方法、语句、花括号和注释等，以控制台程序为例的 C♯源程序结构如图 1-9 所示。

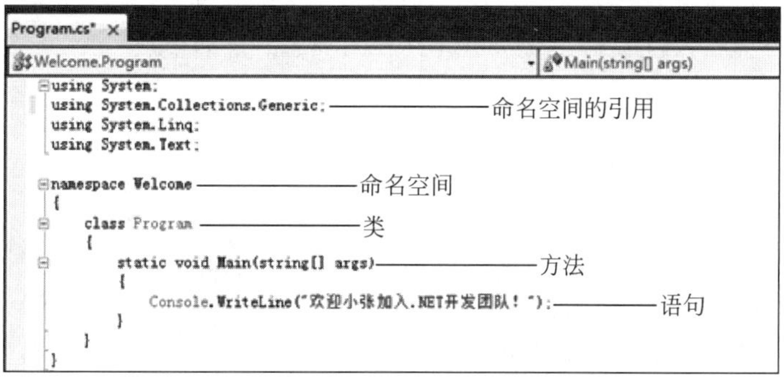

图 1-9　C♯源程序的基本结构

1．命名空间

namespace 是命名空间的关键字，C♯程序是利用命名空间组织起来的。命名空间包含类，是类的组织方式，是把内部的程序组织起来，外部程序如果需要使用某个命名空间中的类或方法，需要首先在程序的开始部分使用 using 指令引入命名空间，引用格式为：

using 命名空间名;

命名空间有两种：系统命名空间和用户自定义命名空间。系统命名空间是 VS.NET 提供的系统预定义的命名空间。当创建 C#程序时，会创建一个以项目名为空间名的默认命名空间，用户也可以修改命名空间的名称。用户自定义命名空间由用户定义,定义格式如下：

```
namespace 命名空间名
{
…//类的定义
}
```

2. 类

类是一种数据结构，它可以封装数据成员、方法和其他类。类是创建对象的模板。C#中必须用类来组织程序，用户编写的所有代码必须包含在类中。类是 C#语言的核心和基本构成模块。C#中至少包含一个自定义类，创建控制台程序时 C#默认创建了一个 Program 类，用户也可以修改这个类名。使用任何一个新的类之前必须先声明类，一个类一旦被声明，就可以当作一种新的数据类型来使用。在 C#中通过使用 class 关键字来声明类，声明形式如下：

```
[类修饰符]class [类名][基类或接口]
{
    [类体]
}
```

说明：类名必须符合标识符命名规则，类名要尽量能够体现类的含义和用途，一般首字母大写。

3. 方法

在 C#中，程序功能是通过执行类中的方法来实现的，一个类中可以定义多个方法，但是有且只有一个 Main()方法，它是程序的入口，也就是程序的执行总是从 Main()方法开始的。当新建一个控制台程序时，系统会在 Program.cs 中自动生成一个 Main()方法，默认的 Main()方法代码如下：

```
static void Main()
{
}
```

说明：可以用 3 个修饰符来修饰 Main()方法，分别是 public、static 和 void。
- public：说明 Main()方法是公有的，可以在类外调用。默认是私有的(private)。
- static：说明 Main()方法是静态的，必须直接使用类名来调用静态方法。
- void：说明 Main()方法无返回值。

4. 语句

语句是构成 C#程序的基本单位，语句是以分号结束的。C#语言区分大小写，书写代码时，注意尽量使用缩进来表示代码的层次结构。

5. 花括号

在 C#中，花括号是一种范围标志，表示代码层次的一种方式，花括号可以嵌套，以表示应用程序中的不同层次。花括号必须成对出现。

6. 注释

注释语句的作用是对某行或某段代码进行说明,方便对代码的理解和维护,程序运行时注释语句不执行。注释语句分为单行注释、多行注释和文档注释 3 种。单行注释使用"//"开头,后面的文本为注释内容。对于连续的多行,可以使用多行注释语句,多行注释使用"/*"开头,以"*/"结束,区间内容为注释内容。使用"///"可以进行文档注释,若有多行文档注释,则每一行都用"///"开头。

在 Visual Studio 2017 中,可以通过单击工具栏上的 按钮添加注释,取消注释可以通过单击工具栏上的 按钮实现。

知识点 5　C#编码规范

每一种编程语言都有一些开发人员要遵循的约定,这些约定就统称为编码规范。微软编写了非常详尽的用法准则,读者可参考 MSDN 文档。本知识点介绍一些适合用户的编码规范。

1. 标识符命名的规范

(1) 要做到见名知义,就要使用变量、字段、类的完整英文描述符,但是对于一些简单的变量,例如循环中的变量,就可以简单命名为 i、j 等。

(2) 要采用大小写字母混合的方式,以提高名字的可读性,例如 BackColor、HelloWorld、backColor 等。不采用下画线作为分隔符的写法。

2. 接口、类和结构命名

(1) 类的名字要用名词,避免使用单词的缩写。

(2) 接口的名字要以字母 I 开头,确保接口的标准实现名称仅与接口名称相差一个 I 前缀。

(3) 泛型类型参数的命名要用 T 或者以 T 开头的描述性名字。

(4) 对同一项目的不同命名空间中的类,应避免重复,防止引用时的冲突和混淆。

3. 类型成员的命名

类型成员包含以下几种成员:方法、属性、事件和字段。

(1) 方法的命名应使用动词或动词短语。定义由方法执行的操作时,应从开发人员的角度出发,仔细选择明确的名称,避免选择描述方法如何执行其操作的动词,也就是说,不要使用实现细节作为方法名称。

(2) 属性的命名应使用名词、名词短语或形容词,不要使用与 Get() 方法同名的属性。例如,属性命名为 ballcolor,又将一个方法命名为 Getballcolor()。

(3) 事件的命名应使用动词或动词短语。在为事件命名时,使用现在时或过去时表示时间上的前后概念。

(4) 字段的命名:使用名词或名词短语,字段名称中使用 Pascal 大小写格式。

4. 代码组织与风格

1) 声明

在声明类字段、实例字段或者局部变量时,每行只声明一个。而当一起进行几个声明时,需对准字段或者变量的名称。对于局部变量来说,应该在声明变量时就进行初始化,除非在初始化变量时,还需要执行一些其他的动作,例如计算。声明应该位于进行声明的类或方法的顶部,这样未来在进行查看时会更容易。

2) 缩进

可以使用制表符或者空格来进行缩进,同时还可设置缩进的字符单位。日常使用4个空格的缩进单位。

3) 空行与空格

在方法之间、声明和语句之间、代码的逻辑段之间以及单行或者多行注释之间应该使用一个空行。在带小括号的关键字之后、参数列表的逗号之后和数据操作符的前后应该使用一个空格。

任务1 Visual Studio 2017 开发环境的安装

■ 任务分析

Visual Studio 2017 是微软公司于 2017 年发布的.NET 开发工具,用于开发 ASP.NET Web 应用程序、XML Web Services、桌面应用程序和移动应用程序。

要使用 Visual Studio 2017 环境编写应用程序,必须首先安装 Visual Studio 2017 软件。可以到微软的官方网站上获取 Visual Studio 2017 的安装文件,也可以从其他网站上下载 Visual Studio 2017 中文版。获取安装文件后就可以进行安装了。本任务将在32位 Windows 7 系统下完成软件的安装。

◆ 任务实施

【步骤1】运行安装文件中的 vs_community.exe 文件,首先会进行.NET Framework 版本的检测,如图 1-10 所示。

图 1-10 .NET Framework 版本的检测

【步骤2】下载安装.NET Framework 4.6。如果安装过程中出现如图 1-11 所示的安装未成功提示,解决办法:安装 KB2813430 补丁,可以到微软的官方网站下载,下载地址如下。

32 位系统补丁下载地址:

https://www.microsoft.com/zh-CN/download/details.aspx?id=39110

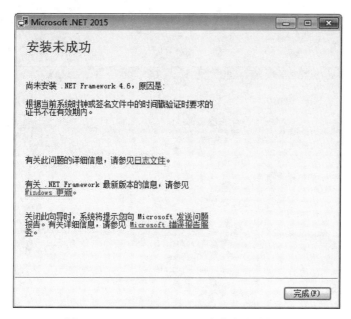

图 1-11 .NET Framework 安装未成功提示

64 位系统补丁下载地址：

https://www.microsoft.com/zh-CN/download/details.aspx?id=39115

安装完补丁后，重新进行.NET Framework 4.6 的安装。

【步骤3】重新运行安装文件中的 vs_community.exe 文件，弹出如图 1-12 所示的对话框。

图 1-12 隐私声明和许可条款

【步骤4】单击"继续"按钮，选择要安装的组件，根据个人需要选择工作负荷、单个组件和语言包，可以修改安装位置，也可以选择默认安装位置，如图 1-13 所示。在该界面右下角的下拉框中选择"下载时安装"，然后单击"修改"按钮进入组件安装进度界面，如图 1-14 所示，下载安装程序并安装，安装时间受网络速度和计算机环境影响。

【步骤5】安装完成后，会出现如图 1-15 所示的界面，可以直接单击"启动"按钮，启动 Visual Studio 2017。

图 1-13　选择要安装的组件

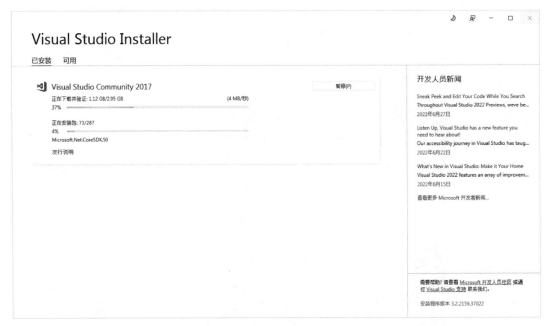

图 1-14　下载安装界面

项目1 初识Visual C#开发环境

图1-15 安装完成界面

任务2 创建C♯控制台应用程序

■ **任务分析**

本任务的功能是创建一个"欢迎小张加入.NET开发团队！"的C♯控制台应用程序。

◆ **任务实施**

【步骤1】启动Visual Studio 2017，选择创建新项目，打开"新建项目"对话框，如图1-16所示。

图1-16 "新建项目"对话框

【步骤 2】在左侧选项中选择"Windows 桌面"选项,然后选择"控制台应用(.NET Framework)"选项,输入名称 Welcome,选择存储位置,单击"确定"按钮,进入控制台应用程序编码窗口,如图 1-17 所示。

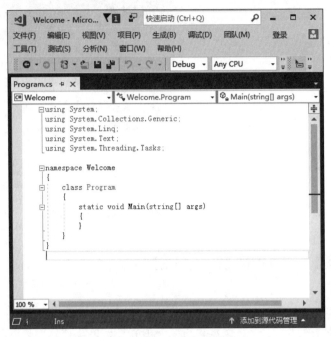

图 1-17　控制台应用程序编码窗口

【步骤 3】在"代码编码器"窗口的 Main()方法中添加一行代码,加入代码后的 Main()方法如下:

```
static void Main(string[] args)
{
    Console.WriteLine("欢迎小张加入.NET 开发团队!");
}
```

【步骤 4】按 Ctrl+F5 组合键运行该程序,输出结果如图 1-18 所示。按任意键即可结束该程序的运行,返回"代码编码器"窗口。

图 1-18　控制台应用程序运行结果

【步骤 5】选择"文件"→"全部保存"命令或者单击工具栏上的"全部保存"按钮,保存运行成功的项目。

说明：
- 控制台应用程序是指没有图形化用户界面，Windows 使用命令行方式与用户交互，文本输入输出都是通过标准控制台实现的程序，类似于标准的 C 语言程序。
- 控制台应用程序也可以通过记事本编写。
- 控制台应用程序至少包含一个 Program.cs 文件，用于存放 C♯ 源程序。每个 C♯ 源程序都必须包含且只能包含一个 Main() 方法，用于指示编译器从此处开始执行程序。
- 控制台应用程序的输入输出功能是由 Console 类的不同方法来实现的。Console.WriteLine() 方法和 Console.Write() 方法用于输出，区别在于前者可以换行，后者则不换行；Console.ReadLine() 方法和 Console.Read() 方法用于从键盘读入数据，返回值都是字符串类型，区别在于前者可以换行，后者则不换行。

任务 3　创建 Windows 窗体应用程序

■ 任务分析

本任务的功能是创建一个"欢迎小张加入.NET 开发团队！"的 C♯ Windows 窗体应用程序。任务运行结果如图 1-19 所示。

◆ 任务实施

【步骤 1】启动 Visual Studio 2017，打开"新建项目"对话框。

【步骤 2】在"新建项目"对话框左侧选择 Visual C♯ 选项，然后选择"Windows 桌面"选项，在右侧选

图 1-19　任务运行结果

择"Windows 窗体应用(.NET Framework)"选项，并在下方的名称中输入 welcomeapp，选择保存的位置，在解决方案名称中也输入 welcomeapp，如图 1-20 所示。

【步骤 3】单击"确定"按钮，进入如图 1-21 所示的"窗体设计器"窗口。

【步骤 4】单击左侧的"工具箱"，在弹出的"工具箱"窗口标题栏上右击，在快捷菜单中选中"停靠"命令，将"工具箱"停靠在窗体左侧，便于使用。

【步骤 5】在"工具箱"中找到 Label 控件，将其拖动到窗体上，或者直接双击该控件，即可将该控件添加到窗体上。再用相同的方法在窗体上添加两个 Button 控件，并将这些控件调整到合适的位置，添加控件后的"窗体设计器"窗口如图 1-22 所示。

【步骤 6】修改窗体和控件的属性。在窗体空白处右击，在弹出的快捷菜单中选择"属性"命令，将"属性"窗口中的 Text 属性值设置为"欢迎"。将 button1 按钮控件和 button2 按钮控件的 Text 属性值分别设置为"显示"和"退出"，选中 label1 标签控件，将其 Text 属性值清空，设置属性值后的"窗体设计器"窗口如图 1-23 所示。

图 1-20 "新建项目"对话框

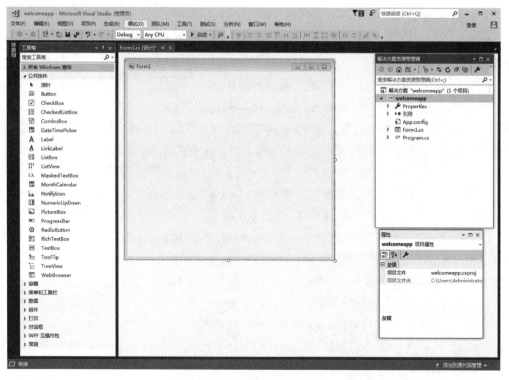

图 1-21 "窗体设计器"窗口

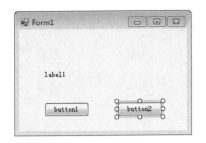
图1-22 添加控件后的"窗体设计器"窗口

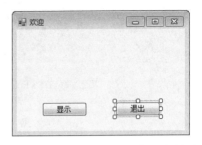
图1-23 设置属性值后的"窗体设计器"窗口

【步骤7】双击"显示"按钮,打开"代码编辑器"窗口。在button1按钮的Click事件中加入以下代码:

```
label1.Text = "欢迎小张加入.NET开发团队!";
```

【步骤8】单击"Form1[设计]"选项卡,回到"窗体设计器"窗口,再双击"退出"按钮,进入button2按钮的Click事件中,加入以下代码:

```
Application.Exit();
```

【步骤9】单击"文件"→"全部保存"命令,或者单击工具栏上的相应按钮保存文件。

【步骤10】按Ctrl+F5组合键运行该程序。单击"显示"按钮后,窗体上显示"欢迎小张加入.NET开发团队!",单击"退出"按钮,窗体关闭并结束整个应用程序的运行。

任务4 创建WPF应用程序

WPF(Windows Presentation Foundation)是微软公司推出的基于Windows Vista的用户界面框架,属于.NET Framework 3.0的一部分。它提供了统一的编程模型、语言和框架,真正做到了分离界面设计人员与开发人员的工作,同时提供全新的多媒体交互用户图形界面。

■ 任务分析

本任务的功能是创建一个"WPF应用程序",单击"确定"按钮后显示系统时间。任务运行结果如图1-24所示。

◆ 任务实施

【步骤1】启动Visual Studio 2017,打开"新建项目"对话框。

【步骤2】在"新建项目"对话框左侧选择Visual C#选项,然后选择"Windows桌面"选项,在右侧选择"WPF应用(.NET Framework)"选项,并在下方的名称中输入WPFapp,选择保存的位置,在解决方案名称中也输入WPFapp,如图1-25所示。

【步骤3】单击"确定"按钮,进入如图1-26所示的WPFapp窗口,该窗口分成两个窗格,上面的窗格显示一个空窗体MainWindow,下面的窗格显示一些文本。这些文本就是用来生成窗口代码的,在修改窗口界面时,会看到这些文本也发生了变化。

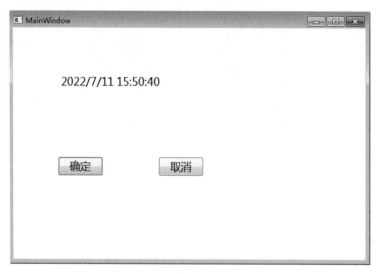

图 1-24　任务运行结果

图 1-25　"新建项目"对话框

【步骤 4】在左侧的"工具箱"中,双击"常用 WPF 控件"区域的 Label 控件,这时在空窗体 MainWindow 的左上角出现了一个 Label,下面的文本区域也增加了一条代码,使用鼠标左键按住 Label 拖动可以改变其位置,在下面的文本区域中改变 Content 的值为"空",或者到"属性"窗口中设置 Content 的值为"空",如图 1-27 所示。

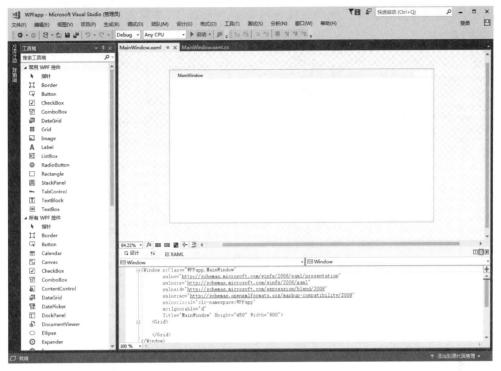

图 1-26　WPFapp 窗口

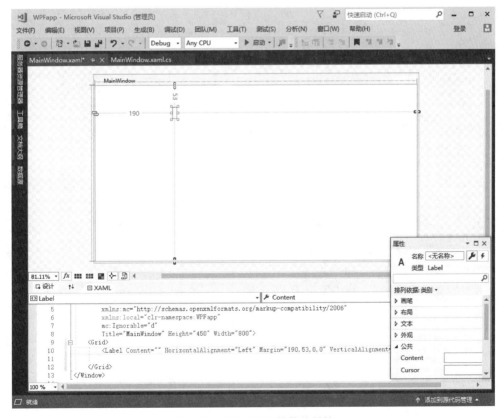

图 1-27　设置 WPF 控件的属性

【步骤5】继续添加一个 Label 控件和两个 Button 控件，并设置其属性，如图 1-28 所示。文本代码如下：

```
< Label x:Name = "Label1" Content = "" HorizontalAlignment = "Left" VerticalAlignment = "Top"
Margin = "118,68,0,0" FontSize = "18"/>
< Button x:Name = "ok" Content = "确定" HorizontalAlignment = "Left" VerticalAlignment = "Top"
Width = "75" RenderTransformOrigin = "2.131,10.53" Margin = "77,212,0,0" FontSize = "18"/>
< Button Content = "取消" HorizontalAlignment = "Left" VerticalAlignment = "Top" Width = "75"
Margin = "247,212,0,0" FontSize = "18"/>
```

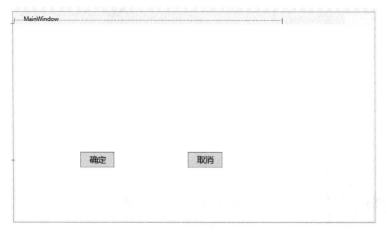

图 1-28　界面样式

【步骤6】双击"确定"按钮，进入 MainWindow.xaml.cs 文件中，可以进行代码编写，具体代码如下：

```
namespace WPFapp
{
    /// < summary >
    /// MainWindow.xaml 的交互逻辑
    /// </ summary >
    public partial class MainWindow : Window
    {
        public MainWindow()
        {
            InitializeComponent();
        }
        private void Ok_Click(object sender, RoutedEventArgs e)
        {
            label1.Content = DateTime.Now.ToString();
            var _timer = new System.Windows.Threading.DispatcherTimer();
            _timer.Interval = new TimeSpan(0, 0, 1);
            _timer.Tick += new EventHandler(Timer_Tick);
            _timer.Start();
        }
        private void Timer_Tick(object sender, EventArgs e)
        {
            this.label1.Content = DateTime.Now.ToString();
        }
    }
}
```

【步骤 7】运行应用程序，得到如图 1-24 所示的结果。

项 目 小 结

本章通过 3 个典型任务介绍了.NET 和 C♯ 的基础知识、Visual Studio 2017 开发环境的安装、C♯ 控制台应用程序和 Windows 窗体应用程序的创建和运行，对 Visual Studio 2017 集成开发环境以及 C♯ 源程序的基本结构进行了详细介绍。通过本章的学习，读者可以初步了解 Visual Studio 2017 集成开发环境及其基本操作。

拓 展 实 训

一、实训的目的和要求

1. 掌握使用 Visual Studio 2017 创建控制台应用程序的步骤。
2. 掌握使用 Visual Studio 2017 创建 Windows 窗体应用程序的步骤。
3. 理解并体会应用程序的执行过程。
4. 熟悉 C♯ 程序的基本结构。
5. 熟悉 Visual Studio 2017 开发环境。
6. 掌握 Visual Studio 2017 软件的安装。

二、实训内容

1. 在自己的计算机上安装 Visual Studio 2017 软件。
2. 编写控制台程序，输出下面的图形：

****
　　欢迎进入 C♯ 的世界！
****

3. 编写窗体应用程序，运行结果如图 1-29 所示。

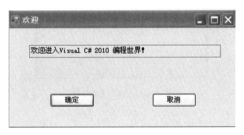

图 1-29　运行结果图

习　　题

一、选择题

1. 命名空间是类的组织方式，C♯ 提供了关键字（　　）来声明命名空间。
　　A. Namespace　　　B. using　　　　C. Class　　　　D. Main

2. C#程序的语句必须以(　　)作为语句结束符。

　　A. 逗号　　　　　B. 分号　　　　　C. 冒号　　　　　D. 花括号

3. Console类是System命名空间中的一个类,该类用于实现控制台的基本输入输出,其中完成"输出一行文本"的方法是(　　)。

　　A. WriteLine()　　B. Write()　　C. ReadLine()　　D. Read()

4. 如下选项中,(　　)是C#的单行注释语句。

　　A. /*注释内容*/　　B. //注释内容　　C. ///注释内容　　D. Note注释内容

5. 关于C#程序的书写格式,以下说法中错误的是(　　)。

　　A. C#是大小写敏感的语言

　　B. 注释语句是给程序员看的,不会被编译,也不会生成可执行代码

　　C. 缩进在C#程序中是必须的

　　D. 在C#中,花括号"{"和"}"是一种范围标志,可以嵌套使用

二、操作题

1. 编写控制台程序,输出如下的图形:

```
    *
   * *
  * * * *
```

2. 编写窗体应用程序,实现图片的放大和缩小。程序运行结果如图1-30所示。单击"放大"按钮可以放大图片,单击"缩小"按钮可以缩小图片。

图1-30　运行结果图

项目 2　C#基础知识

扫码答题

 项目情境

小张已经顺利进入该软件公司,现公司主管要求小张做一个"简单个人简历"的控制台程序来介绍自己,说明个人姓名、年龄、学历、专业等信息,在线输入后显示信息。同时为用户设计一个简单计算器,实现加、减、乘、除。

 学习重点与难点

- ➢ 理解变量和常量
- ➢ 理解 C#语言的基本数据类型
- ➢ 掌握运算符和表达式
- ➢ 掌握 C#的常用函数

 学习目标

- ➢ 能编写正确的运算符和表达式
- ➢ 会声明和使用常量和变量
- ➢ 会使用 Console 类

 任务描述

任务 1　编写控制台程序,实现个人简历的制作
任务 2　简单计算器程序
任务 3　长方体面积和体积计算器
任务 4　根据身份证号获取个人信息

 相关知识

知识要点:
- ➢ C#的数据类型
- ➢ 常量与变量
- ➢ 运算符与表达式
- ➢ 常用的类和方法

知识点1　C#的数据类型

.NET Framework 是一种跨语言的框架。为了在各种语言之间交互操作,部分.NET Framework 指定了类型中最基础的部分,这称为通用类型系统(Common Type System,CTS)。

应用程序的功能可以描述为对数据的处理,要处理数据就涉及如何在内存中存储数据。在程序语言中,不同类型的数据一般对应不同的数据结构和存储方式,其参与运算的方式也不同。C#支持 CTS,其数据类型包括基本数据类型(如 int、char 等),也包括复杂数据类型(如 string 等)。C#中的所有数据类型都是一个真正的类,具有格式化以及类型转换等方法。根据在内存中存放位置的不同,C#中的数据类型分为两类:值类型和引用类型。值类型包括数值类型、布尔类型、字符类型、字符串类型、枚举类型和结构类型。

观看视频

1. 数值类型

数值类型包括整数类型和小数类型。不同的类型存储不同范围的数据,占用不同的内存空间。表 2-1 和表 2-2 分别列出了 C#中的整数类型和小数类型。

表 2-1　整数类型

数据类型	对应.NET Framework 中的类	说　明	取　值　范　围
sbyte	System.SByte	8 位有符号整数	−128～127
byte	System.Byte	8 位无符号整数	0～255
short	System.Int16	16 位有符号整数	−32 768～32 767
ushort	System.UInt16	16 位无符号整数	0～65 535
int	System.Int32	32 位有符号整数	−2 147 483 648～2 147 483 647
uint	System.UInt32	32 位无符号整数	0～4 294 967 295
long	System.Int64	64 位有符号整数	-2^{63}～$2^{63}-1$
ulong	System.UInt64	64 位无符号整数	0～2^{64}

表 2-2　小数类型

数据类型	对应.NET Framework 中的类	说　明	取　值　范　围
float	System.Single	32 位单精度浮点数	～
double	System.Double	64 位双精度浮点数	～
decimal	System.Decimal	128 位精确小数类型	～

2. 布尔类型

C#中的布尔类型用 bool 表示,取值只能是 True 或者 False,即真或者假。布尔类型对应.NET Framework 类库中的 System.Boolean 类,它在计算机中占用 4 字节,即 32 位存储空间。

3. 字符类型

C#中使用 char 表示字符类型。字符类型包括英文字符、数字字符、中文等。C#中采用 Unicode 字符集来表示字符类型。一个 Unicode 字符长度为 16 位,即 2 字节。字符类型表示用单引号引起的单个字符,例如 char s= 'a'。

4. 字符串类型

字符串是多个字符的序列,其类型标识符为 string。字符串是用双引号引起的多个字符,定义字符串的语法如下:

```
string 变量名 = "student"
```

5. 枚举类型

枚举类型和结构体类型是两个略为复杂的数据类型。在程序中,有时需要表示一种离散的个数有限的数据,比如四季只有4个离散的值:春、夏、秋、冬。可以使用4个整数来表示,如使用1、2、3、4,但这种表示方法不容易记忆。在C♯中可以使用枚举类型来描述这种数据。

1) 枚举类型的定义

定义枚举类型的语法如下:

```
[访问修饰符] enum 枚举类型名称[:基本类型]
{
   成员1[ = 数据类型],
   成员2[ = 数据类型],
   …
   成员n[ = 数据类型]
}
```

"[]"中是可以省略不写的内容。enum 是枚举类型的关键字,访问限制符默认值为 internal,基本类型表示成员数据类型,可以是数据类型 byte、sbyte、short、ushort、int、uint、long 或 ulong 中的任何一种,省略时默认为 int。枚举类型的成员之间用逗号分隔。

例如:

```
enum season:ulong
{
Spring,
Summer,
Autumn,
Winter
}
```

此例声明了一个基类型为 ulong 类型的枚举,以便能够使用在 ulong 的范围内但不在 int 的范围内的值。

2) 枚举类型成员的值

在定义的枚举类型中,每一个枚举成员都有一个常量值与其对应,默认情况下枚举的基类型为 int,而且规定第一个枚举成员取值为 0,它后面的每一个枚举成员的值加1递增,这样增加后的值必须在基类型可表示的值的范围内,否则将发生编译错误。例如,上例中 Spring=0,Summer=1,Autumn=2,Winter=3。在编程时可以根据实际需要为枚举成员赋值。如果为某一枚举成员赋值了,那么枚举成员的值以所赋的值为准。在它后面的每一个枚举成员的值加1递增,直到下一个赋值的枚举成员出现为止。例如:

```
enum Color
{
Red,
Green = 2,
Blue,
Black,
```

```
Yellow = -1,
White
}
```

各成员的值为:Red=0,Green=2,Blue=3,Black=4,Yellow=-1,White=0。

3) 枚举成员的访问

在C#中,可以通过枚举名和枚举变量这两种方式来访问枚举成员:

```
枚举名.枚举成员;
```

或

```
枚举类型名  变量名;
变量名 = 枚举名.枚举成员;
```

如上面定义的Color枚举类型,访问枚举成员的方法如下:

```
Color.Red
```

或

```
Color cl;
cl = Color.Red
```

6. 结构类型

在日常生活中,经常会遇到一些更为复杂的数据类型。例如描述学生的基本信息,包括学号、姓名、年龄和性别。如果使用简单类型来管理,每一条记录都要存放在多个不同的变量中,这样变量相互割裂,不够直观,而且工作量也很大。在C#中可以使用结构类型来描述。结构类型是一种用户自定义的数据类型,它由一组不同类型的数据字段组成,形成一个数据结构。

1) 结构类型的定义

结构类型的定义语法如下:

```
[访问修饰符] struct 结构标识名[:基接口列表]
{
  [成员的访问修饰限制符] 成员类型 成员名;
}
```

struct是结构类型的关键字,结构的默认访问修饰限制符是internal,成员的默认访问修饰限制符是private,成员之间的分隔符是分号(;)。

例如:

```
struct student
{
  int sno;
  string sname;
  int sage;
  char ssex;
}
```

2)结构类型成员的访问

结构类型成员的访问需要使用结构类型变量,也就是必须首先声明结构类型变量,然后才能访问结构成员,语法格式如下:

```
结构类型名 变量名;
变量名.结构成员;
```

例如:

```
student stu;
stu.sno
```

7. 数据类型的转换

在 C# 中,不同数据类型之间可以相互转换。类型转换有两种形式:隐式转换和显式转换。当从低精度类型向高精度类型转换时可以进行隐式转换,比如 int 类型转换为 long 类型,而从高精度类型向低精度类型转换时必须进行显式转换,比如 long 类型转换为 int 类型。

1)隐式转换

隐式转换不需要加以声明就可以进行转换。表 2-3 列出了可以进行的隐式转换。

表 2-3 隐式转换

源 类 型	目 标 类 型
sbyte	short、int、long、float、double、decimal
byte	short、ushort、int、uint、long、ulong、float、double、decimal
short	int、long、float、double、decimal
ushort	int、uint、long、ulong、float、double、decimal
int	long、float、double、decimal
uint	long、ulong、float、double、decimal
long	float、double、decimal
ulong	float、double、decimal
char	ushort、int、uint、long、ulong、float、double、decimal
float	double

注意:不存在向 char 类型的隐式转换,实数类型也不能隐式地转换为 decimal 类型。

2)显式转换

显式转换就是强制转换,可以由用户直接指定转换后的类型。显式转换不能总是成功,有时成功了也会丢失部分信息。例如:

```
short i;
double j = 12.3456;
bool d = false;
int m = 1234567;
i = (short)j;      //小数部分丢失,i 中的数值为 12
i = (short)d;      //不能转换,无法将布尔类型转换为数值型
i = (short)m;      //数据溢出,i 的值为 -10617
```

也可以利用 Convert 类的各种方法来进行显式转换。例如 int a=Convert.ToInt32("100")。

Convert 类中常用的类型转换方法如表 2-4 所示。

表 2-4 Convert 类中常用的类型转换方法

方　　法	功　　能
ToBoolean	将指定的值转换为等效的布尔值
ToByte	将指定的值转换为等效的 8 位无符号整数
ToChar	将指定的值转换为其等效的 Unicode 字符
ToDateTime	将日期和时间的指定字符串表示形式转换为等效的日期和时间值
ToDecimal	将指定的值转换为 Decimal 数字
ToDouble	将指定的值转换为等效的双精度浮点数
ToInt16	将指定的值转换为等效的 16 位有符号整数
ToInt32	将指定的值转换为等效的 32 位有符号整数
ToInt64	将指定的值转换为等效的 64 位有符号整数
ToSByte	将指定的值转换为等效的 8 位有符号整数
ToSingle	将指定的值转换为等效的单精度浮点数
ToString	将指定的值转换为其等效的字符串表示形式
ToUInt16	将指定的值转换为等效的 16 位无符号整数
ToUInt32	将指定的值转换为等效的 32 位无符号整数
ToUInt64	将指定的值转换为等效的 64 位无符号整数

观看视频

知识点 2　常量与变量

1. 常量

常量是指在程序运行过程中始终保持不变的量。常量包括符号常量、字符常量、字符串常量、数值常量和布尔常量。常量的声明使用 const 关键字。定义的语法格式如下：

```
const 数据类型　常量名 = 值表达式;
```

下面是一些正确的定义常量的例子，符号常量一般用大写字符来定义。

```
const int B = 100;
const char C = 'A';
const double PI = 3.1415926;
```

2. 变量

变量是指在程序运行过程中值可以改变的量。要使用变量，必须先声明变量，声明变量时要指定变量的数据类型和名称。变量名的命名规则如下：

（1）变量名只能由字母、数字和下画线组成，不能以数字开头，一般用小写字母开头。

（2）不能用 C♯ 中的关键字做变量名。

（3）变量名最好能见名知义，比如要定义一个变量代表学号，就可以使用 studentId，看见名字就能知道它的意义。如果变量名由两个以上的单词组成，则从第二个单词开始首字母大写。

声明变量的语法如下：

```
数据类型 变量名;
```

下面是一些正确的定义变量的例子：

```
int studentId;
double studentHeight, studentWeight;
char studentSex;
```

定义变量后，在程序中可以通过表达式来给变量赋值。比如：

```
studentId = 1001;
studentHeight = 1.68;
studentWeight = 55.5;
studentSex = '女';
```

在定义变量时，也可以同时给它赋值，比如：

```
int studentId = 1001;
double studentHeight = 1.68, studentWeight = 55.5;
```

知识点3 运算符与表达式

观看视频

1. 运算符

运算符又称为操作符，是数据间进行运算的符号。C#中有丰富的运算符，按照使用的操作数的个数划分，可以分为一元运算符、二元运算符和三元运算符；按运算类型划分，可以分为算术运算符、关系运算符、条件运算符、赋值运算符、逻辑运算符、位运算符等。运算符说明及使用如表 2-5 所示。

表 2-5 运算符说明及使用

类别	运算符	说　　明	示　　例	运　算　结　果
算术运算符	＋	执行加法运算	6＋5	11
	－	执行减法运算	9－2	7
	＊	执行乘法运算	4＊7	28
	/	执行除法运算取商	9/3	3
	％	获得除法运算的余数	12％5	2
	＋＋	递增，操作数加1	i＝2; j＝i＋＋;	运算后，i 的值是 2,j 的值是 3
			i＝2; j＝＋＋i;	运算后，i 的值是 3,j 的值是 3
	－－	递减，操作数减1	i＝2; j＝i－－;	运算后，i 的值是 2,j 的值是 1
			i＝2; j＝－－i;	运算后，i 的值是 1,j 的值是 1
关系运算符	＞	检查一个数是否大于另一个数	78＞45	True
	＜	检查一个数是否小于另一个数	78＜45	False
	＞＝	检查一个数是否大于或等于另一个数	45＞＝6	True
	＜＝	检查一个数是否小于或等于另一个数	45＜＝6	False
	＝＝	检查两个数是否相等	3＝＝3	True
	！＝	检查两个数是否不等	3！＝4	True

续表

类别	运算符	说 明	示 例	运算结果
赋值运算符	=	给变量赋值	int a=3;	a 的值为 3
	+=	操作数 1 和操作数 2 相加后赋值给操作数 1	int a=1,b=2; b+=a;	将 a 加 b 的值赋值给 b,运算后 b 的值为 3
	-=	操作数 1 和操作数 2 相减后赋值给操作数 1	int a=1,b=2; b-=a;	将 b 减 a 的值赋值给 b,运算后 b 的值为 1
	*=	操作数 1 和操作数 2 相乘后赋值给操作数 1	int a=2,b=3; b*=a;	将 b 乘以 a 的值赋值给 b,运算后 b 的值为 6
	/=	操作数 1 和操作数 2 相除后赋值给操作数 1	int a=2,b=8; b/=a;	将 b 除以 a 的值赋值给 b,运算后 b 的值为 4
	%=	操作数 1 和操作数 2 相除取余后赋值给操作数 1	int a=2,b=9; b%=a;	将 b 除以 a 的余数赋值给 b,运算后 b 的值为 1
逻辑运算符	&&	当两个表达式都为真时结果为真,否则结果为假	10<5 && 3>2	False
	||	只要有一个表达式的值为真,结果就为真	10<5 && 3>2	True
	!	对表达式的结果取反	!3>2	False
位运算符	&	按位与运算	1001001&1111000	运算结果为 1001000
	|	按位或运算	1001001|1111000	1111001
	^	按位异或运算	1001001^1111000	0110110
条件运算符	?:	检查给出的表达式是否为真,如果为真,运算结果为操作数 1,如果为假,运算结果为操作数 2	表达式?:操作数 1; 操作数 2 4>3?7:5	运算结果为 7

说明:

(1) 算术运算符中的一元运算符:递增"++"、递减"--";二元运算符:+、-、*、/、%。

(2) 递增"++"或递减"--"分别让操作数自身加 1 或者减 1,当递增"++"或递减"--"在操作数前时,先使操作数的值加 1 或减 1,再进行之后的运算。当递增"++"或递减"--"在操作数后时,先进行运算,再使操作数的值加 1 或减 1。

(3) 算术运算符中的"+"可以用在字符串的连接运算中,称为连接运算符,该运算符为二元运算符,可以实现两个字符串的连接操作。例如"abc"+"def",运算后的结果为"abcdef"。

2. 表达式

表达式是按照一定规则把运算符和操作数连接起来的式子。

3. 运算符优先级

一个表达式中含有多个运算符时,运算符的优先级决定各运算的执行顺序。当运算符的优先级相同时,按照从左到右的顺序运算(赋值运算符和条件运算符从右向左执行)。可以通过在表达式中使用小括号来改变运算符的执行顺序,小括号可以嵌套。例如,x+y*z 按照运算符的优先级要先执行 y*z,再执行加法运算;而(x+y)*z 先执行小括号中的加法运算,再将结果乘以 z。

各运算符的优先级如表2-6所示。

表2-6 运算符优先级

优 先 级	类 别	运 算 符
1	一元运算符	+、-、!、++、--
2	乘、除	*、/
3	加、减	+、-
4	关系运算符	<、>、<=、>=
5	相等或不相等	==、!=
6	按位与运算符	&
7	按位异或运算符	^
8	按位或运算符	|
9	逻辑与运算符	&&
10	逻辑或运算符	||
11	条件运算符	?:
12	赋值	=、*=、/=、%=、+=、-=

知识点4 常用的类和方法

1. String类及常用的方法

String类可以用来对字符串进行处理,它有一个属性Length,可以获得字符串对象中的字符数。String类的方法有很多,常用方法及功能如表2-7所示。

表2-7 String类的常用方法及功能

方 法	功 能	方 法	功 能
Replace()	替换字符串	Insert()	插入字符串
Contains()	判断是否包含指定子串	Remove()	删除字符串
IndexOf()	定位字符和子串	Format()	格式化字符串
Substring()	获得子串	ToUpper()、ToLower()	更改大小写

1) Replace()方法

如果想要替换掉一个字符串中的某些特定字符或者某个子串,可以使用Replace()方法来完成。其语法格式如下:

```
Replace(char oldChar,char newChar)
Replace(string oldValue,char newValue)
```

其中,参数oldChar和oldValue为待替换的字符和子串,而newChar和newValue为替换后的新字符和新子串,方法返回值为替换后的字符串。

示例:

```
string stringold = "Good Afternoon,Jack!Welcome to DaLian,Jack!";
string stringnew = stringold.Replace("Jack", "Rain");
Console.WriteLine("{0}", stringnew);
```

输出结果为:

Good Afternoon, Rain! Welcome to DaLian, Rain!

【例 2-1】 设计一个类似 Word 中的查找替换功能的程序。运行结果如图 2-1 所示。

图 2-1 "Word 查找替换"窗口

参考代码如下:

```
private void button1_Click(object sender, EventArgs e)
{
    string oldstring = textBox3.Text;           //替换前的字符串
    string newsplace = textBox2.Text;           //替换后的字符串
    string findstring = textBox1.Text;          //查找的字符串
    string newstring = oldstring.Replace(findstring, newsplace);
    textBox3.Text = newstring;                  //替换后的结果,放在文本框3中显示
}
```

2) Contains()方法

Contains()方法用来判断一个字符串中是否包含某个子串。其语法格式如下:

```
Contains(string value)
```

其中,参数 value 为待判断的子串。如果包含子串,则方法返回值为 True,否则返回 False。

示例:

```
string oldstring = "hello";
bool s = oldstring.Contains("el");
Console.WriteLine("{0}", s);     //输出结果为:True
```

3) IndexOf()方法

IndexOf()方法可以查找指定字符串首次出现的位置(返回值为整数),查找字符串时区分大小写,并从字符串的首字符开始以 0 计数。如果找不到,则返回−1。其语法格式如下:

```
IndexOf(string value)
```

其中,value 表示要查找的字符串。

示例:

```
string s = "hello";
int n = s.IndexOf("e");
Console.WriteLine("{0}", n);        //输出结果为:1
```

4) Substring()方法

Substring()方法用来从字符串的指定位置取出指定个数的字符。其语法格式如下:

```
Substring(int StartIndex, int length)
```

其中,参数 StartIndex 为截取的起始位置;参数 length 为截取的长度,length 可以省略,表示从开始位置截取到字符串的末尾。

示例:

```
string s = "hello";
string str = s.Substring(2, 2);
Console.WriteLine("{0}", str);      //输出结果为:11
```

5) Insert()方法

Insert()方法可以在一个字符串的指定位置插入指定的字符串。其语法格式如下:

```
Insert(int StartIndex, string value)
```

示例:

```
string s = "hello";
string str = s.Insert(5, " world");
Console.WriteLine("{0}", str);      //输出结果为:hello world
```

6) Remove()方法

Remove()方法可以删除字符串中从指定位置到最后位置的所有字符或者从指定位置开始的指定数量的字符。其语法格式如下:

```
Remove(int StartIndex, int count)
```

或者

```
Remove(int StartIndex)
```

其中,参数 StartIndex 为删除的起始位置;参数 count 为删除的字符个数,省略则表示删除到结尾。

示例:

```
string s = "hello world";
string str = s.Remove(6, 2);
Console.WriteLine("{0}", str);      //输出结果为:hello rld
```

7) ToUpper()方法和 ToLower()方法

ToUpper()方法用来将字符串中的所有英文字母转换为大写字母,ToLower()方法用来将字符串中的所有英文字母转换为小写字母。其语法格式如下：

```
ToUpper()
ToLower()
```

示例：

```
string s = "Hello World";
string bigStr = s.ToUpper();
Console.WriteLine("{0}", bigStr);           //输出结果为：HELLO WORLD
string smallStr = s.ToLower();
Console.WriteLine("{0}", smallStr);         //输出结果为：hello world
```

8) Format()方法

Format()方法用于创建格式化的字符串及连接多个字符串对象。Format()方法也有多个重载形式，最常用的为：

```
Format(string format,params object[] args)
```

其中，参数 format 用于指定返回字符串的格式；args 为一系列变量参数。格式字符及说明如表 2-8 所示。

表 2-8　格式字符及说明

字符	说　　明	示　　例	输出结果
C	货币	string.Format("{0:C3}",1)	￥1.000
D	十进制	string.Format("{0:D3}",1)	001
E	科学记数法	1.20E+001	1.20E+001
G	常规	string.Format("{0:G}",1)	1
N	用分号隔开的数字	string.Format("{0:N}",10000)	10,000.00
X	十六进制	string.Format("{0:X000}",23)	17
F	格式化日期	string.Format("{0:F}",System.DateTime.Now)	2017 年 2 月 18 日 20：29

说明：

➢ 格式化货币：中文系统会在数字前加上￥符号，英文系统会在数字前加上 $ 符号。

➢ 默认格式化小数点后面保留两位小数，如果需要保留一位或多位，可以指定位数，如 string.Format("{0:C1}",12.15)的结果为：￥12.2（采取四舍五入方式）。

➢ 可以用分号隔开数字，并指定小数点后的位数，如 string.Format("{0:N}",100000)的结果为：10,000.00。

➢ 日期格式化。

string.Format("{0:F}",System.DateTime.Now)的结果为：2017 年 2 月 18 日 20：29。

string.Format("{0:d}",System.DateTime.Now)的结果为：2017/2/18。

2．DateTime 时间类

DateTime 时间类的常用方法如表 2-9 所示。

表 2-9　DateTime 时间类的常用方法

方　　法	说　　明
System.DateTime.Now	获取当前年月日时分秒
DateTime.Now.Year;	获取当前年,返回值为整数
DateTime.Now.Month;	获取当前月,返回值为整数
DateTime.Now.Day;	获取当前日,返回值为整数
DateTime.Now.Hour;	获取当前小时,返回值为整数
DateTime.Now.Minute;	获取当前分,返回值为整数
DateTime.Now.Second;	获取当前秒,返回值为整数
DateTime.Now.Millisecond;	获取当前毫秒,返回值为整数
DateTime.Now.AddDays(n);	获取当前时间 n 天后的日期时间

3. Math 数学类

Math 数学类是数学中常用的库函数类,常用方法如表 2-10 所示。

表 2-10　Math 数学类的常用方法

名　　称	说　　明
Math.Abs(decimal x)	对 x 求绝对值
Math.Acos(decimal x)	返回余弦值为 x 的角度,其中 $-1 \leqslant x \leqslant 1$
Math.Asin(decimal x)	返回正弦值为 x 的角度,其中 $-1 \leqslant x \leqslant 1$
Math.Atan(decimal x)	计算反正切值,返回正切值为 x 的角度
Math.Ceil(decimal x)	将数字向上舍入为最接近的整数
Math.Cos(decimal x)	计算余弦值,x 为以弧度为单位的角
Math.Exp(decimal x)	计算指数值,返回 e 的 x 次幂
Math.Floor(decimal x)	将数字向下舍入为最接近的整数
Math.Log(decimal x,decimal y)	计算 x 以 y 为底数的对数
Math.Max(decimal x,decimal y)	返回两个整数中较大的一个
Math.Min(decimal x,decimal y)	返回两个整数中较小的一个
Math.Pow(decimal x,decimal y)	计算 x 的 y 次幂
Math.Random()	返回一个 0.0~1.0 的伪随机数
Math.Round(decimal x)	四舍五入为最接近的整数
Math.Sin(decimal x)	计算 x 的正弦值,x 为以弧度为单位的角
Math.Sqrt(decimal x)	计算 x 的平方根
Math.Tan(decimal x)	计算 x 的正切值,x 为以弧度为单位的角

4. Random 随机类

Random 随机类是一个产生随机类的函数。它的构造函数有两种:一种是 New Random();另一种是 New Random(Int32)。前者是根据触发那一刻的系统时间作为种子,来产生一个随机数字;后者可以自己设定触发的种子。

Random 随机类的使用方法是首先声明一个 Random 类,再使用 Next()方法来产生某个范围内的随机数,语法格式如下:

```
Random.Next(int minvalue,int maxvalue)
```

函数返回值为整数,参数 minvalue 表示最小数,maxvalue 表示最大数。

例如：

```
Random r = new Random();
int i = r.Next(1,100);
```

以上代码表示产生1～100的随机数。

【例2-2】 随机产生三角形的三条边长，判断这三条边是否可以构成一个三角形，如果可以，则计算出三角形的面积，否则输出"三条随机边长不能构成三角形"。程序代码如下：

```
static void Main(string[] args)
        {
            int a, b, c;
            double area, p;
            Random r = new Random();
            a = r.Next(1, 100);
            b = r.Next(1, 100);
            c = r.Next(1, 100);
            Console.WriteLine("随机产生的第一条边长为:{0}", a);
            Console.WriteLine("随机产生的第二条边长为:{0}", b);
            Console.WriteLine("随机产生的第三条边长为:{0}", c);
            p = (a + b + c) / 2;
            if ((a + b) > c && (a + c) > b && (b + c) > a)
            {
                area = Math.Sqrt(p * (p - a) * (p - b) * (p - c));
                Console.WriteLine("三条随机边长构成的三角形的面积为:{0}",area);
            }
            else
                Console.WriteLine("三条随机边长不能构成三角形");
        }
```

任务1 编写控制台程序，实现个人简历的制作

■ 任务分析

公司主管要求小张做一个"简单个人简历"的控制台程序来介绍自己，说明个人姓名、年龄、学历、专业等信息，在线输入后显示信息。运行结果如图2-2所示。

本任务需要定义几个变量分别存储输入的数据，再输出变量的值。

◆ 任务实施

【步骤1】启动 Visual Studio 2017，打开"新建项目"对话框。在左侧选择 Visual C# 选项，再选择

图2-2 运行结果

"Windows 桌面"选项，然后在右侧选择"控制台应用(.NET Framework)"选项，并在下方的名称中输入 resume，在位置中选择"F:\C#工作目录"，在解决方案名称中也输入 resume，并单击"确定"按钮，进入如图2-3所示的"代码编辑器"窗口。

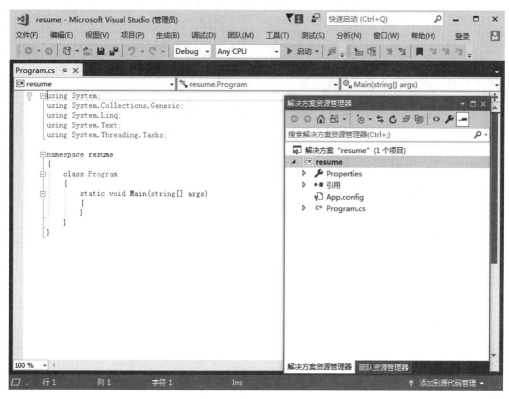

图 2-3 "代码编辑器"窗口

【步骤 2】在 Main()方法中输入如下语句:

```
string sname, education, major;
int sage;
Console.Write("您的姓名:");
sname = Console.ReadLine();
Console.Write("您的年龄:");
sage = Convert.ToInt32(Console.ReadLine());
Console.Write("您的学历:");
education = Console.ReadLine();
Console.Write("您的专业:");
major = Console.ReadLine();
Console.WriteLine("以下是您的个人资料:");
Console.WriteLine("您的姓名:{0}",sname);
Console.WriteLine("您的年龄:{0}", sage);
Console.WriteLine("您的学历:{0}", education);
Console.WriteLine("您的专业:{0}", major);
```

【步骤 3】按 Ctrl+F5 组合键执行程序,输入姓名后按 Enter 键,再依次输入年龄、学历和专业,如图 2-4 所示。

【步骤 4】输入专业后按 Enter 键,得到如图 2-2 所示的输出结果。

图 2-4　输入信息

任务 2　简单计算器程序

■ **任务分析**

本任务的功能是创建一个如图 2-5 所示的简单计算器程序。

图 2-5　运行界面图

该任务需要在窗体上添加一个标签控件 label、3 个文本框控件 TextBox、一个按钮 Button 和一个组合框 ComboBox。控件属性设置如表 2-11 所示。

表 2-11　控件属性设置

控　件	属　性	属　性　值
窗体 Form1	Text	计算器
标签 label1	Text	简单计算器
	Font	四号、黑体
	ForeColor	橘色
文本框 textBox1	Name	TxtA
	Text	清空
文本框 textBox2	Name	TxtB
	Text	清空
文本框 textBox3	Name	TxtB
	Text	清空
组合框 comboBox1	Items	+、-、*、/
按钮 button1	Text	=

◆ **任务实施**

【步骤 1】启动 Visual Studio 2017，单击"新建项目"选项，打开"新建项目"对话框，在左侧选择 Visual C# 选项，然后选择"Windows 桌面"选项，在右侧选择"Windows 窗体应用

(.NET Framework)"选项,并在下方的名称中输入 counter,在位置中选择"F:\C#工作目录",在解决方案名称中也输入 counter,单击"确定"按钮,进入"窗体设计器"窗口。

【步骤2】设计界面。单击左侧的"工具箱"选项,在弹出的"工具箱"窗口标题栏上右击,在快捷菜单中选中"停靠"命令,将"工具箱"停靠在窗体左侧,便于使用。

【步骤3】在"工具箱"中找到 Label 控件,将其拖动到窗体上,或者直接双击该控件,即可将该控件添加到窗体上。再用相同的方法在窗体上添加一个 Button 控件、3 个文本框控件 TextBox 和一个组合框 ComboBox,并将这些控件调整到合适的位置,完成后的窗体界面如图 2-6 所示。

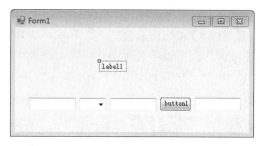

图 2-6 设计界面

【步骤4】修改窗体的属性。在窗体空白处右击,在弹出的快捷菜单中选择"属性"命令,将属性窗口中的 Text 属性值设置为"计算器"。

【步骤5】修改标签 label1 的属性。选中 label1 控件,将属性窗口的 Text 属性值设置为"简单计算器",选择 ForeColor 属性,单击右侧的下拉箭头,打开如图 2-7 所示的"属性"窗口,在该窗口中选择"自定义"选项卡,在弹出的颜色中选择"橘色"。单击 Font 属性右侧的图标,打开"字体"对话框,如图 2-8 所示。在"字体"对话框的字体中选择"黑体",大小中选择"四号",单击"确定"按钮,完成字体的设置。

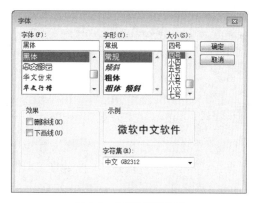

图 2-7 文字颜色的设置　　　　　　　图 2-8 "字体"对话框

【步骤6】修改3个文本框的属性。选择textBox1,将其Name属性值修改为TxtA,选择textBox2,将其Name属性值修改为TxtB,选择textBox3,将其Name属性值修改为TxtC。

【步骤7】修改button1按钮的属性。选择button1按钮,将其Text属性值修改为"="。

【步骤8】修改组合框comboBox的属性。选择组合框comboBox,单击Items属性右侧的图标,打开"字符串集合编辑器"对话框,在光标处输入"＋"并按Enter键,再依次输入"＋""－""＊""/",如图2-9所示,输入完毕后单击"确定"按钮。设置好全部控件属性后的窗体如图2-10所示。

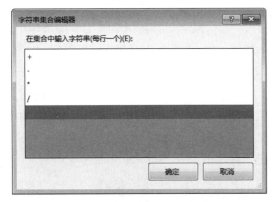

图2-9 "字符串集合编辑器"对话框

图2-10 设置属性后的窗体界面

【步骤9】编写代码。双击button1按钮,进入button1按钮的Click事件中,编写如下代码:

```
private void button1_Click(object sender, EventArgs e)
{
    int  a,b,c;
     a = Convert.ToInt32(TxtA.Text);
     b = Convert.ToInt32(TxtB.Text);
     if (comboBox1.Text == "＋")
         c = a + b;
     else if (comboBox1.Text == "－")
         c = a - b;
     else if (comboBox1.Text == "＊")
         c = a * b;
     else
         c = a / b;
     TxtC.Text = c.ToString();
}
```

【步骤10】按Ctrl+F5组合键执行程序,按图2-11进行输入,并在组合框中选择不同的运算符,单击"="号按钮,在右侧的文本框中会显示运行结果,如图2-12所示。

项目2 C#基础知识

图 2-11 输入数据

图 2-12 运行结果

任务 3 长方体面积和体积计算器

■ **任务分析**

本任务的功能是创建一个长方体面积和体积计算器。运行结果如图 2-13 所示。

图 2-13 长方体面积和体积计算器

该任务需要在窗体上添加 5 个标签控件 Label、5 个文本框控件 TextBox 和两个按钮 Button。控件属性的设置如表 2-12 所示。

表 2-12 控件属性的设置

控　件	属　性	属　性　值
Form1	Text	长方体
label1	Text	长：
label2	Text	宽：
label3	Text	高：
label4	Text	面积：
label5	Text	体积：
textBox1	Enabled	False
textBox2	Enabled	False
textBox3	Enabled	False
textBox4	Enabled	False
textBox5	Enabled	False
button1	Text	计算
button2	Text	退出

◆ 任务实施

【步骤1】启动 Visual Studio 2017，单击"新建项目"选项，打开"新建项目"对话框，在左侧选择 Visual C♯ 选项，然后选择"Windows 桌面"选项，在右侧选择"Windows 窗体应用（.NET Framework）"选项，并在下方的名称中输入 cuboidcount，在位置中选择"F:\C♯ 工作目录"，在解决方案名称中也输入 cuboidcount，单击"确定"按钮，进入"窗体设计器"窗口。

【步骤2】设计界面。在"工具箱"中找到 Label 控件，将其拖动到窗体上，或者直接双击该控件，即可将该控件添加到窗体上。用同样方法再添加 4 个 Label 控件、两个 Button 控件和 5 个文本框控件 TextBox，并将这些控件调整到合适的位置，完成后的窗体界面如图 2-14 所示。

【步骤3】按照表 2-12 中的要求对窗体和控件的属性进行修改，修改后的界面如图 2-15 所示。

图 2-14　添加控件后的窗体界面　　　　图 2-15　修改属性后的窗体界面

【步骤4】编写代码。双击"计算"按钮，进入 button1 按钮的 Click 事件中，编写如下代码：

```csharp
private void button1_Click(object sender, EventArgs e)
{
    string strA, strB, strC;
    double a, b, c, area, v;
    strA = textBox1.Text.Trim();              //获取长,字符串类型
    strB = textBox2.Text.Trim();              //获取宽,字符串类型
    strC = textBox3.Text.Trim();              //获取高,字符串类型
    a = Convert.ToDouble(strA);               //转换成实数类型
    b = Convert.ToDouble(strB);
    c = Convert.ToDouble(strC);
    area = 2 * (a * b + a * c + b * c);       //计算面积
    v = a * b * c;                            //计算体积
    textBox4.Text = area.ToString();          //转换成字符串类型,并显示在文本框中
    textBox5.Text = v.ToString();             //转换成字符串类型,并显示在文本框中
}
```

【步骤5】单击"Form1[设计]"选项卡，回到设计窗口，再双击"退出"按钮，进入 button2 按钮的 Click 事件中，加入以下代码：

```csharp
Application.Exit();
```

【步骤6】单击"文件"→"全部保存"命令,或者单击工具栏上的相应按钮保存文件。

【步骤7】按 Ctrl+F5 组合键运行该程序。输入长、宽和高,单击"计算"按钮后,计算出长方体的面积和体积。单击"退出"按钮,窗体关闭并结束整个应用程序的运行,如图 2-16 所示。

图 2-16　运行结果图

任务 4　根据身份证号获取个人信息

■ **任务分析**

本任务的功能是单击"提取"按钮,即可根据输入的用户的身份证号信息获取出生日期和性别信息并显示在相应的文本框中,界面如图 2-17 所示。

该任务需要在窗体上添加 3 个标签控件 Label、3 个文本框控件 TextBox 和两个按钮 Button。控件属性设置如表 2-13 所示。

图 2-17　运行效果图

表 2-13　控件属性设置

控　件	属　性	属　性　值
Form1	Text	个人信息
label1	Text	身份证号:
label2	Text	出生日期:
label3	Text	性别:
textBox1	Enabled	False
textBox2	Enabled	False
textBox3	Enabled	False
button1	Text	提取
button2	Text	退出

注意:身份证号的倒数第 2 位如果是奇数,则性别为男;如果是偶数,则性别为女。单击"退出"按钮结束程序。

◆ 任务实施

【步骤1】启动 Visual Studio 2017，单击"新建项目"选项，打开"新建项目"对话框，在左侧选择 Visual C♯ 选项，然后选择"Windows 桌面"选项，在右侧选择"Windows 窗体应用（.NET Framework）"选项，并在下方的名称中输入 IdentityDraw，在位置中选择"F:\C♯工作目录"，在解决方案名称中也输入 IdentityDraw，单击"确定"按钮，进入窗体设计界面。

【步骤2】设计界面。在"工具箱"中找到 Label 控件，将其拖动到窗体上，或者直接双击该控件，即可将控件添加到窗体上。用同样的方法再添加 3 个 Label 控件、两个 Button 控件和 3 个文本框控件 TextBox，并将这些控件调整到合适的位置，完成后的窗体界面如图 2-18 所示。

【步骤3】按照表 2-13 中的要求对窗体和控件的属性进行修改，修改后的界面如图 2-19 所示。

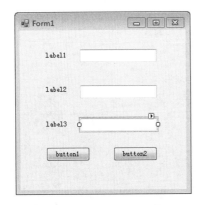

图 2-18　添加控件后的界面　　　　图 2-19　修改属性后的窗体界面

【步骤4】编写代码。双击"提取"按钮，进入 button1 按钮的 Click 事件中，编写如下代码：

```csharp
private void button1_Click(object sender, EventArgs e)
{
    string strCard = textBox1.Text.Trim();              //获取身份证号
    string strYear = strCard.Substring(6, 4);           //截取出生年份
    string strMonth = strCard.Substring(10, 2);         //截取出生月份
    string strDay = strCard.Substring(12,2);            //截取出生日
    textBox2.Text = strYear + "-" + strMonth + "-" + strDay; //合成出生日期显示
    string str = strCard.Substring(16,1);               //截取倒数第二个字符
    int a = Convert.ToInt32(str);                       //将其转换成整型
    string strSex;                                      //定义表示性别的变量
    if (a % 2 == 0)            //判读倒数第二个字符是否为偶数
        strSex = "女";
    else
        strSex = "男";
    textBox3.Text = strSex;                //显示性别的值
}
```

【步骤5】单击"Form1［设计］"选项卡，回到设计窗口，再双击"退出"按钮，进入 button2 按钮的 Click 事件中，加入以下代码：

```
Application.Exit();
```

【步骤 6】单击"文件"→"全部保存"命令,或者单击工具栏上的相应按钮保存文件。
【步骤 7】按 Ctrl+F5 组合键运行该程序。

项 目 小 结

本章通过 4 个任务讲解了 C#的基本数据类型,介绍了变量与常量的定义、各种运算符与表达式及其优先级别,还介绍了常用的类及方法。通过本章的学习,读者可以掌握 C#语言的基础知识,掌握基本的编程能力,为进一步学习 C#编程打好基础。

拓 展 实 训

一、实训的目的和要求
1. 理解变量和常量。
2. 理解 C#语言的基本数据类型。
3. 掌握运算符和表达式。
4. 掌握一些 C#的常用函数。
5. 能编写正确的运算符和表达式。
6. 会声明和使用常量和变量。
7. 会使用 Console 类。

二、实训内容

1. 设计如图 2-20 所示的简易计算器程序。输入两个操作数,选择运算符,单击"执行运算"按钮显示结果,单击"退出"按钮退出程序。

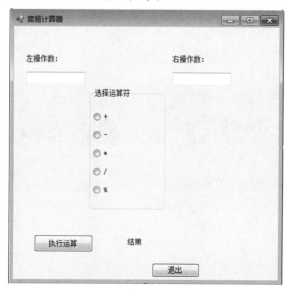

图 2-20　简易计算器界面

2. 设计开发小型理财工具软件。要求具备公积金贷款计算功能,可以根据输入的贷款数额、公积金贷款年利率、贷款年数,计算并显示出总还款数额、总利息、月还款数额。同时具备银行存款利息计算功能,可以根据输入的存款数额、存款年限、月利率,计算出可以获得的利息。运行界面如图2-21所示。

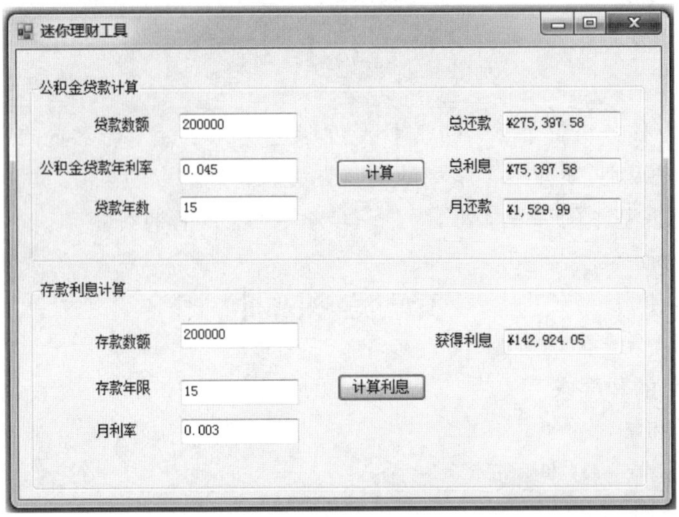

图 2-21 程序运行界面

习 题

一、选择题

1. 下列数据类型中不是数值类型的是(　　)。
   A. int　　　　　B. char　　　　　C. double　　　　　D. float
2. C#中的三元运算符是(　　)。
   A. %　　　　　B. ++　　　　　C. ||　　　　　D. ?:
3. 下列运算符中优先级最高的是(　　)。
   A. -　　　　　B. ==　　　　　C. &&　　　　　D. !
4. 下列程序语句中,变量 j 的值为(　　)。

   ```
   int j, a = 41, b = 5; j = a % b;
   ```

   A. 8.2　　　　　B. 1　　　　　C. 8　　　　　D. 8.0
5. 下列程序语句中,变量 j 的值为(　　)。

   ```
   int j, a = 10; j = ++a;
   ```

   A. 11　　　　　B. 12　　　　　C. 9　　　　　D. 10
6. 已知 a、b、c 均为整型变量,下列表达式的值等于(　　)。

   ```
   b = a = (b = 20) + 100;
   ```

A. 120　　　　B. 100　　　　C. 20　　　　D. true

7. 下面有关变量和常量的说法中正确的是(　　)。

　　A. 在程序运行过程中,变量的值是不能改变的,而常量是可以改变的

　　B. 常量定义必须使用关键字 const

　　C. 在给常量赋值的表达式中不能出现变量

　　D. 常量在内存中的存储单元是固定的,变量则是变动的

8. 表达式"100"+"88"的值为(　　)。

　　A. 88100　　　　B. 188　　　　C. 100 88　　　　D. 10088

9. Math.Sqrt(9)的结果是(　　)。

　　A. 9　　　　B. 3　　　　C. 09　　　　D. 03

10. 把字符串变量 stra 中的字符"f"全部替换成字符"F",正确的语句为(　　)。

　　A. string.replace('f','F');　　　　B. stra.replace('f','F');

　　C. stra.Replace('f','F');　　　　D. stra.Replace('F','f');

二、编程题

1. 编写一个程序,输入一个字符,如果是大写字母,就转换成小写字母,否则不转换。

2. 编写一个程序,根据圆的半径和高,求出圆柱的体积。

3. 编写一个 Windows 窗体应用程序,实现以下功能:在一段给定的字符串中,查找出指定字母的位置。例如,在字符串"efghijk"中查找字符 g 的位置是 2。

项目 3 设计流程控制程序

扫码答题

 项目情境

小张到一家公司面试销售代表，该公司员工的基本工资根据学历层次确定。本科生 4500 元，硕士研究生 6500 元，博士生 8500 元。奖金是月销售额的 1%。如何编程计算员工的工资总额呢？

 学习重点与难点

- 掌握 if 选择结构的使用
- 掌握条件运算符的使用
- 掌握 switch 多分支结构的使用
- 掌握 while()、do…while()、for() 循环结构的使用
- 理解多重循环结构
- 掌握 Foreach() 循环的使用

 学习目标

- 学会使用 if 和 switch 分支结构编写程序
- 学会使用循环结构编写程序
- 学会多重循环结构程序的设计
- 学会 Visual C# 中的异常处理机制

 任务描述

任务 1　输入两个数 a 和 b，编写程序使 a 的值大于 b 的值
任务 2　判断一个数是不是 3 的倍数
任务 3　成绩转换
任务 4　采用 switch 语句实现任务 3
任务 5　计算景点门票的优惠率
任务 6　简单计算器
任务 7　输出 100 以内的所有奇数和、偶数和
任务 8　用 do…while 语句改写任务 7
任务 9　用 for 循环改写任务 7

任务10　利用 foreach 统计字符串中各种字符的个数
任务11　石头、剪刀、布猜拳游戏
任务12　输出图形
任务13　输出斐波那契数列的前20项
任务14　输出1000以内的完数
任务15　百钱买百鸡问题的求解

 相关知识

知识要点：
➢ if 选择结构程序设计
➢ switch 多分支结构程序设计
➢ while 循环控制语句
➢ do…while 循环控制语句
➢ for 循环控制语句
➢ foreach 循环语句
➢ 循环的嵌套
➢ 循环的中断
➢ 异常处理

在前面的学习中，各语句是按自上而下的顺序执行的，这是顺序结构的程序。而在实际应用中，有时根据是否满足某个条件来决定是否执行指定的操作任务，有时需要从给定的两种或多种操作中选择一种，有时需要重复执行相同的操作。这就是本章要学习的内容——流程控制结构，常用的流程控制结构有三种：顺序结构、选择结构和循环结构。

选择结构是程序设计中常见的基本结构，根据给定的条件进行不同分支的选择。常用的选择结构有 if 条件语句和 switch 分支结构。

知识点1　if 选择结构程序设计

if 条件语句包含多种形式：单分支、双分支和多分支。

观看视频

1. 单分支结构

```
if(表达式)
{
    语句块；
}
```

执行过程：
先计算表达式的值，如果"表达式"的值为真（true），则执行其后的"语句块"；否则不执行该语句块。

说明：
（1）条件表达式可以是关系表达式或逻辑表达式，也可以是其他类型的表达式（赋值表达式等），甚至可以是一个变量或常量。
（2）语句块可以是单个语句，也可以是多个语句。

单分支结构的流程如图 3-1 所示。

2．双分支结构

if 语句更常用的形式是双分支语句，一般形式为：

```
if(表达式)
{
    语句块 1;
}
else
{
    语句块 2;
}
```

执行过程：

如果表达式的值为真(true)，即条件成立，则执行语句块 1；若表达式的值为假(false)，即条件不成立，则执行语句块 2。

说明：

if 语句无论几行，都是一个整体，属于同一个语句。else 子句不能作为语句单独使用，它必须是 if 语句的一部分，与 if 配对使用。

双分支结构的流程如图 3-2 所示。

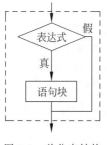

图 3-1　单分支结构

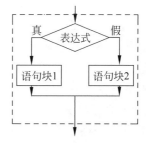

图 3-2　双分支结构

3．多分支结构

前两种形式的 if 语句一般都用于两个分支的情况。当有多个分支可供选择时，可采用 if-else-if 语句，其一般形式为：

```
if(表达式 1)
    语句块 1;
else if(表达式 2)
    语句块 2;
else if(表达式 3)
    语句块 3;
    …
else if(表达式 n-1)
    语句块 n-1;
else
    语句块 n;
```

多分支语句的执行流程如图 3-3 所示。

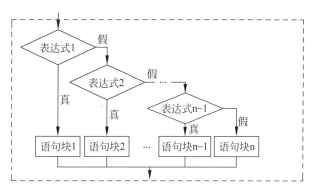

图3-3 多分支结构

执行过程:

当表达式 1 的值为真(true)时,执行语句块 1,然后跳过整个结构执行下一条语句;当表达式 1 的值为假(false)时,跳过语句块 1 来判断表达式 2。若表达式 2 的值为真(true),则执行语句块 2,以此类推,当表达式 1、表达式 2、…、表达式 n-1 全为假(false)时,将执行 else 后面的语句块 n,然后继续执行后续程序。

知识点 2　switch 多分支结构程序设计

当判断的条件有多个时,如果使用 else if 语句,则会使程序变得难以阅读。而且有的时候比较的是具体的离散值,而不是像"大于 x"这样的语句。例如等级转换程序:成绩在 90 分以上为"优秀",80～89 分为"良好",70～79 分为"中等",60～69 分为"及格",60 分以下为"不及格"。

switch 语句是多分支语句。switch 语句的一般格式如下:

观看视频

```
switch(表达式)
{
 case 常量表达式 1:
      语句块 1;
      break;
 case 常量表达式 2:
      语句块 2;
      break;
 …
 case 常量表达式 n:
      语句块 n;
      break;
 default:
      语句块 n+1;
      break;
}
```

执行过程:

先计算表达式的值,并逐个与其后常量表达式的值相比较,当表达式的值与某个常量表达式的值相等时,即执行其后的语句,然后通过 break 语句退出 switch 结构,执行位于整个 switch 结构后面的语句。如果没有 break 语句,流程控制转移到下一个 case 语句继续执行。如果表达式的值与 case 语句中的常量表达式的值均不相同,则执行 default 后面的语句。

说明:

(1) switch 下面的花括号是不能省略的,花括号下面的语句是 switch 语句的语句体。语句体内包含多个以关键字 case 开头的语句行和最多一个以 default 开头的行。case 后面跟一个常量(或常量表达式)。

(2) switch 后面的表达式所允许的数据类型包括整数类型、字符类型、字符串类型和枚举类型。各个 case 分支后的常量表达式的数据类型必须与表达式的类型相同或者能够隐式地转换为所允许的数据类型。

(3) 各个 case 出现的次序不影响执行结果。

(4) 每一个 case 常量必须互不相同。

(5) 多个 case 可以共用一组执行语句。

switch 多分支结构的流程图如图 3-4 所示。

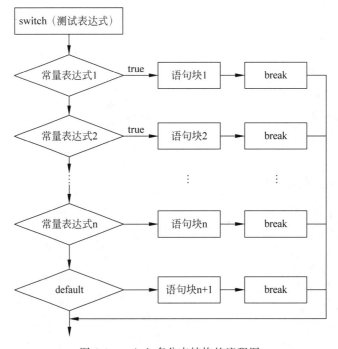

图 3-4 switch 多分支结构的流程图

注意:在 C#中,switch 语句的一个有趣的地方是 case 子句的顺序无关紧要,甚至可以把 default 子句放在最前面。因此,任意两个 case 都不能相同,包括值相同的不同常量,例如:

```
const string eng = "en";
const string br = "en";
string country;
string language;
country = Console.ReadLine();
switch(country)
{
```

```
            case eng:
                break;
            case br:
                language = "english";
                break;
        }
```

以上代码存在如图 3-5 所示的错误。

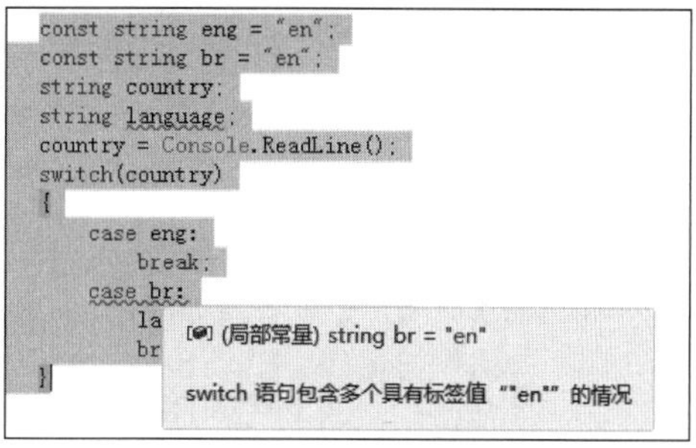

在程序处理中常常遇到需要重复处理的问题。例如，要向计算机输入全班 50 名学生的成绩，需要重复 50 次相同的输入操作；检查 30 名学生的成绩是否及格，需要重复 30 次相同的判断操作。

要处理以上问题，最原始的方法是分别编写若干相同或相似的语句或程序段进行处理。

例如，我们要求全班 30 名学生的平均成绩，可以先编写求一名学生的平均成绩的程序段：

图 3-5 值相同时示例

```
float score1, score2, score3, score4, score5, aver;
score1 = float.Parse(Console.ReadLine());    //以下输入一名学生的 5 门课的成绩
score2 = float.Parse(Console.ReadLine());
score3 = float.Parse(Console.ReadLine());
score4 = float.Parse(Console.ReadLine());
score5 = float.Parse(Console.ReadLine());
aver = (score1 + score2 + score3 + score4 + score5) / 5;    //求平均成绩
Console.WriteLine("aver = {0}", aver);                       //输出平均成绩
```

然后重复写 29 个同样的程序段。这种方法虽然可以实现要求，但是存在工作量大、程序冗长、重复、难以阅读和维护等问题。实际上，每一种计算机语言都提供了用来处理重复操作的语句，这就是循环控制。

在 C# 中，可以用循环语句来处理上面的问题：

```
float score1, score2, score3, score4, score5, aver;
int i = 1;
while(i <= 30)
    {
        score1 = float.Parse(Console.ReadLine());
        score2 = float.Parse(Console.ReadLine());
        score3 = float.Parse(Console.ReadLine());
        score4 = float.Parse(Console.ReadLine());
        score5 = float.Parse(Console.ReadLine());
        aver = (score1 + score2 + score3 + score4 + score5) / 5;
        Console.WriteLine("第{0}个人的平均成绩:aver = {1}", i, aver);
        i++;
    }
```

可以看到，通过一个循环语句，成功解决了需要重复执行 30 次的程序段的问题。

C# 中的循环结构主要有三种：while()、do…while() 和 for()。

知识点3　while 循环控制语句

while 循环也称当型循环,一般形式如下:

```
while(表达式)
{
语句;
}
```

其中,"表达式"是循环条件,"语句"为循环体。循环体只能是一个语句,可以是一个简单的语句,也可以是复合语句(用花括号包起来的若干语句)。

执行过程:计算表达式的值,当值为真(非0)时,执行循环体语句,当值为"假"(0)时,不执行循环体语句。其流程图如图 3-6 所示。

知识点4　do…while 循环控制语句

除 while 语句外,C 语言还提供了 do…while 语句来实现循环结构。

do…while 语句的一般形式为:

```
do
语句
while(表达式);
```

其中的"语句"就是循环体。它的执行过程可以用图 3-7 表示。

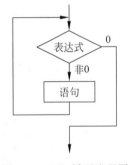

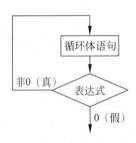

图 3-6　while 循环流程图　　　　图 3-7　do…while 循环流程图

执行过程:先执行循环体,再检查条件是否成立,若成立,则执行循环体。这和 while 语句是不同的。

注意:do…while 语句的特点是,先无条件地执行循环体,再判断循环条件是否成立。

知识点5　for 循环控制语句

for 循环是一种计数型循环语句,语句更加灵活,不仅可以用于循环次数已经确定的情况,还可以用于循环次数不确定而只给出循环结束条件的情况。它完全可以代替 while 语句,其一般形式如下:

```
for(表达式1;表达式2;表达式3)
{
```

```
        循环体;
    }
```

这3个表达式的主要作用说明如下。

- 表达式1:为零个、一个或多个变量设置初始值,此语句只执行一次。
- 表达式2:是循环条件表达式,用来判定是否继续循环。在每次执行循环体前先执行此表达式,若条件成立,则执行循环体。
- 表达式3:迭代表达式,通常是递增或递减循环变量表达式,或者是用逗号分隔的表达式列表。

执行过程:

(1) 计算表达式1的值。

(2) 判断表达式2的值,若其值为真(非0),则执行for语句的循环体中的语句,然后执行下面的(3);若其值为假(0),则结束循环,转到(5)。

(3) 求解表达式3的值。

(4) 返回(2)继续执行。

(5) 循环结束,执行程序的下一条语句,即for循环语句体后面的语句。

for循环语句的执行流程如图3-8所示。

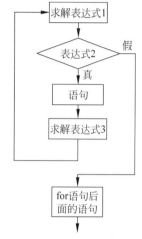

图3-8 for循环语句的执行流程

注意:

(1) for循环中的"表达式1(循环变量赋初值)""表达式2(循环条件)"和"表达式3(循环变量增量)"都是选择项,可以省略,但";"不能省略。

(2) 将表达式1放在for循环语句之前,例如:

```
i = 1;
for( ; i <= 100; i++) sum = sum + i;
```

(3) 省略了"表达式2(循环条件)",则不进行其他处理便会成为死循环。

(4) 表达式3可以放在循环体中,例如:

```
for(i = 1; i <= 100; )
{
    sum = sum + i;
    i++;
}
```

for语句最简单、最容易理解的形式如下:

```
for(循环变量赋初值;循环条件;循环变量增值)
{
    循环体
}
```

其中,循环变量赋初值是一个赋值语句;循环条件是一个关系表达式,决定什么时候退出循环;循环变量增值定义循环控制变量每循环一次按什么方式变化。

例如，求 1~100 的奇数和。

```
for(i = 1;i < = 100;i = i + 2)
    sum = sum + i;
```

它相当于语句：

```
    i = 1;
while(i < = 100)
{
    sum = sum + i;
    i = i + 2;
}
```

知识点 6 foreach 循环语句

foreach 是在 C#中新引入的循环，除使用 for、while 和 do…while 语句外，还可使用 foreach 循环语句来依次遍历数组或集合中的每一个元素。

所谓遍历，就是从头到尾走一趟。遍历数组，即从头到尾逐个读出数组的每个元素。其语法格式如下：

```
foreach(<类型名称> <元素变量> in <数组或集合对象>)
{
    循环体
}
```

说明：

(1)"类型名称"是循环变量的类型，必须与数组或集合的类型一致。例如，如果要遍历一个字符串数组中的每一项，那么此处变量的类型应该是 string 类型。

(2)"元素变量"是一个循环变量，在循环中，该变量依次获取数组或集合中各元素的值。

(3) 在 foreach 循环体的语句序列中，数组或集合的元素是只读的，其值不能改变。如果需要迭代数组或集合中的各元素并改变其值，应该使用 for 循环。

观看视频

知识点 7 循环的嵌套

一个循环体内又包含另一个完整的循环结构，称为循环的嵌套。内嵌的循环中还可以嵌套循环，这就是多重循环。while 循环、do…while 循环和 for 循环可以互相嵌套。

知识点 8 循环的中断

为了对循环语句进行精确控制以实现一些特殊的应用，C#中提供了 break 和 continue。break 语句用于立即终止循环，继续执行循环后面的第一条语句。continue 语句用于终止当前的循环，继续执行下一次循环。下面举例说明 break 和 continue 的用法。该程序用于输入若干非负整数，输出奇数的平均数，当输入-1时，程序结束，代码如下：

```
static void Main(string[ ] args)
{
```

```
    int count = 0;
    float sum = 0;
    int number;
    while(true)
        {
        Console.Write("请输入整数:");
        number = Convert.ToInt32(Console.ReadLine());
        if (number == -1)
            break;
        else if (number % 2 == 0)
            continue;
        count++;
        sum += number;
        }
    Console.WriteLine("一共输入了{0}个奇数,平均值为{1}", count, sum / count);
}
```

运行结果如图 3-9 所示。

图 3-9　运行结果

知识点 9　异常处理

观看视频

程序出错并不总是编程人员的原因,有时程序会因为用户的行为或运行环境变化而发生错误。因此,在程序中应该预测可能出现的错误,并进行相应的处理。这些在程序执行期间出现的错误或问题就称为异常。而异常处理是对程序中出现的问题的一种响应机制。C♯语言的异常处理功能通过使用 try、catch、finally 语句来定义代码块,执行某些操作,以处理可能出现的异常情况。

try 语句提供一种机制,用于捕捉在块执行期间发生的各种异常。此外,try 语句可以指定一个代码块,并保证当控制离开 try 语句时总是先执行该代码块。

C♯的异常处理语句 try…catch…finally 的基本语法格式如下:

```
try
{
<可能出现异常的代码块>
}
catch(ExceptionName e)
{
```

```
<捕获异常并进行处理>
}
finally
{
<负责最终的操作>
}
```

执行过程:

(1) 如果try下面的语句块中的每一条语句均正常执行,则跳转到(3);如果try下面的语句块中的某条语句出现异常,则跳转到(2)。

(2) 执行与发生此错误匹配的catch语句块中的语句(catch块可以指定要捕捉的异常类型,这个异常类型必须是Exception类型,或者必须是此类型的派生类型。catch语句可以有多个,多个catch块的计算顺序是从顶部到底部,但是对于引发的每个异常,都只执行第一个引发的异常类型最匹配的catch块。如果没有任何catch块相匹配,则执行没有异常类型的catch块),然后跳转到(3)。

(3) 执行finally语句块。只要存在finally块,它都将在执行完try和catch之后执行。finally块始终会执行,与是否发生异常或者是否找到异常类型没有关系。因此,可以使用它来释放资源(如文件流、数据库连接等)。但是如果不需要,可以省略。

【例3-1】 实现除法运算。

```
static void Main(string[ ] args)
    {
        int a, b, c;
        a = 20;
        b = 0;
        c = a / b;
        Console.WriteLine("{0}除以{1}0,得:{2}" ,a,b, c);
    }
```

以上代码没有语法错误,按Ctrl+F5组合键开始执行。由于0作为除数没有意义,而代码中又没有处理异常,故运行后出现如图3-10所示的未处理异常的运行结果及如图3-11所示的calculator已停止工作窗口。在该窗口中单击"关闭程序"按钮即可退出程序运行。

图3-10 被0除异常

如果在calculator已停止工作窗口中单击"调试程序"选项,则打开如图3-12所示的"选择实时调试程序"对话框,单击"确定"按钮,将出现如图3-13所示的"未经处理的异常"对话框。

注意:在这里可以看到异常的类型为DivideByZeroException。

项目3 设计流程控制程序

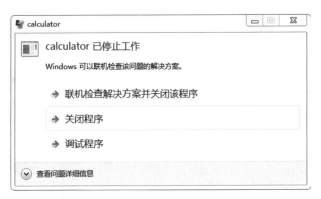

图 3-11 停止工作对话框

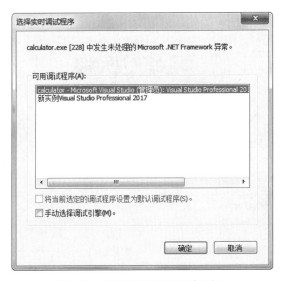

图 3-12 "选择实时调试程序"窗口

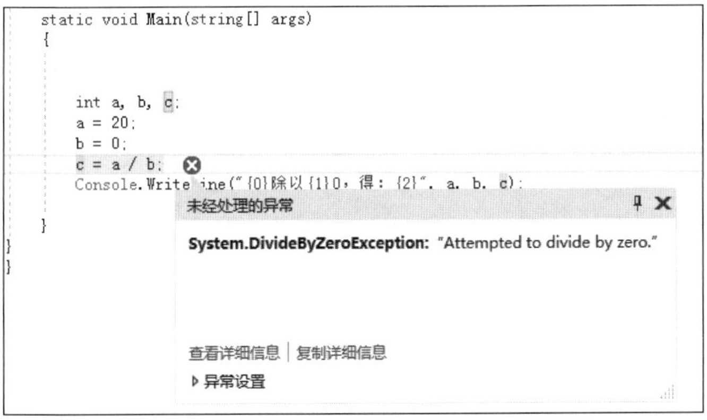

图 3-13 未经处理的异常

【例 3-2】 改进【例 3-1】，在代码中加入异常处理代码块 try…catch。

```
static void Main(string[] args)
    {
```

```
int a, b, c;
a = 20;
b = 0;
try
{
    c = a / b;
    Console.WriteLine("{0}除以{1}0,得:{2}", a, b, c);
}
catch (DivideByZeroException e)
{
    Console.WriteLine(" 除数为零!");
}
}
```

执行结果如图 3-14 所示。

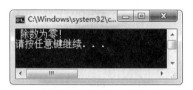

图 3-14 异常处理结果

【例 3-3】 建立控制台应用程序项目,编写整数除法运算代码,使之形成 try…catch…finally 结构,无论是否存在异常都能正确地执行其中的语句。

```
static void Main(string[] args)
{
    try
    {
        int x, y, z;
        Console.Write("请输入整数的被除数:");
        x = int.Parse(Console.ReadLine());
        Console.Write("请输入整数的除数:");
        y = int.Parse(Console.ReadLine());
        z = x / y;
        Console.WriteLine("整除结果:" + z);
    }
    catch (FormatException e)
    {
        Console.WriteLine("格式异常:" + e.Message);
    }
    catch (DivideByZeroException e)
    {
        Console.WriteLine("除数为零异常:" + e.Message);
    }
    finally
    {
        Console.WriteLine(" -----程序结束");
    }
}
```

执行程序,输入正确的除数和被除数,运行结果如图 3-15 所示。

执行程序,除数输入 0,运行结果如图 3-16 所示。

图 3-15　输入正确的除数和被除数的运行结果

图 3-16　除数为 0 的运行结果

执行程序,输入非数字时的运行结果如图 3-17 所示。

图 3-17　输入非数字的运行结果

任务 1　输入两个数 a 和 b,编写程序使 a 的值大于 b 的值

■ 任务分析

这个问题的算法很简单,只要做一次比较,然后进行一次交换即可。程序流程如图 3-18 所示。

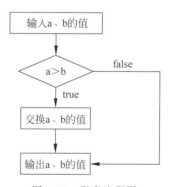

图 3-18　程序流程图

根据流程图,只要使用 if 语句进行条件判断即可。本程序的难点在于如何实现 a 和 b 两个变量值的交换。要实现 a 和 b 两个变量值的交换必须借助第 3 个变量,而不能直接使用下面的语句:

```
a = b;        //把变量 b 的值赋给变量 a,a 中原来的值就会被替换成 b 的值
b = a;        //再把变量 a 的值赋给变量 b,变量 b 的值没有改变
```

就像我们要把 a 和 b 两个水杯中的水互换,不能直接将 b 水杯中的水倒入 a 水杯中,要拿来第三个容器 c,首先将 a 中的水倒入 c 中,这样 a 就空出来了,再将 b 中的水倒入 a 中,

b就空出来了,再将c中的水倒入b中,完成a、b两个杯子中的水的互换。因此,本题可以使用下面的语句来实现交换:

```
c = a;      //把变量a的值保存在变量c中
a = b;      //把变量b的值赋给变量a,a中原来的值就会被替换成b的值
b = c;      //再把变量c的值赋给变量b,c的值等于原来a的值
```

◆ 任务实施

【步骤1】启动 Visual Studio 2017,单击"文件"菜单,选择"新建"→"项目"选项,打开"新建项目"对话框,选择"控制台应用(.NET Framework)"选项,输入名称 swap,选择位置为 F:\C♯工作目录\,如图 3-19 所示。

图 3-19 "新建项目"对话框

【步骤2】在"新建项目"对话框中,单击"确定"按钮,打开"代码编辑器"窗口,编写代码,如图 3-20 所示。

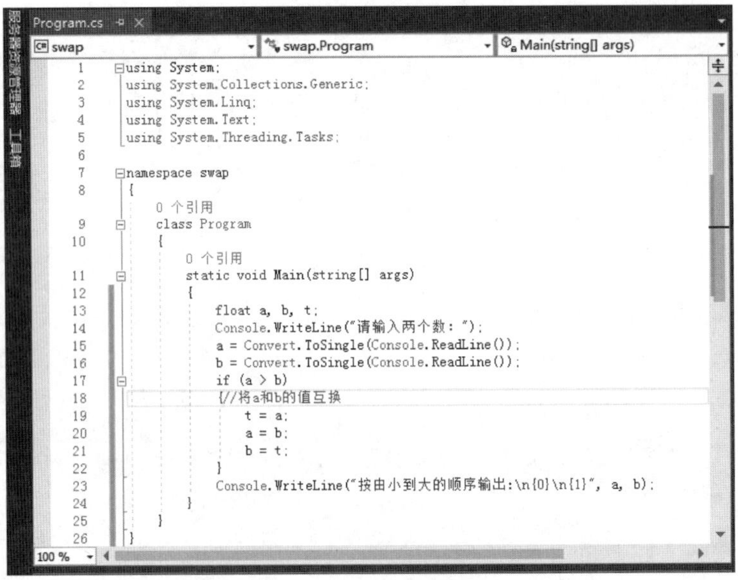

图 3-20 "代码编辑器"窗口

【步骤 3】按 Ctrl+F5 组合键或单击工具栏上的"启动"按钮,程序开始运行,依次输入两个数,运行结果如图 3-21 所示。

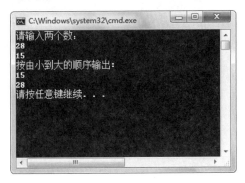

图 3-21　运行结果

注意:程序代码中的\n 为换行符。

任务 2　判断一个数是不是 3 的倍数

■ **任务分析**

编写控制台应用程序,任意输入一个整数 n,判断其是不是 3 的倍数,如果是,则输出"n 是 3 的倍数",否则输出"n 不是 3 的倍数"。该程序根据条件是否成立需要两个分支,所以使用 if 的双分支结构可以实现。程序流程图如图 3-22 所示。

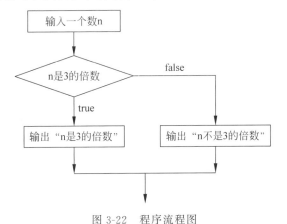

图 3-22　程序流程图

◆ **任务实施**

【步骤 1】启动 Visual Studio 2017,单击"文件"菜单,选择"新建"→"项目"选项,打开"新建项目"对话框,选择"控制台应用(.NET Framework)"选项,输入名称 ThreeMultiples,选择位置为 F:\C♯工作目录\,单击"确定"按钮,打开"代码编辑器"窗口。

【步骤 2】编写代码,如图 3-23 所示。

【步骤 3】按 Ctrl+F5 组合键或单击工具栏上的"启动"按钮,程序开始运行,输入一个整数,运行结果如图 3-24 所示。

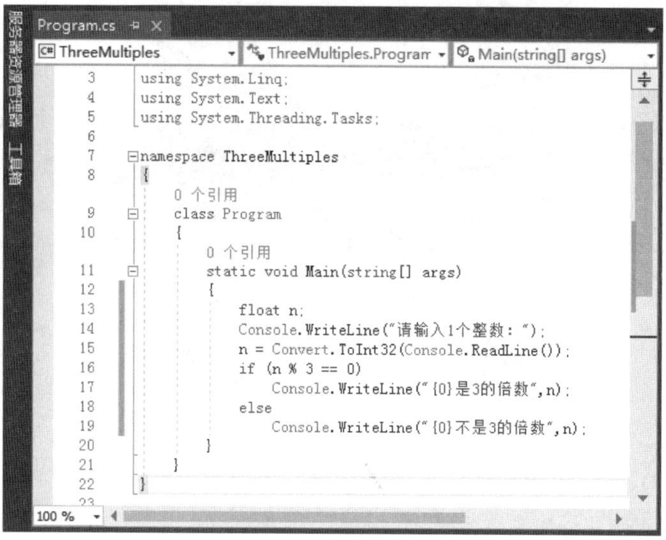

```
 3   using System.Linq;
 4   using System.Text;
 5   using System.Threading.Tasks;
 6
 7   namespace ThreeMultiples
 8   {
         0 个引用
 9       class Program
10       {
             0 个引用
11           static void Main(string[] args)
12           {
13               float n;
14               Console.WriteLine("请输入1个整数：");
15               n = Convert.ToInt32(Console.ReadLine());
16               if (n % 3 == 0)
17                   Console.WriteLine("{0}是3的倍数",n);
18               else
19                   Console.WriteLine("{0}不是3的倍数",n);
20           }
21       }
22   }
```

图 3-23　"代码编辑器"窗口

图 3-24　运行结果

任务3　成绩转换

■ **任务分析**

创建一个控制台应用程序，实现成绩由百分制到五级制的转换。评定标准如下：成绩大于或等于90分为优，成绩在80~89分为良，成绩在70~79分为中，成绩在60~69分为及格，成绩在60分以下为不及格。由于条件超过两个，因此需要使用if多分支结构来实现。

程序流程图如图3-25所示。

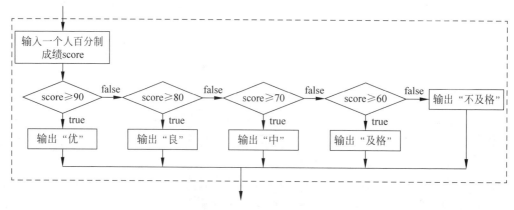

图 3-25　程序流程图

◆ **任务实施**

【步骤1】启动 Visual Studio 2017，单击"文件"菜单，选择"新建"→"项目"选项，打开"新建项目"对话框，选择"控制台应用（.NET Framework）"选项，输入名称 ScoreConvert，选择位置为 F:\C#工作目录\，单击"确定"按钮，打开"代码编辑器"窗口。

【步骤2】编写代码，如图 3-26 所示。

```
namespace ScoreConvert
{
    class Program
    {
        static void Main(string[] args)
        {
            double score;
            string grade;
            Console.WriteLine("请输入一个百分制成绩：");
            score = Convert.ToDouble(Console.ReadLine());
            if (score >= 90)
                grade = "优";
            else if (score >= 80)
                grade = "良";
            else if (score >= 70)
                grade = "中";
            else if (score >= 60)
                grade = "及格";
            else
                grade = "不及格";
            Console.WriteLine("成绩等级为：{0}", grade);
        }
    }
}
```

图 3-26 程序代码

【步骤3】执行程序。

【步骤4】按 Ctrl+F5 组合键或单击工具栏上的"启动"按钮，程序开始运行，输入百分制成绩，运行结果如图 3-27 所示。

图 3-27 运行结果

说明：

（1）本例采用 if…else if 结构实现多分支选择结构，也可以采用多个单分支的 if 语句实现。

（2）多分支选择结构的另一种控制方法是通过 switch 语句实现。

任务4 采用 switch 语句实现任务3

■ **任务分析**

本例需要根据输入数据的不同范围执行不同的操作，由于分数范围超过两个，因此需要使用多分支选择结构来实现。switch 语句是将表达式的值与 case 后的常量进行比较，因此直接取输入的分数需要设计很多个 case 分支，程序较为烦琐。仔细观察，发现同一分数段的分数是有共同点的，即每个分数等级的十位上的数值是相同的。因此，控制表达式可以采用"分数整除10"。

◆ **任务实施**

【步骤 1】启动 Visual Studio 2017，单击“文件”菜单，选择“新建”→“项目”选项，打开“新建项目”对话框，选择“控制台应用(. NET Framework)”选项，输入名称 ScoreConvertNew，选择位置为 F:\C#工作目录\，单击“确定”按钮，打开“代码编辑器”窗口。

【步骤 2】编写代码，如图 3-28 所示。

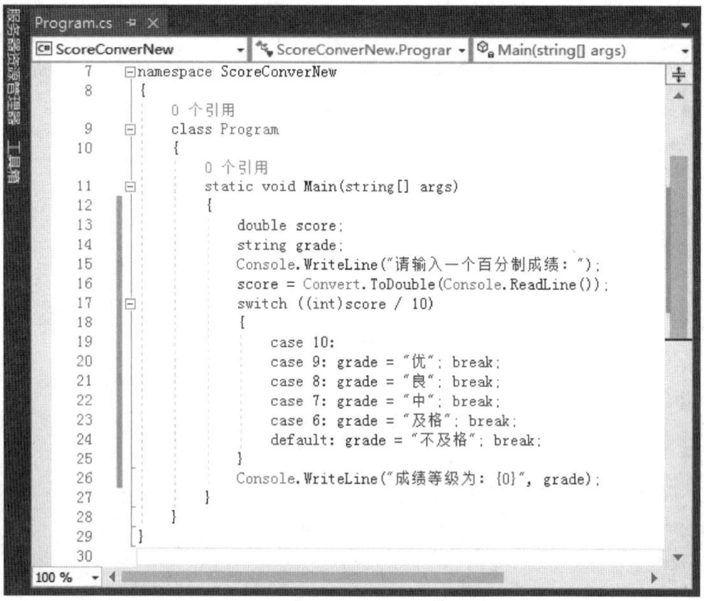
Program.cs
ScoreConverNew
ScoreConverNew.Program
Main(string[] args)
namespace ScoreConverNew
{
0 个引用
class Program
{
0 个引用
static void Main(string[] args)
{
double score;
string grade;
Console.WriteLine("请输入一个百分制成绩：");
score = Convert.ToDouble(Console.ReadLine());
switch ((int)score / 10)
{
case 10:
case 9: grade = "优"; break;
case 8: grade = "良"; break;
case 7: grade = "中"; break;
case 6: grade = "及格"; break;
default: grade = "不及格"; break;
}
Console.WriteLine("成绩等级为：{0}", grade);
}
}
}
100 %

图 3-28 “代码编辑器”窗口

【步骤 3】按 Ctrl＋F5 组合键或单击工具栏上的“启动”按钮，程序开始运行，输入百分制成绩，运行结果如图 3-27 所示。

说明：

(1) 本例从逻辑结构上较任务 3 更加清晰明了，建议使用多分支选择结构时优先选用 switch 语句。

(2) switch 后面的表达式不能是小数，所以需要使用(int)score/10，即将 score 强制转换为整型，注意 score 为 double 类型。

(3) case 10 和 case 9 共用同一条执行语句。

任务 5 计算景点门票优惠率

某旅游景点规定：根据月份和订门票的张数来决定门票的优惠率：在旅游旺季(7～10 月)，如果订票数超过 10 张，则票价优惠 10%，10 张以下优惠 5%；在旅游淡季(1～5 月、11 月)，如果订票数超过 10 张，则票价优惠 15%，10 张以下优惠 10%；其他情况一律优惠 5%。设计一个控制台应用程序，依据上述规则，输入订门票的月份、订门票的张数以及每张门票的原价，输出需要支付的费用。

■ **任务分析**

由于一年中一共有 12 个月,因此可以考虑采用 12 个 case 分支的 switch 语句作为主流程控制结构。对于同一个月份而言,不同的订票数量对应的优惠率是不同的,因此需要采用双分支的 if…else 结构进行处理。综合分析,程序可采用 switch 语句中嵌套 if…else 语句来实现。

◆ **任务实施**

【步骤1】启动 Visual Studio 2017,单击"文件"菜单,选择"新建"→"项目"选项,打开"新建项目"对话框,选择"控制台应用(.NET Framework)"选项,输入名称 TickePreference,选择位置为 F:\C♯工作目录\,单击"确定"按钮,打开"代码编辑器"窗口。

【步骤2】编写如下代码:

```
static void Main(string[] args)
{
        int month;
        int ticketcount;
        double Preference;
        double price;
        double pricesum;
        Console.WriteLine("请输入月份:");
        month = Convert.ToInt32(Console.ReadLine());
        Console.WriteLine("请输入订票数:");
        ticketcount = Convert.ToInt32(Console.ReadLine());
        Console.WriteLine("请输入每张门票的原价:");
        price = Convert.ToDouble(Console.ReadLine());
        switch (month)
        {
            case 1:
            case 2:
            case 3:
            case 4:
            case 5:
            case 11:
                if (ticketcount >= 10)
                    Preference = 0.1;
                else
                    Preference = 0.05;
                break;
            case 7:
            case 8:
            case 9:
            case 10:
                if (ticketcount >= 10)
                    Preference = 0.15;
                else
                    Preference = 0.1;
                break;
            default:
                Preference = 0.05; break;
        }
```

```
        pricesum = price * (1 - Preference) * ticketcount;
        Console.WriteLine("{0}月份订购{1}张门票,总价为{2}元.",month,ticketcount,
pricesum);
    }
```

【步骤3】执行程序,输入月份、订票数及票价,输出结果如图 3-29 所示。

图 3-29　运行结果

任务6　简单计算器

■ **任务分析**

编写控制台应用程序,实现简单的计算器功能,输入要运算的数据以及运算符,进行相应的计算,程序运行结果如图 3-30 所示。

◆ **任务实施**

【步骤1】启动 Visual Studio 2017,单击"文件"菜单,选择"新建"→"项目"选项,打开"新建项目"对话框,选择"控制台应用(.NET Framework)"选项,输入名称 calculator,选择位置为 F:\C#工作目录\,单击"确定"按钮,打开"代码编辑器"窗口。

【步骤2】编写如下代码:

```
static void Main(string[] args)
{
    float a, b;
    string c;
    Console.WriteLine("请输入要运算的数据:");
    a = Convert.ToSingle(Console.ReadLine());
    b = Convert.ToSingle(Console.ReadLine());
    Console.WriteLine("请输入运算符:");
    c = Convert.ToString(Console.ReadLine());
    Console.Write("运算结果:");
    switch (c)
    {
        case "+":
            Console.WriteLine("{0} + {1} = {2}", a, b, a + b); break;
        case "-":
            Console.WriteLine("{0} - {1} = {2}", a, b, a - b); break;
        case "*":
            Console.WriteLine("{0} * {1} = {2}", a, b, a * b); break;
        case "/":
```

```
            if (b == 0)
                Console.WriteLine("错误!被除数不能为零.\n");
            else
                Console.WriteLine("{0}/{1} = {2}", a, b, a / b); break;
        default:
            Console.WriteLine("不合法的运算符!\n"); break;
    }
}
```

【步骤3】执行程序,输入要运算的数据及运算符,运行结果如图3-30所示。

图3-30 运行结果

任务7 输出100以内的所有奇数和、偶数和

■ 任务分析

要求100以内的奇数和,即求1+3+5+…+99的值,这是一个典型的累加操作,需要使用循环语句来完成。相邻的两个操作数相差2,所以循环体内改变循环变量取值的语句为i=i+2;要求100以内偶数的和,即求2+4+6+…+100,方法同求奇数的和。奇数和与偶数和的累加可以放在一个循环中实现,即在循环体中通过if…else语句分别进行处理。

◆ 任务实施

【步骤1】启动Visual Studio 2017,单击"文件"菜单,选择"新建"→"项目"选项,打开"新建项目"对话框,选择"控制台应用(.NET Framework)"选项,输入名称aggregate,选择位置为F:\C#工作目录\,单击"确定"按钮,打开"代码编辑器"窗口。

【步骤2】编写如下代码:

```
static void Main(string[] args)
{
    int oddsum = 0, evensum = 0, i = 1;
    while (i <= 100)
    {
        if (i % 2 != 0)
            oddsum = oddsum + i;
        else
            evensum = evensum + i;
        i = i + 1;
    }
    Console.WriteLine("100以内奇数的和为:{0}", oddsum);
    Console.WriteLine("100以内偶数的和为:{0}", evensum);
}
```

【步骤3】执行程序,运行结果如图3-31所示。

图 3-31　运行结果

任务8　用 do…while 语句改写任务 7

◆ **任务实施**

【步骤1】创建控制台应用程序。

【步骤2】输入如下代码:

```
static void Main(string[] args)
{
    int oddsum = 0, evensum = 0, i = 1;
    do
    {
        if (i % 2 != 0)
            oddsum = oddsum + i;
        else
            evensum = evensum + i;
        i = i + 1;
    } while (i <= 100);
    Console.WriteLine("100 以内奇数的和为:{0}", oddsum);
    Console.WriteLine("100 以内偶数的和为:{0}", evensum);

}
```

【步骤3】执行程序,结果如图3-31所示。

说明:从任务7和任务8可以看出,do…while 语句结构和 while 语句结构可以相互转换。在一般情况下,用 while 语句和用 do…while 语句处理同一问题时,若二者的循环体部分是一样的,那么结果也一样。例如任务7和任务8中的循环体是相同的,得到的结果也相同。但是如果 while 后面的表达式一开始就为假(0 值),则两种循环的结果是不同的。例如下面两段程序。

1. while 循环

```
static void Main(string[] args)
{
    int i, sum = 0;
    Console.WriteLine("请输入 i 的值");
    i = int.Parse(Console.ReadLine());
    while (i <= 10)
```

```
        {
            sum = sum + i;
            i++;
        }
        Console.WriteLine("sum = {0}", sum);
    }
```

2. do…while 循环

```
static void Main(string[] args)
    {
        int i, sum = 0;
        Console.WriteLine("请输入 i 的值");
        i = int.Parse(Console.ReadLine());
        do
        {
            sum = sum + i;
            i++;
        } while (i <= 10);

        Console.WriteLine("sum = {0}\n", sum);
    }
```

分别运行两段代码,当输入 i 的值为 1 时,两段程序的运行结果分别如图 3-32 和图 3-33 所示。

图 3-32　while 循环运行结果　　　　图 3-33　do…while 循环运行结果

当输入 i 的值为 11 时,两段程序的运行结果分别如图 3-34 和图 3-35 所示。

图 3-34　while 循环运行结果　　　　图 3-35　do…while 循环运行结果

可以看到,当输入 i 的值小于或等于 10 时,二者得到的结果相同。而当 i＞10 时,二者得到的结果就不同了。这是因为此时对 while 循环来说,一次也不执行循环体(表达式 i≤10 的值为假),而对 do…while 循环来说,至少要执行一次循环体。因此,可以得出结论:如果两者的循环体相同,当初始条件为真时,两种循环语句得到的结果是相同的;否则,二者得出的结果是不同的。

任务9 用 for 循环改写任务 7

■ **任务分析**

任务 7 中循环执行的起始值、终止值以及循环变量每次变化的量都是已知的,所以可以使用 for 循环来完成。

◆ **任务实施**

【步骤1】创建控制台应用程序。
【步骤2】输入如下代码:

```csharp
static void Main(string[] args)
{
    int oddsum = 0, evensum = 0;
    int i;
    for (i = 1; i <= 100; i++)
    {
        if (i % 2 != 0)
            oddsum = oddsum + i;
        else
            evensum = evensum + i;
    }
    Console.WriteLine("100 以内奇数的和为:{0}", oddsum);
    Console.WriteLine("100 以内偶数的和为:{0}", evensum);
}
```

【步骤3】执行程序,运行结果如图 3-31 所示。

任务 10 利用 foreach 统计字符串中各种字符的个数

■ **任务分析**

本任务要统计用户输入的字符串中大写字母的个数、小写字母的个数、数字的个数以及其他字符的个数。任务实现过程:本任务需要 4 个计数变量,分别表示大写字母个数、小写字母个数、数字的个数和其他字符的个数,4 个变量的初始值都为 0。输入字符串 s,对 s 中的每一个字符进行遍历,并判断字符属于大写字母、小写字母、数字还是其他字符,并将所属类的计数变量的值增加 1。程序流程图如图 3-36 所示。

◆ **任务实施**

【步骤1】创建控制台应用程序。
【步骤2】编写如下代码:

```csharp
static void Main(string[] args)
{
    int upsum = 0, lowsum = 0, numsum = 0, othersum = 0;
```

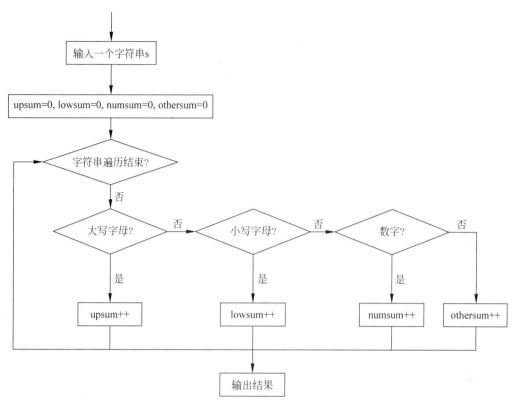

图 3-36　字符统计流程图

```
string s;
Console.WriteLine("请输入字符串:");
s = Console.ReadLine();
foreach(char c in s)
{
    if (c >= 'A' && c <= 'Z')
        upsum++;
    else if (c >= 'a' && c <= 'z')
        lowsum++;
    else if (c >= '0' && c <= '9')
        numsum++;
    else
        othersum++;
}
Console.WriteLine("大写字母的个数为:{1}", upsum);
Console.WriteLine("小写字母的个数为:{1}", lowsum);
Console.WriteLine("数字的个数为:{1}", numsum);
Console.WriteLine("其他字符的个数为:{1}", othersum);
}
```

【步骤 3】执行程序,输入字符串,程序运行结果如图 3-37 所示。

图 3-37　运行结果

任务 11　石头、剪刀、布猜拳游戏

模拟"石头、剪刀、布"五局三胜猜拳游戏：选手和计算机轮流猜拳 5 次，3 次胜利者赢。

■ **任务分析**

选手输入选项（"剪刀""石头""布"），计算机随机给出选项，按照游戏规则："布"＞"石头"、"石头"＞"剪刀"、"剪刀"＞"布"进行评判和计数，一旦一方满足五局三胜，则游戏结束。流程图如图 3-38 所示。

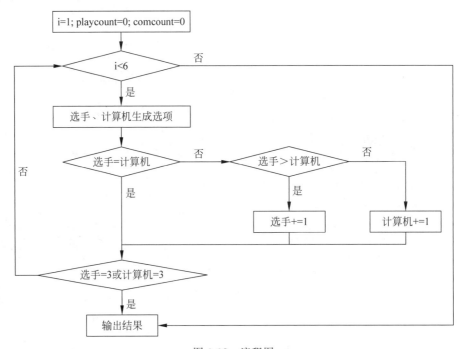

图 3-38　流程图

◆ **任务实施**

【步骤 1】创建控制台应用程序。

【步骤 2】输入如下代码：

```
static void Main(string[] args)
    {
        int playcount = 0, computercount = 0;
```

```csharp
            int i,computer,play;
            Random rd = new Random();
            string s;
            for(i = 1;i < 6;i++)
            {
                Console.WriteLine("第{0}局", i);
                Console.WriteLine("选手(石头、剪刀、布):");
                s = Convert.ToString(Console.ReadLine());
                computer = rd.Next(1, 3);
                if (computer == 1)
                    Console.WriteLine("计算机:剪刀");
                else if (computer == 2)
                    Console.WriteLine("计算机:石头");
                else
                    Console.WriteLine("计算机:布");
                if (s == "剪刀")
                    play = 1;
                else if (s == "石头")
                    play = 2;
                else
                    play = 3;

                if (play == computer)
                    Console.WriteLine("选项一样!");
                else if ((play== 1 && computer == 2) || (play == 2 && computer == 3) || (play == 3 && computer == 1))
                {
                    Console.WriteLine("计算机赢!");
                    computercount++;
                }
                else
                {
                    Console.WriteLine("选手赢!");
                    playcount++;
                }
                if (computercount == 3 || playcount == 3)
                    break;
                Console.WriteLine("_____");
            }
            if (computercount > playcount)
                Console.WriteLine("最终计算机胜出!");
            else if (computercount < playcount)
                Console.WriteLine("最终选手胜出!");
            else
                Console.WriteLine("平局!");
    }
```

【步骤3】执行程序,输入"石头"或"剪刀"或"布",程序运行结果如图3-39所示。

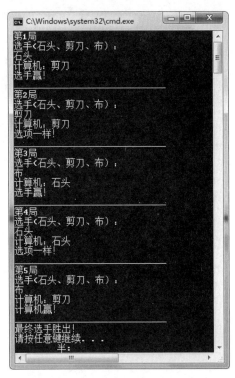

图 3-39　运行结果

任务 12　输出图形

设计一个Windows窗体应用程序,根据用户的要求,输出三角形和平行四边形图案。

■ **任务分析**

输出的图形由行和列构成,所以用双重循环来实现。

◆ **任务实施**

【步骤1】程序设计界面。

(1)创建一个Windows应用(.NET Framework),添加一个标签控件(label1)和两个命令按钮控件(button1和button2),适当调整控件的大小和布局。

(2)设置窗体及控件属性。

设置窗体与控件的Text属性。设置label1的AutoSize属性为False,BorderStyle属性为Fixed3D,Text属性为空。

【步骤2】输入如下代码:

```csharp
private void button1_Click(object sender, EventArgs e)
    {
        int i, j, k;
        label1.Text = "三角形:\n\n";
        for (i = 1; i <= 9; i++)
        {
```

```csharp
            for (j = 1; j <= 20 - i; j++)
                label1.Text += " ";
            for (k = 1; k <= 2 * i - 1; k++)
                label1.Text += " * ";
            label1.Text += "\n";
        }
    }
    private void button2_Click(object sender, EventArgs e)
    {
        int i, j, k;
        label1.Text = "平行四边形:\n\n";
        for (i = 1; i <= 9; i++)
        {
            for (j = 1; j <= 15 - i; j++)
                label1.Text += " ";
            for (k = 1; k <= 17; k++)
                label1.Text += " * ";
            label1.Text += "\n";
        }
    }
```

【步骤 3】执行程序,分别单击"三角形"按钮和"平行四边形"按钮,结果分别如图 3-40 和图 3-41 所示。

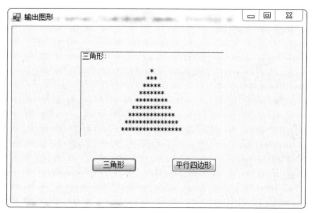

图 3-40 输出三角形

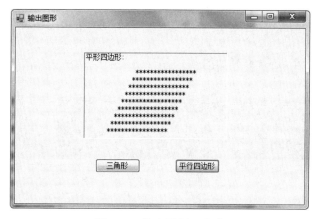

图 3-41 输出平行四边形

任务 13　输出斐波那契数列的前 20 项

意大利著名的数学家斐波那契在《计算之书》中指出了一个有趣的兔子问题：一对成年兔子每个月恰好生下一对小兔子(一雌一雄)。在年初时，只有一对小兔子。在第一个月结束时，它们成长为成年兔子，并且在第二个月结束时，这对成年兔子再生下一对小兔子。这种成长与繁殖的过程会一直持续下去，假设生下的小兔子都不会死，那么一年之后可有多少对兔子？

■ **任务分析**

斐波那契数列又称黄金分割数列、兔子数列。分析题目可以发现，年初时只有一对小兔子，第二个月这一对小兔子长成中兔子(兔子总数为 1 对)；第三个月中兔子长成大兔子并生下一对小兔子(兔子总数为 2 对)；第四个月小兔子长成中兔子，大兔子又生下一对小兔子(兔子总数为 1+1+1=3 对)。因此，得出斐波那契数列为 1,1,2,3,5,8,…，从第三个数开始，后一个数是前两个数的和。表达式如下：

$$F(n) = \begin{cases} 1 & n=1 \text{ 和 } n=2 \\ F(n-1)+F(n-2) & n>2 \end{cases}$$

◆ **任务实施**

【步骤 1】创建控制台应用程序。

【步骤 2】输入如下代码：

```
static void Main(string[] args)
{
    int f1 = 1;
    int f2 = 1;
    int i;
    for(i=1;i<=20;i++)
    {
        f1 = f1 + f2;
        f2 = f2 + f1;

        Console.Write(f1.ToString()+"   "+f2.ToString() +   "  ");
    }
}
```

【步骤 3】执行程序，运行结果如图 3-42 所示。

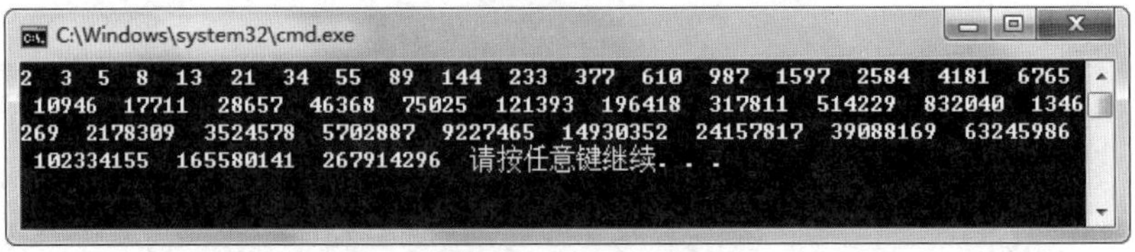

图 3-42　运行结果

任务 14　输出 1000 以内的完数

■ **任务分析**

一个数如果恰好等于它的因子之和,则这个数称为"完数"。例如,6 的因子为 1,2,3,而 6＝1＋2＋3。

◆ **任务实施**

【步骤 1】创建控制台应用程序。

【步骤 2】输入如下代码:

```
static void Main(string[] args)
    {
        for (int n = 1; n <= 1000; n++)
        {
            int sum = 0;
            for (int i = 1; i < n; i++)
            {
                if (n % i == 0)
                    sum += i;
            }
            if (n == sum)
                Console.WriteLine(n.ToString());
        }
    }
```

【步骤 3】执行程序,输出 1000 以内的完数为:6,28,496。

任务 15　百钱买百鸡问题的求解

我国古代数学家张丘建在《算经》一书中提出了一个数学问题:鸡翁一值钱五,鸡母一值钱三,鸡雏三值钱一。百钱买百鸡,问鸡翁、鸡母、鸡雏各几何?

■ **任务分析**

假设有 x 只鸡翁(公鸡),y 只鸡母(母鸡),则鸡雏(小鸡)有(100－x－y)只。而每只公鸡值 5 元,每只母鸡值 3 元,3 只小鸡值 1 元,所以 5x＋3y＋1/3(100－x－y)＝100,这个公式未知数有两个,所以无法用普通的方法求解,可以使用穷举法。

穷举法是计算机求解复杂问题时常用的算法,用来解决那些通过公式推导、规则演绎等方法不能解决的问题。穷举法就是将可能的情况一一列举出来。本题中 100 元全部买公鸡可以买 20 只,全部买母鸡可以买 33 只,所以公鸡数量的取值范围为 0～20,母鸡数量的取值范围为 0～33,使用双重循环来完成。

◆ **任务实施**

【步骤 1】创建控制台应用程序。

【步骤 2】输入如下代码:

```
static void Main(string[] args)
    {
        {
            int i, j;
            for (i = 0; i <= 33; i++)          //外循环控制输出的行数
              {
                for (j = 0; j <= 20; j++)      //内循环1,用于输出空格
                    if (i * 3 + j * 5 + (100 - i - j) / 3 == 100 && (100 - i - j) % 3 == 0)
                        Console.WriteLine("母鸡为:{0}只,公鸡为:{1}只,小鸡为:{2}只", i,
                        j, 100 - i - j);
              }
        }

    }
```

【步骤3】执行程序,运行结果如图3-43所示。

图3-43　运行结果

项 目 小 结

结构化程序设计有3种基本结构:顺序结构、选择结构和循环结构。顺序结构最简单,就是按照语句出现的先后次序执行。选择结构也叫分支结构,分为单分支选择结构、双分支选择结构和多分支选择结构。C#中实现分支结构的语句有两个:if语句和switch语句。循环结构是只要满足循环执行的条件就重复地执行循环体内的语句。C#提供了4种不同的循环机制:for、while、do…while和foreach。

跳转语句可实现程序的无条件转移。C#的跳转语句包括break、continue、goto和return语句。

C#通过使用try…catch…finally语句来处理系统级和应用程序级的错误。这些语句允许开发者尝试执行可能不会成功的操作,处理失败情况,并在操作完成后进行资源清理等。

拓 展 实 训

一、实训的目的和要求

1. 熟练掌握分支结构程序设计的基本方法。
2. 掌握if…else语句和switch语句的语法格式和使用技巧。
3. 熟练掌握循环结构程序设计的方法。
4. 掌握while语句、do…while语句和for语句的语法格式和使用技巧。

5. 综合运用选择结构和循环结构解决问题。

二、实训内容

1. 创建 Windows 窗体应用程序,程序运行时,在"年份"文本框中输入一个正整数,单击"判断"按钮,就能在标签控件中显示判断结果,运行结果如图 3-44 所示。

图 3-44 运行结果

2. 创建控制台应用程序,求解猴子吃桃问题:猴子第一天摘下若干桃子,当即吃了一半后又多吃了一个;第二天将剩下的桃子吃掉一半后再多吃一个;以后每天都吃掉前一天剩下的一半零一个。到第 10 天想再吃时,只剩下一个桃子。求猴子第一天共摘下多少个桃子?

3. 所谓"水仙花数",指的就是这样一个三位数:其各位数的立方和等于该数。例如 $153=1^3+5^3+3^3$。编写控制台应用程序,计算输出所有的水仙花数。

4. 创建一个控制台应用程序,输入月份,输出对应的季节。

5. 编写程序,求解以下问题:

(1) 创建 Windows 窗体应用程序,在窗体上输出 100~500 的所有奇数,并计算它们的和。

(2) 创建 Windows 窗体应用程序,统计 1~1000 中既能被 5 整除,又能被 7 整除的数的个数,并输出在窗体上。

(3) 创建控制台应用程序,从 300 开始,找出连续 100 个既能被 3 整除又能被 5 整除的数。

(4) 创建控制台应用程序,计算 s=1!+2!+3!+…+n!(其中 n 是用户输入的正整数)。

(5) 创建控制台应用程序,计算不大于 1000 的 10 个最大的素数。

习 题

一、选择题

1. 先判断条件的循环语句是(   )。
   A. do…while   B. while   C. while…do   D. do…loop
2. 下列语句中,控制台上输出的是(   )。

```
if(true)
   System.Console.WriteLine("FirstMessage");
   System.Console.WriteLine("SecondMessage");
```

A. FirstMessage   B. SecondMessage
   SecondMessage
C. 无输出   D. FirstMessage

3. 执行C#语句序列：int i; for(i=0; i++<4;); 后，变量的值是(   )。
   A. 5   B. 4   C. 1   D. 0

4. 若有如下程序，则语句 a+1 执行的次数是(   )。

```
static void Main(string[] args)
{
    int x = 1, a = 1;
    do
    {
        a = a + 1;
    }while(x!= 0)
}
```

A. 0   B. 1   C. 无限次   D. 有限次

5. 有如下程序，该程序的输出结果是(   )。

```
static void Main(string[] args)
{
    int n = 9;
    while (n > 6)
    {
        n--;
        Console.WriteLine(n);
    }
}
```

A. 987   B. 876   C. 8765   D. 9876

二、填空题

1. 当程序中执行到_____语句时，将结束在循环语句中循环体的一次执行。
2. 在switch语句中，每个语句标号所含关键字case后面的表达式必须是_____。
3. 在while循环语句中，一定要有修改循环条件的语句，否则可能造成_____。
4. 在C#语言中，实现循环的语句主要有while、do-while、for和_____。
5. Visual Studio提供的_____方法就是专门用于人为引发异常的。

三、写出程序的运行结果

1. 有以下程序段：

```
class Program
{
    static void Main(string[] args)
    {
        int s = 0,i;
        for(i=1;;i++)
        {if(s>50) break ;
```

```
            if(i%2==0)s+=i;
        }
        Console.WriteLine("i,s=" + i + "," + s);
    }
}
```

运行结果为：_____。

2. 有以下程序段：

```
static void Main(string[] args)
    {
        int x = 15;
        while (x > 10 && x < 50)
        {
            x++;
            if (x / 3!= 0) { x++; break; }
            else continue;
        }
        Console.WriteLine(x);
    }
```

运行结果为：_____。

3. 有以下程序段：

```
static void Main(string[] args)
    {
        int k = 4, n = 0;
        for (; n < k; )
        {
            n++;
            if (n % 3 != 0)
                continue;
            k--;
        }
        Console.WriteLine("{0},{1}", k, n);
    }
```

运行结果为：_____。

4. 有以下程序段：

```
static void Main(string[] args)
    {
        int k = 5, n = 0;
        while (k > 0)
        {
            switch (k)
            {
                case 1: n += k; break;
                case 2: break;
                case 3: n += k; break;
                default: break;
            }
```

```
            k = k - 1;
        }
        Console.WriteLine(n);
    }
```

运行结果为：_____。

5. 有以下程序段：

```
static void Main(string[] args)
    {
        int i = 0, s = 0;
        do
        {
            if (i % 2 != 0)
            {
                i++;
                continue;
            }
            i++;
            s += i;
        } while (i < 7);
        Console.Write(s);
    }
```

运行结果为：_____。

四、编程题

1. 猜数字。先由计算机"想"一个 1～100 的数请人猜，如果猜对了，则结束游戏，并在屏幕上输出猜了多少次才猜对此数，以此来反映猜数者"猜"的水平；否则计算机给出提示，告诉人们所猜的数是太大还是太小，直到猜对为止。

2. 有规律数列求和。有一个分数序列：2/1,3/2,5/3,8/5,13/8,21/13,找出数列的规律并求出前 30 项的和。

3. 输入一个数，判断它是不是素数。什么样的数是素数？如果一个数除了 1 和它本身之外不能被任何数整除，这个数就是素数。所以对于输入的这个数 n，要分别用这个数除以 2～n−1(n/2～n/n−1)，共需执行 n−2 次。

4. 某公司为了防止数据信息泄露，想对数据进行加密，数据是小于 8 位的整数。加密规则如下：将每位数字都加上 5，再用和除以 10 的余数代替该数字，最后将第一位数字和最后一位数字交换，如输入 1234，则应输出 9786，请实现加密程序。

5. 输出九九乘法表(上三角、下三角)。

项目 4 数组的使用

扫码答题

 项目情境

销售部门想对本月的个人销售额排序,表彰销售冠军,该如何编程实现呢?

 学习重点与难点

- 一维数组的定义及应用
- 二维数组的定义及应用

 学习目标

- 掌握一维数组的定义、初始化及应用
- 掌握多维数组(二维数组)的定义、初始化及应用

 任务描述

任务 1　求取一个整数数列中的最大值和最小值
任务 2　将一个二维数组的行和列元素互换,存到另一个二维数组中
任务 3　输出杨辉三角形(要求输出 10 行)
任务 4　使用 Sort() 方法对数组进行快速排序
任务 5　利用冒泡排序算法对数组中的数进行排序
任务 6　利用选择排序算法对数组中的数进行排序

 相关知识

知识要点:

- 一维数组的定义及使用
- 二维数组的定义及使用

通过前面对数据类型的学习,已经清楚如何创建和使用不同类型的变量。这些变量有一个共同的特征:每一个变量只容纳一个与数据项相关的信息(如一个 int 类型的变量,里面只存放一个整型数据)。如果需要处理一批相同类型的数据项,应该如何解决呢?如果每一个相同类型的数据项分别创建一个变量,这样定义和使用非常不方便。

如果需要使用同一类型的多个对象,就可以使用数组。数组是 System.Array 类的实例,是由具有相同类型值的一组元素组成的线性序列,存储在一个连续的内存块中。数组中

的每一个元素都可以通过数组名和下标来唯一地确定。可以对数组进行声明、初始化、遍历、修改元素、取值等相关操作。

知识点1　一维数组

1．声明数组

数组和简单变量一样,在使用前必须先进行定义。一维数组定义的一般格式为:

观看视频

```
数据类型名[] 数组名;
```

说明:

(1) 数据类型用以说明数组元素的类型。它可以是前面定义的任何类型。

(2) 数组名必须符合C#标识符的命名规则。

(3) 方括号为数组类型说明符,必不可少。这代表着要定义的是数组变量。

例如:

```
int [] scores;         //声明一个 int 类型的数组变量 scores,用于存放多个 int 型数据
string [] names;       //声明一个 string 类型的数组变量 names,用于存放多个 string 型数据
```

注意:声明数组变量时,长度不能声明。数组是引用类型,也就是说数组变量是存放在堆上的。数组在声明时,并不会马上为其分配内存,只有在创建时,才为其分配相应大小的堆内存空间。

2．数组的初始化

声明数组后,必须为数组分配内存,以保存数组的所有元素。注意,数组在使用之前必须先初始化。初始化的方式有两种:

(1) 声明数组的同时给出一组用","分隔的元素列表,并用"{}"括起来。例如:

```
int scroes = {80,90,70,60};
string [] names = {"hello","welcome","world"};
```

(2) 使用 new 关键字实例化数组,例如:

```
float[] StudentGrades = new float[10];
int[] telephone = new int[6];
string[] ourclass = new string[3];
```

(3) 将声明和初始化一并完成,在数组初始化时为每个元素赋初值,例如:

```
int[] a = new int[5]{1,2,3,4,5};
float[] StudentGrade = new float[5]{98.5f,86.5f,99,86,100};
string[] ourclass = new string[3]{"数据库班","软件测试班","前端开发班"};
```

注意:使用这种方法时,数组的大小必须与给定的元素值个数一致。

3．数组的应用

数组在声明和初始化后就可以使用下标访问其中的元素。数组只支持整型参数的下标。通过下标表示元素号就可以访问其中的所有元素。在C#中,数组的下标以0开始,表示第一个元素。下标的最大值为数组元素个数减1,表示最后一个元素。

例如：

```
float grade1 = StudentGrades [0];      //将数组 StudentGrades 的第1个元素赋值给变量 grade1
float[] StudentGrades = new float [5](98.5f,86.5f,99,86,100,78,76,70,65,55);
float grade2 = StudentGrades [1];      //将数组 StudentGrades 的第2个元素赋值给变量 grade2
StudentGrades [5] = 80;                //修改数组 StudentGrades 的第6个元素
```

注意：如果使用错误的数组下标值，就会给出"数组下标越界"的异常消息。

当不知道数组中的元素个数时，可以使用数组的 Length 属性。例如：

```
string str;
for(int i = 0;i < StudentGrades .Length ; i ++)
{
    str += StudentGrades [i].ToString () + "";
}
```

除了使用 for 语句依次访问数组中的所有元素外，也可以使用 foreach 语句：

```
foreach (float grade in StudentGrades)
{
  str += grade.ToString () + "";
}
```

【例 4-1】 创建控制台应用程序项目，输入 10 个学生的成绩，计算平均成绩。

```
static void Main(string[] args)
{
    double[] score = { 98,86,99, 62, 93, 84, 56, 87, 78, 80 };
    double sum = 0, aver;
    Console.WriteLine("考试成绩:");
    for (int i = 0; i < score.Length; i++)
    {
        sum += score[i];
        Console.Write(" {0}", score[i]);
    }
    aver = sum / score.Length;
    Console.WriteLine("\n平均成绩:{0}", aver);
}
```

运行结果如图 4-1 所示。

图 4-1　程序运行界面

任务1 统计学生成绩中超出平均分的人数

■ 任务分析

想统计超出平均分的人数,首先需要计算平均分,然后用每个学生的成绩与平均分比较,对大于平均分的成绩进行计数。

◆ 任务实施

【步骤1】创建一个控制台应用程序。

【步骤2】输入以下代码:

```
static void Main(string[] args)
    {
        double[] score = { 98, 86, 99, 62, 93, 84, 56, 87, 78, 80 };
        double sum = 0, aver;
        int count = 0;
        Console.WriteLine("考试成绩:");
        for (int i = 0; i < score.Length; i++)
        {
            sum += score[i];
            Console.Write(" {0}", score[i]);
        }
        aver = sum / score.Length;
        for (int i = 0; i < score.Length; i++)
        {
            if (score[i] > aver)
                count++;
        }
        Console.WriteLine("\n 超出平均分的有" + count + "人");
    }
```

【步骤3】执行程序。

按F5键或单击工具栏上的"启动调试"按钮,程序开始运行,运行结果如图4-2所示。

图4-2 程序运行界面

观看视频

知识点2 二维数组

多维数组就是用多个下标访问其元素的数组,比如,二维数组用两个整数下标来访问,三维数组用三个整数下标来访问。在日常应用中,较常见的是二维数组。后面均以二维数组为例讲解多维数组的使用。

1. **声明二维数组**

语法格式为:

```
数据类型[,]数组名;
```

声明多维数组需要使用更多的逗号,如声明三维数组,语法格式为:

```
数据类型[,,]数组名;
```

例如:

```
string [,] sits       //声明一个 string 型的二维数组变量 sits,用于存放多个 string 型的学生姓名
int [,] stuheight ;   //声明一个 int 型的二维数组变量 stuheight,用于存放多个 int 型的学生身高
```

2. **初始化二维数组**

与一维数组相同,二维数组也可以通过以下两种方式进行初始化。

(1) 使用 new 关键字初始化数组,例如:

```
string [,] sits = new string [3,4];    //声明数组 sits 的同时,初始化该数组为 3 行 4 列
                                       //共 12 个元素
int [,] stuheight ;                    //声明数组 stuheight 为一个二维数组
stuheight = new int [10,10];           //初始化数组 stuheight 为 10 行 10 列,共 100 个元素
```

(2) 在声明数组时初始化数组,使用一个外层的花括号,每一行用一个内层的花括号来初始化,例如:

```
string [,] sits = {
                  {"张一","张二","张三","张四"},
                  {"王一","王二","王三","王四"},
                  {"李一","李二","李三","李四"}
                  };
```

注意:使用这种方式初始化数组时,必须初始化数组的每个元素,不能漏掉任何元素。

3. **使用二维数组**

二维数组在声明和初始化后,就可以使用两个整数下标访问其中的元素了。例如,上述实例中的语句:

```
sts[1,0]= "王一";                      //设置二维数组 sits 的第二行第一列的值为"王一"
lblSits.Text += sits [ i , j ]+" ";    //获取二维数组 sits 第 i 行第 j 列的值(实际上是第 i+1
                                       //行第 j +1 列)
```

【**例 4-2**】 创建控制台应用程序项目,通过键盘给 3×3 的二维数组输入数据,第一行赋 1,2,3,第二行赋 4,5,6,第三行赋 7,8,9,输出此二维数组。

【步骤1】创建一个控制台应用程序。

【步骤 2】输入以下代码：

```csharp
static void Main(string[] args)
    {
        int[,] a = new int[3, 3];
        int i, j;
        for (i = 0; i < 3; i++)
            for (j = 0; j < 3; j++)
                a[i, j] = Convert.ToInt32(Console.ReadLine());
        for (i = 0; i < 3; i++)
        {
            for (j = 0; j < 3; j++)
                Console.Write("{0}  ", a[i, j]);
            Console.WriteLine();
        }
    }
```

【步骤 3】执行程序。

按 F5 键或单击工具栏上的"启动调试"按钮，程序开始运行，运行结果如图 4-3 所示。

图 4-3　程序运行界面

任务 2　将一个二维数组倒置

例如：

$$a = \begin{pmatrix} 1 & 2 & 3 \\ 4 & 5 & 6 \end{pmatrix} \quad 转换成 \quad b = \begin{pmatrix} 1 & 4 \\ 2 & 5 \\ 3 & 6 \end{pmatrix}$$

■ 任务分析

创建一个控制台应用程序，定义两个数组：数组 a 为 2 行 3 列，数组 b 为 3 行 2 列。只要将 a 数组中的元素 a[i][j] 存放到 b 数组中的 b[i][j] 中即可。

【步骤 1】程序设计界面。

创建一个控制台应用程序。

【步骤 2】输入以下代码：

```
static void Main(string[] args)
    {
        int[,] a = new int[2, 3]{{1,2,3},{4,5,6}};
        int[,] b = new int[3, 2];
        int i,j;
        Console.WriteLine("数组 a:");
        for (i = 0; i <= 1; i++)
        {
            for (j = 0; j <= 2; j++)
            {
                Console.Write("{0} ", a[i,j]);
                b[j,i] = a[i,j];
            }
            Console.WriteLine("");
        }
        Console.WriteLine("数组 b:");
        for (i = 0; i <= 2; i++)
        {
            for (j = 0; j <= 1; j++)
                Console.Write("{0} ", b[i,j]);
            Console.WriteLine();
        }
    }
```

【步骤 3】执行程序。

按 F5 键或单击工具栏上的"启动调试"按钮，程序开始运行，运行结果如图 4-4 所示。

图 4-4　程序运行界面

任务 3　输出杨辉三角形

```
            1
           1 1
          1 2 1
         1 3 3 1
        1 4 6 4 1
       1 5 10 10 5 1
```

■ 任务分析

观察杨辉三角形，找出其中规律。用二维数组来存放元素值。第 0 列和第 i==j 列的元素值为 1，其余 a[i,j] 的值为 a[i−1,j−1]+a[i−1,j]。

【步骤1】程序设计界面。

(1) 创建一个 Windows 应用程序，添加一个标签控件（label1）和一个命令按钮控件（button1），适当调整控件的大小及布局。

(2) 设计窗体及控件属性。

窗体与控件的 Text 属性设置如图 4-5 所示。设置 label1 的 AutoSize 属性为 False，BorderStyle 属性为 Fixed3D，Text 属性为空。

【步骤2】输入以下代码：

```csharp
private void button1_Click(object sender, EventArgs e)
    {
        int i, j;
        int[,] a = new int[10, 10];
        for (i = 0; i < 10; i++)
        {
            for (j = 0; j <= i; j++)
            {
                if (i == j || j == 0)
                    a[i, j] = 1;
                else
                    a[i, j] = a[i - 1, j - 1] + a[i - 1, j];
                label1.Text += a[i, j] + "  ";
            }
            label1.Text += "\n";
        }


    }
```

【步骤3】执行程序。

按 F5 键或单击工具栏上的"启动调试"按钮，程序开始运行，运行结果如图 4-6 所示。

图 4-5 程序初始界面

图 4-6 程序运行结果

知识点 3　遍历数组

遍历数组，即从头到尾逐个读出数组的每个元素。

【例 4-3】　使用 foreach 循环语句找出整数数组的奇数。

【步骤 1】创建一个控制台应用程序。

【步骤 2】输入以下代码：

```csharp
static void Main(string[] args)
    {
        int[] scores = new[] { 74, 60, 91, 82, 94, 55, 88, 78, 69, 80 };
        Console.WriteLine("数组元素:");
        foreach (int sc in scores)
        {
            Console.Write(" " + sc);
        }
        Console.Write("\n其中奇数有: ");
        foreach (int sc in scores)
        {
            if(sc % 2!= 0)
                Console.Write(" " + sc);
        }
    }
```

【步骤 3】执行程序。

按 F5 键或单击工具栏上的"启动调试"按钮，程序开始运行，运行结果如图 4-7 所示。

图 4-7　程序运行界面

知识点 4　Array 类的 Sort( )方法

由于 Array 是所有数组的基类，因此可调用该类的方法对一维数组进行排序与复制。

设有数组 scores 定义如下：

```csharp
int[] scores = new[]{74, 60, 91, 82, 94, 55, 88, 78, 69, 80};
```

则可使用 Array 类的静态方法 Sort( )对上述数组元素按从小到大升序排序，例如：

```csharp
Array.Sort(scores);
```

排序后数组 scores 的内容变为{55,60,69,74,78,80,82,88,91,94}。

如果要按从大到小的降序排序，则可调用 Array 类的静态方法 Reverse( )，对已升序排

列的数组元素反转顺序。例如:

```
Array.Reverse(scores);
```

任务4 使用 Sort()方法对数组进行快速排序

■ 任务分析

利用 random 类生成10个0~100的随机数,然后对这10个随机数进行排序,可使用 Array 类的静态方法 Sort()。

【步骤1】程序设计界面。

(1)创建一个 Windows 应用程序,添加两个文本框控件(textBox1 和 textBox2)和两个命令按钮控件(button1 和 button2),适当调整控件的大小及布局。

(2)设计窗体及控件属性。

窗体与控件的 Text 属性设置如图 4-8 所示。设置 textBox1 和 textBox2 的 Multiline 属性为 true。

图 4-8 程序初始界面

【步骤2】输入以下代码:

```
int[] j = new int[10];
    private void button1_Click(object sender, EventArgs e)
    {
        Random r = new Random();
        for (int i = 0; i < 10; i++)
        {
            int s = r.Next(0, 100);
            j[i] = s;
            textBox1.Text += s.ToString() + ",";
        }
    }
    private void button2_Click(object sender, EventArgs e)
    {
        if (textBox1 != null)
        {
            Array.Sort(j);
            foreach (int i in j)
            {
                textBox2.Text += i.ToString() + ",";
            }
        }
    }
```

【步骤3】执行程序。

按 F5 键或单击工具栏上的"启动调试"按钮,程序开始运行,单击"随机生成数组"按钮,在 textBox1 中生成10个随机数,然后单击"排序"按钮,对随机数进行排序。运行结果如图 4-9 所示。

图 4-9 程序运行界面

项 目 小 结

数组是包含若干相同类型的变量的集合,数组中的变量称为数组的元素,这些变量都可以通过索引进行访问,数组的索引从零开始,数组能够容纳的元素数量称为数组的长度。

遍历数组元素是数组操作中的一种常见方法,通过下标可以对单个数组元素进行访问,利用循环语句可以遍历数组中的每一个元素。

拓 展 实 训

一、实训的目的和要求

1. 熟练掌握一维数组的定义与使用。
2. 熟练掌握二维数组的定义与使用。
3. 掌握两种排序算法。
4. 综合运用所学的知识来解决问题。

二、实训内容

1. 编写程序,利用随机函数产生 10 个 100 以内的随机数,找出其中具有最大值的元素并指示其位置。

2. 创建控制台应用程序,判断从键盘上输入的正整数是否为"回文数"。所谓回文数,指的是正读反读都相同的数,例如 1234321。

习 题

一、选择题

1. 在 Array 类中,可以对一维数组中的元素进行排序的方法是( )。
   A. Sort()   B. Clear()   C. Copy()   D. Reverse()
2. 假设有一个 10 行 20 列的二维整型数组,下列哪个定义语句是正确的( )。
   A. int[] arr=new int[10,20]   B. int[] arr=int new[10,20]

C. int[,] arr=new int[10,20]   D. int(,)arr=new int(20,10)

3. 下列语句创建了多少个 string 对象？（   ）

```
string[,] strArray = new string[3,4];
```

    A. 0   B. 3   C. 4   D. 12

4. 数组 pins 的定义如下：

```
int [] pins = new int[4]{9,2,3,1};
```

则 pins[1]=（   ）。

    A. 1   B. 2   C. 3   D. 9

5. 数组 pins 的定义如下：

```
string[] pins = new string[4]{"a","b","c","d"};
```

执行下列语句后，数组 pins 的值为（   ）。

```
string[] myArr = pins;
myArr[3] = "e";
```

    A. "a","b","c","d"   B. "a","b","c","e"
    C. "a","b","e","d"   D. "e","e","e","d"

6. 下面选项中，能够正确定义具有 10 个数据元素的一维整型数组 a 的是（   ）。

    A. int[]a=new int[10];   B. int a[10];
    C. int[]a=int[10];   D. int[]a=int(10)

7. 设有 C♯ 数组定义语句：int[]a＝new int[5];，对数组 a 元素的正确引用是（   ）。

    A. a[5]   B. a[100－100]   C. a(0)   D. a+1

8. 设有 C♯ 数组定义语句：float[,]a＝new float[5,5];，对数组 a 元素的正确引用是（   ）。

    A. a[3][2]   B. a[4,5]   C. a[5,0]   D. a[0,0]

9. 在 C♯ 语言中，表示数组长度属性的关键字是（   ）。

    A. Len   B. Size   C. Long   D. Length

二、填空题

1. （   ）是所有数组的基类。

2. 在 C♯ 语言中，可以用来遍历数组元素的循环语句是（   ）。

3. 数组是一种（   ）类型。

三、写出程序的运行结果

1. 有以下程序段：

```
class Program
{
    static int[] a = { 1, 2, 3, 4, 5, 6, 7, 8 };
```

```
static void Main(string[] args)
{
    int s0, s1, s2;
    s0 = s1 = s2 = 0;
    for(int i = 0;i < 8;i++)
    { switch(a[i] % 3)
     {
        case 0:s0 += a[i];break;
        case 1:s1 += a[i];break;
        case 2:s2 += a[i];break;
     }
    }
    Console.WriteLine(s0 + " " + s1 + " " + s2);
}
```

运行结果：_____。

2. 有以下程序段：

```
static void Main(string[] args)
    {
        int[,] x = new int[3, 3] { {1, 2, 3},{4, 5, 6}, {7, 8, 9 }};
        int i;
        for (i = 0; i < 3; i++)
            Console.Write(x[i,2 - i]);

    }
```

运行结果：_____。

项目 5 开发窗体应用程序

扫码答题

项目情境

公司要采集员工的电子信息,在信息部工作的小张负责编写一个应用程序,用于员工提交个人信息。采集的信息包括姓名、年龄、性别、出生日期、学历、毕业学校、家庭住址、联系电话等。

学习重点与难点

- Windows 窗体
- Windows 基本控件
- Windows 高级控件
- Windows 通用对话框

学习目标

- 掌握 Windows 窗体的属性、方法和事件
- 熟练掌握文本编辑控件的常用属性、方法和事件
- 熟练掌握选择类控件的常用属性、方法和事件
- 熟练掌握列表类控件的常用属性、方法和事件
- 熟练掌握容器类控件的常用属性、方法和事件
- 熟练掌握菜单与工具栏类控件的常用属性、方法和事件
- 熟练掌握对话框控件的常用属性、方法和事件
- 掌握计时器、进度条、图形控件的基本用法
- 学会利用各种控件组合设计 Windows 应用程序窗体界面

任务描述

任务 1　制作个人信息登记程序
任务 2　制作简易文本编辑器

相关知识

知识要点:
- Windows 窗体及公共控件的属性、方法和事件

- 容器类控件的属性、方法和事件
- 菜单与工具栏类控件的属性、方法和事件
- 通用对话框控件的常用属性、方法和事件
- 计时器、进度条、图形控件的基本用法

知识点 1 Windows 应用程序概述

观看视频

Windows 窗体是向用户显示信息的可视界面,窗体是 Windows 应用程序的基本单元。窗体都具有自己的特征,可以通过编程来设置。窗体也是对象,窗体类定义了生成窗体的模板,每实例化一个窗体类,就产生一个窗体。.NET 框架类库的 System.Windows.Forms 命名空间中定义的 Form 类是所有窗体类的基类。在编写窗体应用程序时,首先需要设计窗体的外观和在窗体中添加控件或组件。虽然可以通过编写代码来实现,但是却不直观,也不方便,而且很难精确地控制界面。Visual Studio 2017 提供了一个图形化的可视化窗体设计器,可以实现所见即所得的设计效果,快速开发窗体应用程序。

1. 窗体的常用属性

新建窗体会有一些基本特征,比如标题、图标、背景等,设置这些基本特征可以通过代码来实现,也可以通过窗体的属性面板来实现。事实上,在设计阶段通过属性面板修改属性更方便高效。

表 5-1 所示的是 Windows 窗体的常用属性。

表 5-1 窗体的常用属性

属　　性	描　　述
Name	设置窗体对象名称
Text	设置窗体的标题
Size	设置窗体大小(长和宽)
BackgroundImage	设置窗体的背景图像
BackColor	设置窗体的背景颜色
Enabled	设置窗体是否可用,若值为 True 则可用,若值为 False 则不可用
Font	窗体中文本的字体。单击其后的按钮,弹出"设置字体"对话框
Location	窗体的 StartPosition 属性设置为 Manual 时,窗体左上角相对于屏幕左上角的坐标
StartPosition	窗体在屏幕上的显示位置,共有以下 5 种。 Manual:窗体的位置根据 Location 属性的 X、Y 坐标来确定。 CenterScreen:窗体显示在屏幕中央。 WindowsDefaultLocation:窗体位于默认的 Windows 位置,但其大小根据 Size 属性来定。 WindowsDefaultBounds:窗体位于默认的 Windows 位置,使用默认的大小 CenterParent,即显示在父窗体的中心
WindowsState	确定窗体运行时的初始状态,值为 Normal(正常)、Maximized(最大化)、Minimized(最小化)
Icon	窗体的图标。这在窗体的系统菜单框中显示,以及当窗体最小化时显示

2. 窗体的常用方法

1) Show()方法

格式:

```
public void Show()
public void Show(IWin32Windows owner)
```

功能:用来显示窗体。其中,owner 是任何实现 IWin32Windows 并表示将拥有此窗体的对象。

例如,显示 Form1 窗体,使用 Show()方法的代码如下:

```
Form1 frm = new Form1();
frm.Show();
```

2) Hide()方法

格式:

```
Hide()
```

功能:用来隐藏窗体。

例如,隐藏 Form1 窗体,使用 Hide()方法的代码如下:

```
Form1 frm = new Form1();
frm.Hide();
```

Hide()方法只是隐藏窗体,并没有释放窗体所占的内存资源,而是继续存储在内存中,编程者可以根据需要调用 Show()方法显示隐藏的窗体。

3) Close()方法

格式:

```
Close()
```

功能:关闭窗体。

例如,关闭刚刚打开的 Form1 窗体,使用 Close()方法的代码如下:

```
Form1 frm = new Form1();
frm.Close();
```

关闭当前窗体时,可以使用 this 关键字代替窗体对象名。例如,this.Close()。通常情况下,关闭窗体后,窗体所占内存资源会被释放,但在以下两种情况下调用 Close()方法不会释放窗体:

- 窗体是多文档界面(MDI)应用程序的一部分且是不可见的。
- 使用 ShowDialog 显示的该窗体。

在这些情况下,需要手动调用 Dispose 来将窗体的所有控件都标记为需要进行垃圾回收。

3. 窗体常用的事件

在 Windows 应用程序中,窗体是与用户交互的基本方式,一个应用程序可以有一个或多个窗体。对窗体的任何交互都是基于事件驱动来实现的。Form 类提供了大量用于响应执行窗体的各种操作的事件。在窗体的属性面板中单击 (事件)按钮,可以查看窗体的所有事件。在此介绍几种常用的事件。

1) Load 事件

在窗体加载时,将触发窗体的 Load 事件,该事件是窗体的默认事件。Load 事件在窗体对象实例化后,第一次显示窗体前发生。也就是说,在引发 Load 事件时窗体还不存在,处于实例化过程中,但不可见。当应用程序启动时,会自动执行 Load 事件,因此通常在该事件中初始化属性和变量。

2) Activated 事件

Activated 事件在窗体处于可见状态并处于当前状态时发生。在开发数据库应用程序时,为了更新主窗体中数据表格控件的数据,以显示最新的数据,可以在添加或修改记录完成后关闭子窗体,重新激活主窗体,在主窗体的 Activated 事件中对数据表格控件重新绑定。

3) FormClosing 事件和 FormClosed 事件

窗体关闭前将会触发窗体的 FormClosing 事件。FormClosed 事件是在窗体关闭后发生的。这两个事件都允许执行必要的清理工作。例如,可以在事件中关闭网络连接或多线程,以便释放网络连接或多线程所占的系统资源。

综上所述,通常情况下,4 个事件以如下顺序发生:

- Load
- Activated
- FormClosing
- FormClosed

4. Windows 窗体的调用

对开发者而言,窗体是应用程序外观设计的操作界面。根据不同的需求,开发者可以使用不同类型的 Windows 窗体。根据窗体的现实状态,Windows 窗体分为模式窗体和非模式窗体。

模式窗体是使用 ShowDialog() 方法显示的窗体。若窗体显示时作为激活窗体,则其他窗体不可用,不能通过单击其他窗体进行窗体切换,只有将模式窗体关闭后,其他窗体才恢复为可用状态。

以模式窗体方式显示 Form2 窗体,代码如下:

```
Form2 frm = new Form2();
frm.ShowDialog();
```

非模式窗体是使用 Show() 方法显示的窗体。非模式窗体在显示时,如果有多个窗体,则用户可以单击任何一个窗体进行窗体切换,被单击的窗体成为激活窗体显示在屏幕的最前面。

以非模式窗体方式显示 Form2 窗体,代码如下:

```
Form2 frm = new Form2();
frm.Show();
```

5. 多文档界面

多文档界面(Multiple Document Interface,MDI)主要用于同时显示多个文档,每个文档显示在各自的窗口中。MDI 窗体中通常有包含子菜单的窗口菜单,以便在窗口或文档之间进行切换。MDI 窗体十分常见。图 5-1 所示为一个 MDI 窗体界面。

在 MDI 应用程序中,作为容器的窗体被称为"父窗体",可放在父窗体中的其他窗体称为"子窗体"。当 MDI 应用程序启动时,首先显示父窗体。所有的子窗体都在父窗体中打开。创建 MDI 窗体主要分为设置父窗体和设置子窗体两个步骤。

图 5-1　MDI 窗体界面

(1) 设置父窗体。如果想要将某个窗体设置成父窗体,只要在窗体的属性面板中将 IsMdiContainer 属性设置为 True 即可。

(2) 设置子窗体。设置完父窗体后,可以通过设置某个窗体的 MdiParent 属性来确定子窗体,语法格式如下:

```
Public Form MdiParent{get;set;}
```

如果一个 MDI 窗体中有多个窗体同时打开,界面会显得非常乱,而且不容易浏览。可以通过使用带有 MdiLayout 枚举的 LayLayoutMdi()方法来排列多文档界面父窗体中的子窗体。语法格式如下:

```
public void LayoutMdi(MdiLayout value)
```

其中,value 是 MdiLayout 枚举值之一,用来定义 MDI 子窗体的布局。MdiLayout 枚举用于指定 MDI 父窗体中子窗体的布局,其枚举成员及说明如表 5-2 所示。

表 5-2　MdiLayout 枚举成员及说明

枚 举 成 员	说　　明
Cascade	所有 MDI 子窗体均层叠在 MDI 父窗体的工作区内
TileHorizontal	所有 MDI 子窗体均水平平铺在 MDI 父窗体的工作区内
TileVertical	所有 MDI 子窗体均垂直平铺在 MDI 父窗体的工作区内

【例 5-1】　创建一个 Windows 窗体应用程序,向项目中另外添加 3 个窗体,使得应用程序中共有 4 个窗体,其中 Form1 作为父窗体,Form2、Form3、Form4 作为子窗体。使用 LayoutMdi()方法以及 MdiLayout 枚举设置子窗体的不同排列方式。实施步骤如下:

(1) 程序界面设计。创建一个 Windows 应用程序,命名为 exp5-1。在"解决方案资源管理器"面板中右击 exp5-1,选择"添加/Windows 窗体"选项,在弹出的"添加新项"对话框中单击"添加"按钮。重复此操作,分别添加名为 Form2、Form3、Form4 的窗体。

(2) 设置父窗体。打开 Form1 窗体,添加一个菜单组件(MenuStrip1),菜单项的设置如图 5-1 所示。设置 Form1 窗体的 IsMdiContainer 属性为 True。

(3) 设计代码。打开 Form1 窗体,双击"加载子窗体"菜单项,添加该菜单项的单击事件代码如下:

```
private void 加载子窗体 ToolStripMenuItem_Click(object sender, EventArgs e)
{
```

```
    Form2 frm2 = new Form2();        //实例化 Form2
    frm2.MdiParent = this;            //设置 MdiParent 属性,将当前窗体作为父窗体
    frm2.Show();                      //使用 Show()方法打开窗体
    Form3 frm3 = new Form3();        //实例化 Form3
    frm3.MdiParent = this;            //设置 MdiParent 属性,将当前窗体作为父窗体
    frm3.Show();                      //使用 Show()方法打开窗体
    Form4 frm4 = new Form4();        //实例化 Form4
    frm4.MdiParent = this;            //设置 MdiParent 属性,将当前窗体作为父窗体
    frm4.Show();                      //使用 Show()方法打开窗体
}
```

双击"水平平铺"菜单项,添加该菜单项的单击事件代码如下:

```
private void 水平平铺ToolStripMenuItem_Click(object sender, EventArgs e)
{
    LayoutMdi(MdiLayout.TileHorizontal);
}
```

双击"垂直平铺"菜单项,添加该菜单项的单击事件代码如下:

```
private void 垂直平铺ToolStripMenuItem_Click(object sender, EventArgs e)
{
    LayoutMdi(MdiLayout.TileVertical);
}
```

双击"层叠排列"菜单项,添加该菜单项的单击事件代码如下:

```
private void 层叠排列ToolStripMenuItem_Click(object sender, EventArgs e)
{
    LayoutMdi(MdiLayout.Cascade);
}
```

(4) 执行程序。按 F5 键或单击工具栏上的"启动调试"按钮,程序开始运行,运行结果如图 5-2～图 5-6 所示。

图 5-2 父窗体启动

图 5-3 加载子窗体

图 5-4 水平平铺

图 5-5 垂直平铺

图 5-6 层叠排列

观看视频

知识点 2　文本编辑控件

1. TextBox 控件

TextBox 控件也称文本框控件,常用于在窗体中接收用户的输入或显示文本,利用该控件可以让用户输入文本、密码等信息,同时可以控制用户输入内容的长度和类型。

TextBox 控件的常用属性及说明如表 5-3 所示。

表 5-3　TextBox 控件的常用属性及说明

属　　性	说　　明
BackColor	设置或返回控件的背景色
BorderStyle	设置 TextBox 边框的类型,为枚举值:None(没有边框)、FixedSingle(单边边框)、Fixed3D(立体感的边框),默认值是 Fixed3D
Font	获取或设置文本框显示的文字的字体,包括字体名称、字号、是否加粗、是否斜体、是否有下画线等
ForeColor	获取或设置组件的前景色
MaxLength	获取或设置用户可以在文本框组件中最多输入的字符数,默认为 32767
Multiline	获取或设置文本框是否允许多行输入,默认为 False
Modifier	指示 TextBox 控件的可见性级别

续表

属性	说明
PasswordChar	获取或设置字符,该字符用于屏蔽单行文本框的密码字符
ReadOnly	获取或设置一个值,该值指示是否能够更改文本框中的文本,默认为 False,即可以修改,若为 True,则不可以修改
RightToLeft	获取或设置一个值,该值指示是否将文本框中的内容从右向左显示
ScrollBars	获取或设置哪些滚动条应该出现在多行文本框中
Text	获取或设置文本框中的当前文本
TextAlign	设置文本框内文本的对齐方式,有三个值:Left(左对齐)、Center(居中对齐)、Right(右对齐)
TextLength	获取组件中文本的长度
Visible	获取或设置一个值,该值指示程序运行时文本框是显示还是隐藏。若值为 True,则显示控件;若值为 False,则隐藏控件。默认值为 True
WordWrap	在 Multiline 属性为 True 时,此属性起作用,用于指示控件内的文本是否自动换行

其中,控件的 Modifier 属性经常在窗体的继承中使用,因为该属性的默认值为 Private,在继承窗体时不能修改继承控件的属性值,从而限制了继承窗体的扩展功能。可以修改控件的 Modifier 属性值为 Public(公有的),这样就可以在继承窗体时编辑继承窗体的属性,从而体现继承的扩展性。关于更多继承的概念,将在项目 8 中详细介绍。

基于 Windows.Forms.Control 类的控件具有一些通用的属性,在后面的控件讲解中,对于重复的属性将不再详细介绍。

一般情况下,每个控件都有一个默认事件,这个默认事件就是该控件最常用的事件。在设计模式下,当在窗体上双击一个控件时,系统会自动生成该控件的默认事件处理函数,并打开代码窗口,例如窗体控件的默认事件是 Load,在窗体的空白处双击,系统会为窗体控件的 Load 事件生成事件处理函数框架如下:

```
private void Form1_Load(object sender, EventArgs e)
{

}
```

TextBox 控件的常用事件及说明如表 5-4 所示。

表 5-4　TextBox 控件的常用事件及说明

事件	说明
Enter	当 TextBox 控件获得焦点时发生
KeyDown	在控件具有焦点的前提下,用户按下某个键时发生
KeyPress	在控件具有焦点的前提下,用户按下并释放某个键后发生
KeyUp	在控件有焦点的前提下,用户释放键时发生
Leave	当 TextBox 控件失去焦点时发生
TextChanged	当 TextBox 控件中的文本值发生改变时发生

2. RichTextBox 控件

RichTextBox 控件又称为有格式文本框,它在用户输入和编辑文本的同时提供比普通的 TextBox 控件更高级的格式特征。TextBox 控件常用于从用户那里获取短文本字符串,而 RichTextBox 控件多用于显示和输入格式化的文本,还能设定文字颜色、字体和段落格式,支持字符串查找功能,支持富文本格式(Rich Text Format,RTF)等功能。

RichTextBox 控件的常用属性及说明如表 5-5 所示。

表 5-5　RichTextBox 控件的常用属性及说明

属　　性	说　　明
BulletIndent	获取或设置对文本应用项目符号样式时控件使用的缩进
DetectUrls	获取或设置一个值,该值指示是否将控件文本中的 URL 格式设置为链接
EnableAutoDragDrop	获取或设置一个值,该值指示是否启用文本、图片和其他数据的拖放操作
Rtf	此属性与 Text 属性类似,但它包含 RTF 格式
RightMargin	获取或设置 RichTextBox 控件内单个文本行的大小
SelectedRtf	获取或设置控件中当前选择的 RTF 格式的格式化文本
SelectedText	获取或设置控件中的选定文本
SelectionAlignment	获取或设置应用到当前选定内容或插入点的对齐方式
SelectionBackColor	获取或设置控件中的文本在选中时的背景颜色,若无选定文本,则此属性值应用到从插入点开始输入的文本
SelectionColor	获取或设置当前选定文本或插入点的文本颜色
SelectionFont	获取或设置当前选定文本或插入点的字体
SelectionIndent	获取或设置所选内容开始行的缩进距离(以像素为单位)
SelectionLength	获取或设置控件中选定的字符数
SelectionStart	获取或设置控件中选定的文本起始点
TextLength	获取控件中文本的长度

RichTextBox 控件的常用方法及说明如表 5-6 所示。

表 5-6　RichTextBox 控件的常用方法及说明

方　　法	说　　明
AppendText	向文本框的当前文本追加文本
Clear	从文本框控件中清除所有文本
ClearUndo	从该文本框的撤销缓冲区中清除关于最近操作的信息
Copy	将文本框中的当前选定内容复制到剪贴板
Cut	将文本框中的当前选定内容移动到剪贴板
Find	在 RichTextBox 的内容中搜索文本
LoadFile	将文件的内容加载到 RichTextBox 控件中
Paste	将剪贴板中的内容粘贴到控件中
Redo	重新应用控件中上一次撤销的操作
SaveFile	将 RichTextBox 的内容保存到文件中
SelectAll	选定文本框中的所有文本
Undo	撤销文本框中的上一个编辑操作

3. Label 控件和 LinkLabel 控件

Label(标签)控件是最常用的控件,它主要用于显示用户不能编辑的文本,标识窗体上的对象。Label 是标准的 Windows 标签,LinkLabel 类似于标准标签,但以超链接的方式显示。

通常情况下,不需要为 Label 控件添加任何事件处理代码。但它像其他控件一样支持事件。对于 LinkLabel 控件,如果用户希望可以通过单击它打开相应的页面,就需要为它添加代码。

Label 控件的属性很多,大多数属性派生于 Control 类。Label 控件的常用属性及说明如表 5-7 所示。LinkLabel 控件的常用属性及说明如表 5-8 所示。

表 5-7 Label 控件的常用属性及说明

属 性	说 明
ForeColor	获取或设置控件的前景色,主要用于设置文本
Text	获取或设置与此控件关联的文本
Visible	获取或设置一个值,该值指示是否显示该控件及其所有父控件

表 5-8 LinkLabel 控件的常用属性及说明

属 性	说 明
DisabledLinkColor	获取或设置显示禁用链接时所用的颜色
LinkArea	获取或设置文本中视为链接的范围
LinkBehavior	获取或设置一个表示链接的行为的值
LinkColor	获取或设置显示普通链接时使用的颜色
Links	获取包含在 LinkLabel 内的链接的集合
Link Visited	获取或设置一个值,指示链接是否应显示为被访问过的链接
VisitedLinkColor	获取或设置当显示以前访问过的链接时所使用的颜色

LinkLabel 控件的常用事件及说明如表 5-9 所示。

表 5-9 LinkLabel 控件的常用事件及说明

事 件	说 明
Click	在单击控件时发生
LinkClicked	当单击控件内的链接时发生

4. Button 控件

Button 控件又称为按钮控件,是常用的控件之一。通常用户通过单击来执行操作,也可以通过键盘上的 Enter 键来执行操作。

Button 控件的常用属性及说明如表 5-10 所示。

表 5-10 Button 控件的常用属性及说明

属 性	说 明
BackgroundImage	获取或设置在控件中显示的背景图像
BackgroundImageLayout	获取或设置控件中背景图像的布局。Tile 表示图片重复(默认),None 表示左边显示,Center 表示居中显示,Stretch 表示图片拉伸,Zoom 表示按比例放大
Enabled	获取或设置一个值,指示控件是否可对用户交互做出响应
FlatAppearance	获取用于指示选中状态和鼠标状态的边框外观和颜色
FlatStyle	获取或设置按钮控件的平面样式外观
Text	获取或设置与此控件关联的文本
TextAlign	获取或设置按钮控件上的文本对齐方式

图 5-7 "用户登录"窗口

Button 控件最常用的事件是 Click 事件,只要用户单击了按钮就会触发该事件。同样,在按钮得到焦点且按下 Enter 键时,也会触发 Click 事件。

在窗体上双击一个按钮,即可为该按钮创建 Click 事件处理函数框架。

【例 5-2】 创建一个 Windows 应用程序的"用户登录"窗口,效果如图 5-7 所示。

设计步骤如下:

(1)程序界面设计。创建一个 Windows 应用程序,命名为 exp5-2。在 Form1 窗体中添加两个 Label 控件、两个 TextBox 控件和两个 Button 控件。

(2)窗体及控件的属性设置。窗体及控件的属性设置如表 5-11 所示。

表 5-11 窗体及控件的属性设置

控 件	属 性	属 性 值
Form1	StartPosition	CenterScreen
	Text	用户登录
label1	Text	用户名:
label2	Text	密码:
textBox2	PassWordChar	*
button1	Text	登录
button2	Text	退出

(3)设计代码。双击"登录"按钮,添加按钮的单击事件代码如下:

```
private void button1_Click(object sender, EventArgs e)
{
    MessageBox.Show(txtUserName.Text + "你好!欢迎使用本系统!");
}
```

双击"退出"按钮,添加按钮的单击事件代码如下:

```
private void button2_Click(object sender, EventArgs e)
{
    Application.Exit();
}
```

(4)执行程序。按 F5 键或单击工具栏上的"启动调试"按钮,程序开始运行,在文本框中输入用户名和密码后,单击"登录"按钮,运行结果如图 5-8 所示。单击"退出"按钮,应用程序运行结束。

图 5-8 单击"登录"按钮的结果

知识点 3 选择类控件

1. RadioButton 控件

单选按钮 RadioButton 控件为用户提供由两个或多个互斥选项组成的选项集,当用户选中某个单选按钮时,同一组中的其他单选按钮不能同时被选定。

RadioButton 控件的常用属性及说明如表 5-12 所示。

表 5-12 RadioButton 控件的常用属性及说明

属性	说明
Appearance	获取或设置一个值,确定 RadioButton 控件的外观
AutoCheck	获取或设置一个值,指示当单击控件时,Checked 的值以及该控件的外观是否自动改变
AutoEllipsis	获取或设置一个值,指示是否要在控件的右边缘显示省略号以表示控件文本超出指定的控件长度
CheckAlign	获取或设置 RadioButton 控件上的单选按钮的位置
Checked	获取或设置一个值,指示单选按钮是否已处于选中状态
Text	获取或设置与此控件关联的文本
TextAlign	获取或设置 RadioButton 控件上的文本对齐方式

RadioButton 控件的常用事件及说明如表 5-13 所示。

表 5-13 RadioButton 控件的常用事件及说明

事件	说明
CheckedChanged	在控件 Checked 属性值更改时发生
Click	当单击控件时发生

2. CheckBox 控件

复选框 CheckBox 控件列出了可供用户选择的选项,用户可以根据需要从中选择一项或多项。当某一项被选中后,左边的小方框 ☐ checkBox1 会变为选中状态 ☑ checkBox1。

CheckBox 控件的常用属性及说明如表 5-14 所示。

表 5-14 CheckBox 控件的常用属性及说明

属性	说明
Appearance	获取或设置一个值,确定复选框控件的外观
AutoCheck	获取或设置一个值,指示当单击某个 CheckBox 时,控件的外观是否自动改变
AutoEllipsis	获取或设置一个值,指示是否要在控件的右边缘显示省略号以表示控件文本超出指定的控件长度
CheckAlign	获取或设置 CheckBox 控件上的复选框的水平和垂直对齐方式
Checked	获取或设置一个值,指示复选框是否已处于选中状态
Text	获取或设置与此控件关联的文本
TextAlign	获取或设置 CheckBox 控件上的文本对齐方式

CheckBox 控件的常用事件及说明如表 5-15 所示。

表 5-15　CheckBox 控件的常用事件及说明

事　　件	说　　明
CheckedChanged	在控件 Checked 属性值更改时发生
Click	当单击控件时发生

【例 5-3】 创建一个 Windows 应用程序，在默认窗体中添加一个 Label 控件、一个 Button 控件、两个 RadioButton 控件、两个 GroupBox 控件和 4 个 CheckBox 控件。其中，RadioButton 控件作为"性别"的单选按钮，CheckBox 控件作为"兴趣爱好"的复选框。单击 Button 按钮，用消息框显示出兴趣爱好选择结果。程序运行结果如图 5-9 所示。

图 5-9　程序运行结果

设计步骤如下：

(1) 程序界面设计。创建一个 Windows 应用程序并命名为 exp5-3。在 Form1 窗体中添加一个 Label 控件、一个 Button 控件、两个 RadioButton 控件、两个 GroupBox 控件和 4 个 CheckBox 控件，适当调整控件大小及位置。

(2) 窗体及控件属性设置。窗体及控件的 Text 属性设置如图 5-10 所示，设置 RadioButton1 的 Checked 属性值为 True。

图 5-10　窗体及控件的 Text 属性设置

（3）设计代码。打开 Form1 窗体，双击"提交"按钮，添加 button1 按钮的单击事件代码如下：

```
private void button1_Click(object sender, EventArgs e)
{
    string name, sex, hobby = "";
    name = textBox1.Text;
    if (RadioButton1.Checked)
        sex = "先生";
    else
        sex = "女士";
    foreach(CheckBox ckb in groupBox2.Controls)
    //在 GroupBox2 中遍历 CheckBox 控件
    {
        if(ckb.Checked)
            if (hobby == "")
                hobby = ckb.Text;
            else
                hobby += "、" + ckb.Text;
    }
    MessageBox.Show(name + sex + "的兴趣爱好是:\n\n" + hobby,"提交结果");
}
```

（4）执行程序。按 F5 键或单击工具栏上的"启动调试"按钮，程序开始运行，运行结果如图 5-9 所示。

知识点 4　列表类控件

1. ListBox 控件

ListBox 控件也称为列表控件，它主要用于显示一个列表，用户可以从中选择一项或多项，如果选项总数超出可以显示的项数，则控件会自动添加滚动条。

ListBox 控件的常用属性及说明如表 5-16 所示。

表 5-16　ListBox 控件的常用属性及说明

属　性	说　明
BorderStyle	获取或设置在 ListBox 四周绘制的边框的类型
ColumnWidth	获取或设置多列 ListBox 中列的宽度
DataSource	获取或设置此 ListBox 的数据源
HorizontalScrollbar	获取或设置一个值，指示是否在控件中显示水平滚动条
Items	获取 ListBox 中项的集合
SelectedIndex	获取或设置 ListBox 中当前选定项从零开始的索引
SelectedIndices	获取一个集合，该集合包含所有当前选定项从零开始的索引
SelectedItem	获取或设置 ListBox 中的当前选定项
SelectedItems	获取包含 ListBox 中当前选定项的集合
SelectedValue	获取或设置由 ValueMember 属性指定的成员属性的值
SelectionMode	获取或设置一个值，指示列表框是单项选择、多项选择还是不可选择
Sorted	获取或设置一个值，指示控件中的项是否按字母顺序排列

ListBox 控件的常用方法及说明如表 5-17 所示。

表 5-17 ListBox 控件的常用方法及说明

方法	说明
ClearSelected	取消选择 ListBox 中的所有项
FindString	查找 ListBox 中以指定字符串开头的第一项
FindStringExact	查找 ListBox 中第一个精确匹配指定字符串的项
GetItemText	返回指定项的文本表示形式
IndexFromPoint	获取 ListBox 控件中鼠标所指向的项从零开始的索引号
SetSelected	将指定项设置为选中状态或未选中状态
Sort	对 ListBox 中的项排序

ListBox 控件的常用事件及说明如表 5-18 所示。

表 5-18 ListBox 控件的常用事件及说明

事件	说明
SelectedIndexChanged	当 SelectedIndex 属性值更改时发生
SelectedValueChanged	当 SelectedValue 属性值更改时发生

2. CheckedListBox 控件

复选框列表 CheckedListBox 控件实际上是对 ListBox 控件进行了扩展,它几乎能完成列表框可以完成的所有任务,并且可以在列表中的项旁边显示复选标记。

CheckedListBox 控件的常用属性及说明如表 5-19 所示。

表 5-19 CheckedListBox 控件的常用属性及说明

属性	说明
CheckedIndices	CheckedListBox 中选中索引的集合
CheckedItems	CheckedListBox 中选中项的集合
CheckOnClick	获取或设置一个值,指示当选定项时是否应切换复选框
HorizontalExtent	获取或设置 CheckedListBox 的水平滚动条可滚动的宽度
HorizontalScrollbar	获取或设置一个值,指示是否在控件中显示水平滚动条
Items	CheckedListBox 控件中列表项的集合
MultiColumn	获取或设置一个值,指示 CheckedListBox 是否支持多列
SelectedIndex	获取或设置 CheckedListBox 中当前选定项从零开始的索引
SelectedIndices	获取一个集合,该集合包含所有当前选定项从零开始的索引
SelectedItem	获取或设置 CheckedListBox 中的当前选定项
SelectedItems	获取包含 CheckedListBox 中当前选定项的集合
SelectedValue	获取或设置由 ValueMember 属性指定的成员属性的值
Sorted	获取或设置一个值,指示控件中的项是否按字母顺序排列
Text	获取或搜索 CheckedListBox 中当前选定项的文本

CheckedListBox 控件的常用方法及说明如表 5-20 所示。

表 5-20 CheckedListBox 控件的常用方法及说明

方法	说明
ClearSelected	取消选择 CheckedListBox 中的所有项
GetItemChecked	返回指示指定项是否选中的值
GetItemCheckState	返回指示当前项的复选状态的值

续表

方 法	说 明
GetItemText	返回指定项的文本表示形式
GetSelected	返回一个值,指示是否选定了指定项
RefreshItems	再次分析所有 CheckedListBox 项,并获取这些项的新文本字符串
SetItemChecked	将指定索引处的项的 CheckState 设置为 Checked
SetItemCheckState	设置指定索引处的项的复选状态
Sort	对 CheckedListBox 中的项排序

CheckedListBox 控件的常用事件及说明如表 5-21 所示。

表 5-21 CheckedListBox 控件的常用事件及说明

事 件	说 明
ItemCheck	当某项的选中状态更改时发生
SelectedIndexChanged	当 SelectedIndex 属性值更改时发生
SelectedValueChanged	当 SelectedValue 属性值更改时发生

3. ComboBox 控件

ComboBox 控件又称为下拉组合框控件,和 ListBox 控件比较相似,不同的是,前者是将其包含的项"隐藏"起来(后者是全部显示),通过单击下拉按钮来选择所需的项(只能选一项),被选中的项将在文本框中显示出来。

ComboBox 控件的常用属性及说明如表 5-22 所示。

表 5-22 ComboBox 控件的常用属性及说明

属 性	说 明
DataSource	获取或设置此 ComboBox 的数据源
DisplayMember	获取或设置要为此 ComboBox 显示的属性
DropDownStyle	获取或设置指定组合框样式的值
FlatStyle	获取或设置此 ComboBox 的外观
Items	获取一个对象,此对象表示该控件所包含项的集合
MaxDropDownItems	获取或设置要在 ComboBox 的下拉列表中显示的最大项数
SelectedIndex	获取或设置当前选定项从零开始的索引
SelectedItem	获取或设置 ComboBox 中的当前选定项
SelectedText	获取或设置 ComboBox 的可编辑部分选定的文本
SelectedValue	获取或设置由 ValueMember 属性指定的成员属性的值
SelectionLength	获取或设置组合框可编辑部分选定的字符数
SelectionStart	获取或设置组合框中选定文本的起始索引
Sorted	获取或设置一个值,指示是否对组合框中的项进行排序
Text	获取或设置控件可编辑区显示的文本

ComboBox 控件的常用方法及说明如表 5-23 所示。

表 5-23 ComboBox 控件的常用方法及说明

方 法	说 明
FindString	查找 ComboBox 中以指定字符串开头的第一项
FindStringExact	查找 ComboBox 中第一个精确匹配指定字符串的项
GetItemText	返回指定项的文本表示形式

知识点 5　容器类控件

1. Panel 控件

Panel 控件又称面板控件,它的主要用途是为窗体上的控件提供可识别的分组,使窗体上的控件分类更清晰,便于用户理解。

Panel 控件的常用属性及说明如表 5-24 所示。

表 5-24　Panel 控件的常用属性及说明

属　　性	说　　明
AutoScroll	获取或设置一个值,指示容器是否允许用户滚动到任何放置在其可见边界之外的控件
AutoSize	获取或设置一个值,指示控件是否自动调整自身大小以适应其内容的大小
BorderStyle	指示控件的边框样式

2. GroupBox 控件

GroupBox 控件又称为分组框控件,它主要为其他控件提供分组,并且按照控件的分组来细分窗体的功能,其在所包含的控件集周围总是显示边框,而且可以显示标题,但是没有滚动条。

GroupBox 控件的常用属性及说明如表 5-25 所示。

表 5-25　GroupBox 控件的常用属性及说明

属　　性	说　　明
MaximumSize	指定控件的最大大小
MinimumSize	指定控件的最小大小
Text	获取或设置分组框控件的标题

单选按钮的一个特点是选择其中的一项后,其余项会自动取消选定。在实际应用中,有时需要在同一窗体中建立若干组相对独立的单选按钮,此时使用 GroupBox 控件就可以将每一组单选按钮分隔开。在一个 GroupBox 内的单选按钮自动成为一组,对它们的操作不会影响 GroupBox 控件以外的单选按钮。此外,使用 GroupBox 控件将其他类型的控件框起来,还可以改善视觉效果,比如在【例 5-3】中的应用。

3. TabControl 控件

TabControl 控件又称为选项卡控件,它可以添加多个选项卡,然后可以在选项卡上添加子控件,这样就可以把窗体设计成多页,并且把窗体的功能划分为多个部分。选项卡控件的选项卡可以包含图片或其他控件。对于 TabConrol 控件的使用,主要是通过对其属性的设置来实现的,一般不需要编写事件代码。

TabControl 控件的常用属性及说明如表 5-26 所示。

表 5-26　TabControl 控件的常用属性及说明

属　　性	说　　明
Alignment	确定标签在控件中的显示位置,默认为控件的顶部
Appearance	获取或设置一个值,指示选项卡的样式是常规选项卡还是按钮
HotTrack	获取或设置一个值,指示鼠标滑过选项卡时其外观是否会改变
ImageList	获取或设置选项卡获取图像的 ImageList 对象

续表

属　性	说　　明
MultiLine	获取或设置一个值,指示是否允许多行选项卡
SelectedIndex	获取或设置当前选定的选项卡的索引值
SelectedTab	获取或设置当前选定的选项卡页
TabCount	获取选项卡控件中选项页的数目
TabPages	获取选项卡控件中选项卡页的集合

知识点 6　菜单与工具栏控件

1. MenuStrip 控件

菜单是 Windows 应用程序中重要的部分。MenuStrip 控件又称菜单控件,就是用来设计应用程序的菜单栏。

在"工具箱"的"菜单和工具栏"分组中双击 MenuStrip 控件,即可在窗体的顶部建立一个菜单,窗体的底部显示出所创建的菜单控件的名称。把鼠标移到"请在此处键入"处,将会显示一个三角按钮,单击该三角按钮弹出一个下拉列表,其中包括 MenuItem、ComboBox 和 TextBox 三个选项,如图 5-11 所示。

在"请在此处键入"处单击,即可在该文本框中输入菜单项的标题,如图 5-12 所示。也可以通过在菜单控件上右击,打开菜单控件的快捷菜单,选取"编辑项…",打开"菜单项合集编辑器"对话框,如图 5-13 所示,完成菜单编辑。

图 5-11　菜单控件

图 5-12　输入菜单项

图 5-13　菜单项合集编辑

输入菜单项的标题时,在某个字符前加"&",例如"文件(&F)",菜单中会显示"文件(F)","&"被识别为确认快捷键的字符,即通过键盘上的 Alt+F 组合键就可以打开该菜单。

MenuStrip 控件实际上是由 ToolStripMenuItem、ToolStripSeparator 或 ToolStripDropDown 控件组成的。MenuStrip 控件和每个菜单项的属性都可以通过"属性"面板设置。

MenuStrip 控件和菜单项控件的常用属性及说明如表 5-27 和表 5-28 所示。

表 5-27　MenuStrip 控件的常用属性及说明

属　性	说　明
Items	获取或设置 MenuStrip 控件上显示的项的集合
ShowItemToolTips	获取或设置一个值,指示是否显示菜单项的 ToolTip

表 5-28　菜单项控件的常用属性及说明

属　性	说　明
Checked	获取或设置一个值,指示菜单项是否被选中
CheckedOnClick	获取或设置一个值,指示在单击菜单项时该项是否应切换其选中状态
Enable	获取或设置一个值,指示是否启用该菜单项
ShortcutKeys	设置与菜单项相关的快捷键

菜单最常用的事件是 Click 事件。一般情况下,只需为菜单项的 Click 事件编写代码。例如双击图 5-12 中的"文件"菜单后,系统将打开"代码编辑器"窗口,可以看到菜单项的 Click 事件处理代码的格式如下:

```
private void 文件ToolStripMenuItem_Click(object sender, EventArgs e)
{
//在此添加代码
}
```

2. ContextMenuStrip 控件

使用 MenuStrip 控件制作的下拉式菜单一般位于窗口的顶部,用户需要不断移动鼠标来选择命令。而 ContextMenuStrip 控件可以用来制作快捷菜单,也叫弹出式菜单,就是右击鼠标弹出来的菜单。

ContextMenuStrip 控件的属性与 MenuStrip 控件类似。不同的是,快捷菜单创建完成后,需指定该快捷菜单属于哪个窗体或控件。这时只需设置快捷菜单所属窗体或控件的 ContextMenuStrip 属性即可。

【例 5-4】　创建一个 Windows 窗体应用程序,在默认窗体中设计一个菜单,包括"样式"和"颜色"两个标题项,窗体中有一个标签,使用菜单可以对标签的边框样式和文字颜色进行设置。

菜单中各项的标题如图 5-14 所示。为标签添加一个快捷菜单,程序运行后在标签上右击,弹出快捷菜单。

设计步骤如下:

(1) 程序界面设计。

创建一个 Windows 应用程序,命名为 exp5-4。在 Form1 窗体中添加一个 MenuStrip 控件、一个 ContextMenuStrip 控件和一个 Label 控件。

图 5-14 菜单效果

(2) 窗体及控件属性设置。

设置窗体的 TextBox 属性为"菜单应用",标签的 Text 属性为"欢迎进入 VC.Net 的世界",单击 Font 属性右侧的按钮,在打开的"字体"对话框中设置"隶书""四号"。在菜单设计器中一次输入各菜单标题及菜单项的文本,其属性设置如表 5-29 所示。

表 5-29 菜单项的属性及说明

菜 单	Name	Text	说 明
MenuStrip	样式 ToolStripMenuItem	样式(&S)	"样式"菜单标题项
	单框线 ToolStripMenuItem	单框线	菜单项
	立体框 ToolStripMenuItem	立体框	菜单项
	无框线 ToolStripMenuItem	无框线	菜单项
	颜色 ToolStripMenuItem	颜色(&C)	"颜色"菜单标题项
	红色 ToolStripMenuItem	红色	菜单项
	绿色 ToolStripMenuItem	绿色	菜单项
	蓝色 ToolStripMenuItem	蓝色	菜单项
ContextMenuStrip	单框线 ToolStripMenuItem	单框线	菜单项
	立体框 ToolStripMenuItem	立体框	菜单项
	无框线 ToolStripMenuItem	无框线	菜单项
	toolStripSeparator1	—	分隔条
	红色 ToolStripMenuItem	红色	菜单项
	绿色 ToolStripMenuItem	绿色	菜单项
	蓝色 ToolStripMenuItem	蓝色	菜单项

(3) 设计代码。

首先,为 MenuStrip 菜单控件的各项添加代码。

双击"单框线"菜单项,添加该菜单项的单击事件代码如下:

```
private void 单框线 ToolStripMenuItem_Click(object sender, EventArgs e)
{
    label1.BorderStyle = BorderStyle.FixedSingle;
}
```

双击"立体框"菜单项,添加该菜单项的单击事件代码如下:

```
private void 立体框 ToolStripMenuItem_Click(object sender, EventArgs e)
{
    label1.BorderStyle = BorderStyle.Fixed3D;
}
```

双击"无框线"菜单项,添加该菜单项的单击事件代码如下:

```csharp
private void 无框线ToolStripMenuItem_Click(object sender, EventArgs e)
{
    label1.BorderStyle = BorderStyle.None;
}
```

双击"红色"菜单项,添加该菜单项的单击事件代码如下:

```csharp
private void 红色ToolStripMenuItem_Click(object sender, EventArgs e)
{
    label1.ForeColor = Color.Red;
}
```

双击"绿色"菜单项,添加该菜单项的单击事件代码如下:

```csharp
private void 绿色ToolStripMenuItem_Click(object sender, EventArgs e)
{
    label1.ForeColor = Color.Green;
}
```

双击"蓝色"菜单项,添加该菜单项的单击事件代码如下:

```csharp
private void 蓝色ToolStripMenuItem_Click(object sender, EventArgs e)
{
    label1.ForeColor = Color.Blue;
}
```

然后,为ContextMenuStrip快捷菜单的各项添加代码。由于快捷菜单实现的功能与MenuStrip菜单中各项的功能一致,因此可以在菜单项的单击事件处理函数中调用MenuStrip菜单中对应的事件处理函数。

双击快捷菜单中的"单框线"菜单项,添加该菜单项的单击事件代码如下:

```csharp
private void 单框线ToolStripMenuItem1_Click(object sender, EventArgs e)
{
    单框线ToolStripMenuItem_Click(sender ,e);   //调用MenuStrip中"单框线"菜单项的
                                                //单击事件处理函数
}
```

双击快捷菜单中的"立体框"菜单项,添加该菜单项的单击事件代码如下:

```csharp
private void 立体框ToolStripMenuItem1_Click(object sender, EventArgs e)
{
    立体框ToolStripMenuItem_Click(sender, e);   //调用MenuStrip中"立体框"菜单项的
                                                //单击事件处理函数
}
```

双击快捷菜单中的"无框线"菜单项,添加该菜单项的单击事件代码如下:

```csharp
private void 无框线ToolStripMenuItem1_Click(object sender, EventArgs e)
{
```

```
            无框线 ToolStripMenuItem_Click(sender, e);   //调用 MenuStrip 中"无框线"菜单项的
                                                        //单击事件处理函数
        }
```

双击快捷菜单中的"红色"菜单项,添加该菜单项的单击事件代码如下:

```
        private void 红色 ToolStripMenuItem1_Click(object sender, EventArgs e)
        {
            红色 ToolStripMenuItem_Click(sender, e);   //调用 MenuStrip 中"红色"菜单项的
                                                      //单击事件处理函数
        }
```

双击快捷菜单中的"绿色"菜单项,添加该菜单项的单击事件代码如下:

```
        private void 绿色 ToolStripMenuItem1_Click(object sender, EventArgs e)
        {
            绿色 ToolStripMenuItem_Click(sender, e);   //调用 MenuStrip 中"绿色"菜单项的
                                                      //单击事件处理函数
        }
```

双击快捷菜单中的"蓝色"菜单项,添加该菜单项的单击事件代码如下:

```
        private void 蓝色 ToolStripMenuItem1_Click(object sender, EventArgs e)
        {
            蓝色 ToolStripMenuItem_Click(sender, e);   //调用 MenuStrip 中"蓝色"菜单项的
                                                      //单击事件处理函数
        }
```

(4) 执行程序。

按 F5 键或单击工具栏上的"启动调试"按钮,程序开始运行,运行结果如图 5-15 所示。单击"样式"菜单中的不同菜单项,标签的边框样式将改变。例如,单击"单框线"菜单项,标签边框变成单线样式,如图 5-16 所示。单击"颜色"菜单中的不同菜单项,标签中文字的颜色也将相应改变。

图 5-15 窗体启动

图 5-16 单线框样式

3. ToolStrip 控件

ToolStrip 控件又称工具栏控件,使用它可以创建具有 Microsoft、Windows XP、Microsoft Office、Microsoft Internet Explorer 或自定义的外观和行为的工具栏及其他用户界面元素。这些元素支持溢出及运行时项重新排序。ToolStrip 控件提供丰富的设计时体

验,包括就地激活和编辑、自定义布局、漂浮(即工具栏共享水平或垂直空间的能力)。

ToolStrip 控件的常用属性及说明如表 5-30 所示。

表 5-30　ToolStrip 控件的常用属性及说明

属　　性	说　　明
AllowItemReorder	获取或设置一个值,指示当按 Alt 键时,是否对项重新排列
Dock	获取或设置一个值,指示工具栏在窗体中的位置
ImageList	获取或设置包含 ToolStrip 项上显示的图像列表
Items	获取属于 ToolStrip 的所有项
LayoutStyle	获取或设置一个值,指示工具栏中项的布局方向
ShowItemToolTips	获取或设置一个值,指示是否要在 ToolStrip 项上显示工具提示

在窗体上添加工具栏控件后,单击控件中的 按钮,在下拉菜单中有 8 种不同的类型,如图 5-17 所示。用户可根据需要选择相应类型的按钮。

图 5-17　工具项类型

- Button:包含文本和图像中可让用户选择的项。
- Label:包含文本和图像的项,不可以让用户选择,可以显示超链接。
- SplitButton:在 Button 的基础上增加了一个下拉菜单。
- DropDownButton:用于下拉菜单选择项。
- Separator:分隔符。
- ComboBox:显示一个 ComboBox 的项。
- TextBox:显示一个 TextBox 的项。
- ProgressBar:显示一个 ProgressBar 的项。

工具栏中的按钮默认只显示图像,若要以其他方式显示(例如只显示文本、同时显示文本和图像等),可以在工具栏按钮上右击,在弹出的快捷菜单中选择 DisplayStyle 菜单项下的子菜单项。在工具栏按钮上右击,在弹出的快捷菜单中选择"设置图像"选项,可以设置按钮要显示的图像。

【例 5-5】　为【例 5-4】的应用程序设计一个工具栏,其中包括样式和颜色设置的按钮。其中样式设置按钮为下拉菜单形式,与颜色按钮之间有分隔线。程序运行时单击工具栏上的某个按钮可以执行相应的菜单项命令。设计步骤如下:

(1) 程序界面设计。

打开【例 5-4】中的项目 exp5-4,在窗体中添加一个工具栏控件 ToolStrip1,单击工具栏上的 按钮,打开按钮类型列表,依次选择一个 SplitButton(下拉菜单)、一个 Separator(分隔符)和 3 个 Button 按钮。

(2) 工具按钮属性设置。

分别选定工具栏上的按钮,依次设置按钮的 Name 属性、Image 属性和 ToolTipTextBox 属性,每个按钮的属性值如表 5-31 所示。

表 5-31　工具栏按钮的属性设置

对象	属性	属性值
"样式"按钮	Name	btnStyle
	Image	System.Drawing.Bitmap
	ToolTipText	样式
"单框线"按钮	Name	btnSingle
	Text	单框线
"立体框"按钮	Name	btn3D
	Text	立体框
"无框线"按钮	Name	btnNone
	Text	无框线
"红色"按钮	Name	btnRed
	Image	System.Drawing.Bitmap
	ToolTipText	红色
"绿色"按钮	Name	btnGreen
	Image	System.Drawing.Bitmap
	ToolTipText	绿色
"蓝色"按钮	Name	btnBlue
	Image	System.Drawing.Bitmap
	ToolTipText	蓝色

（3）设计代码。

双击工具栏上的按钮或按钮的菜单项，即可打开"代码编辑器"窗口该按钮或菜单选项的 Click 事件代码。

"单框线"菜单项的 Click 事件代码如下：

```
private void btnSingle_Click(object sender, EventArgs e)
{
    单框线 ToolStripMenuItem_Click(sender, e);   //调用 MenuStrip 中"单框线"菜单项的
                                                  //单击事件处理函数
}
```

"立体框"菜单项的 Click 事件代码如下：

```
private void btn3D_Click(object sender, EventArgs e)
{
    立体框 ToolStripMenuItem_Click(sender, e);   //调用 MenuStrip 中"立体框"菜单项的
                                                  //单击事件处理函数
}
```

"无框线"菜单项的 Click 事件代码如下：

```
private void btnNone_Click(object sender, EventArgs e)
{
    无框线 ToolStripMenuItem_Click(sender, e);   //调用 MenuStrip 中"无框线"菜单项的单
                                                  //击事件处理函数
}
```

"红色"按钮的 Click 事件代码如下：

```
private void btnRed_Click(object sender, EventArgs e)
{
    红色ToolStripMenuItem_Click(sender, e);    //调用 MenuStrip 中"红色"菜单项的单击
                                              //事件处理函数
}
```

"绿色"按钮的 Click 事件代码如下：

```
private void btnGreen_Click(object sender, EventArgs e)
{
    绿色ToolStripMenuItem_Click(sender, e);    //调用 MenuStrip 中"绿色"菜单项的单击
                                              //事件处理函数
}
```

"蓝色"按钮的 Click 事件代码如下：

```
private void btnBlue_Click(object sender, EventArgs e)
{
    蓝色ToolStripMenuItem_Click(sender, e);    //调用 MenuStrip 中"蓝色"菜单项的单击
                                              //事件处理函数
}
```

（4）执行程序。

按 F5 键或单击工具栏上的"启动调试"按钮，程序开始运行，如图 5-18 所示。单击工具栏上的按钮就会执行相应的菜单功能。

图 5-18 程序运行结果

4. StatusStrip 控件

StatusStrip 控件又称状态栏控件，它在窗体中作为一个区域使用，此区域通常显示在窗口底部，应用程序可以在这里显示各种状态信息。StatusStrip 控件上通常有 ToolStripStatusLabel 控件，用于显示指示状态的文本或图标，或者有可以用图形显示进程完成状态的 ToolStripProgressBar 控件。

StatusStrip 控件的常用属性及说明如表 5-32 所示。

表 5-32 StatusStrip 控件的常用属性及说明

属性	说明
Dock	获取或设置一个值，指示状态栏在窗体中的位置，默认在窗体底部
Items	获取属于 ToolStrip 的所有项
LayoutStyle	获取或设置一个值，指示状态栏的布局方向
ShowItemToolTips	获取或设置一个值，指示默认情况下是否显示状态栏的工具提示

在窗体上添加 StatusStrip 栏控件后，单击控件中的 按钮，在下拉菜单中有 4 种不同的项类型，如图 5-19 所示。用户可根据需要选择相应类型的按钮。状态栏中显示的信息可以通过设置相应按钮项的 Text 属性来实现。

【例 5-6】 为【例 5-5】的应用程序添加一个包含两个面板的状态栏，一个面板显示当前

标签边框样式，另一个面板显示便签文字的颜色。程序运行后的界面如图 5-20 所示。

图 5-19　状态栏项的 4 种类型　　　　　　图 5-20　程序运行结果

设计步骤如下：

（1）程序界面设计。

打开【例 5-5】中的项目，在窗体中添加一个 StatusStrip 控件。右击该控件，在弹出的快捷菜单中选择"编辑项"命令项，打开项集合编辑器，在编辑器中添加 ToolStripStatusLabel1 和 ToolStripStatusLabel2。

（2）工具按钮属性设置。

在项集合编辑器左侧选中 ToolStripStatusLabel1 修改其 Name 属性为 lblStyle，Text 属性为"样式"，如图 5-21 所示。用相同的方法修改 ToolStripStatusLabel2 的 Name 属性为 lblColor，Text 属性为"颜色"。

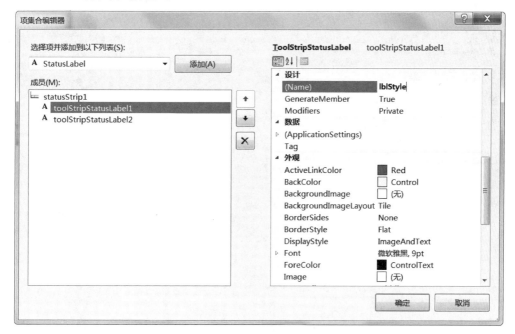

图 5-21　项集合编辑器

(3) 设计代码。

按 F7 键进入"代码编辑器"窗口,只需修改主菜单相应的菜单项的单击事件代码行中添加输出信息到状态栏面板的代码即可,其余代码不变。以下是修改后的事件代码。

"单框线"菜单项的 Click 事件代码如下:

```
private void 单框线 ToolStripMenuItem_Click(object sender, EventArgs e)
{
    label1.BorderStyle = BorderStyle.FixedSingle;
    lblStyle.Text = "单框线";   //新增在状态栏面板显示窗体标签边框样式的语句
}
```

"立体框"菜单项的 Click 事件代码如下:

```
private void 立体框 ToolStripMenuItem_Click(object sender, EventArgs e)
{
    label1.BorderStyle = BorderStyle.Fixed3D;
    lblStyle.Text = "立体框";    //新增在状态栏面板显示窗体标签边框样式的语句
}
```

"无框线"菜单项的 Click 事件代码如下:

```
private void 无框线 ToolStripMenuItem_Click(object sender, EventArgs e)
{
    label1.BorderStyle = BorderStyle.None;
    lblStyle.Text = "无框线";    //新增在状态栏面板显示窗体标签边框样式的语句
}
```

"红色"按钮的 Click 事件代码如下:

```
private void 红色 ToolStripMenuItem_Click(object sender, EventArgs e)
{
    label1.ForeColor = Color.Red;
    lblColor.Text = "红色";    //新增在状态栏面板显示窗体标签文本颜色的语句
}
```

"绿色"按钮的 Click 事件代码如下:

```
private void 绿色 ToolStripMenuItem_Click(object sender, EventArgs e)
{
    label1.ForeColor = Color.Green;
    lblColor.Text = "绿色";     //新增在状态栏面板显示窗体标签文本颜色的语句
}
```

"蓝色"按钮的 Click 事件代码如下:

```
private void 蓝色 ToolStripMenuItem_Click(object sender, EventArgs e)
{
    label1.ForeColor = Color.Blue;
    lblColor.Text = "蓝色";     //新增在状态栏面板显示窗体标签文本颜色的语句
}
```

(4) 执行程序。

按 F5 键或单击工具栏上的"启动调试"按钮,程序开始运行,通过主菜单或工具栏选择"样式"中的"单框线"和"颜色"中的蓝色,运行结果如图 5-20 所示。

知识点 7　对话框

对话框是 Windows 应用程序中使用非常多的一个工具,比如 Microsoft Word 的"打开"对话框和"字体"对话框等。Visual Studio 2017 在工具箱的"对话框"和"打印"选项卡中提供了一组基于 Windows 的标准对话框控件,包括打开(OpenFileDialog)、保存(SaveFileDialog)、颜色(ColorDialog)、字体(FontDialog)以及打印(PrintDialog)对话框等,方便用户可视化设计。

对话框常用于从用户处获取一般性的信息,例如,从"打开文件"对话框获取文件名,从"字体"对话框获取字体、字号等。通用对话框是 Windows 操作系统的一部分,它们具有一些相同的方法和事件,如表 5-33 所示。

表 5-33　对话框的通用方法和事件

通用方法和事件	说　　明
ShowDialog()方法	显示对话框,该方法返回一个 DialogResult 枚举。该枚举定义了成员 Abort、Cancel、Ignore、No、None、OK、Retry 和 Yes
Reset()方法	将对话框的所有属性设置为其默认值
HelpRequest 事件	当用户单击对话框上的"帮助"按钮时触发该事件

1. OpenFileDialog 控件

OpenFileDialog 控件又称"打开文件"对话框,用户可以使用该对话框指定一个或多个要打开的文件的文件名。

OpenFileDialog 控件的常用属性及说明如表 5-34 所示。

表 5-34　OpenFileDialog 控件的常用属性及说明

属　　性	说　　明
FileName	获取或设置一个包含在对话框中选定的文件名的字符串
FileNames	获取对话框中所有选定文件的文件名
Filter	获取或设置当前文件名筛选器字符串,该字符串决定了哪些类型的文件能在对话框中可见
InitialDirectory	获取或设置对话框显示的初始目录
Multiselect	获取或设置一个值,指示对话框是否允许选择多个文件
RestoreDirectory	获取或设置一个值,指示对话框在关闭前是否还原当前目录
SafeFileName	获取对话框中所选文件的文件名和扩展名,文件名不包含路径
SafeFileNames	获取对话框中所有选定文件的文件名和扩展名的数组,文件名不包含路径
Title	获取或设置对话框的标题

2. SaveFileDialog 控件

SaveFileDialog 控件又称"另存为"对话框,用户可以使用该对话框指定要将文件另存为的文件名。

"另存为"对话框的一些属性与"打开文件"对话框的属性相同,SaveFileDialog 控件的常用属性及说明如表 5-35 所示。

表 5-35　SaveFileDialog 控件的常用属性及说明

属　　性	说　　明
AddExtension	获取或设置一个值,指示如果用户省略了扩展名,对话框是否自动在文件名后添加扩展名
CheckFileExists	获取或设置一个值,指示如果用户指定不存在的文件名,对话框是否显示警告
CheckPathExists	获取或设置一个值,指示如果用户指定不存在的路径,对话框是否显示警告
CreatePrompt	获取或设置一个值,指示如果用户指定不存在的文件,对话框是否提示用户允许创建该文件
DefaultExt	获取或设置文件的默认扩展名
Title	获取或设置对话框标题

3. FolderBrowserDialog 控件

FolderBrowserDialog 控件又称"文件夹浏览"对话框,它主要用来提示用户选择文件夹。

FolderBrowserDialog 控件的常用属性及说明如表 5-36 所示。

表 5-36　FolderBrowserDialog 控件的常用属性及说明

属　　性	说　　明
Description	获取或设置对话框中在树视图控件上显示的说明文本
RootFolder	获取或设置从其开始浏览的根文件夹
SelectedPath	获取或设置用户选定的路径
ShowNewFolderButton	获取或设置一个值,指示"新建文件夹"按钮是否显示在"文件夹浏览"对话框中

4. FontDialog 控件

FontDialog 控件又称"字体"对话框,它可以显示系统当前安装的字体,用户可以通过此对话框选定指定字体。默认情况下,"字体"对话框显示的内容如图 5-22 所示。

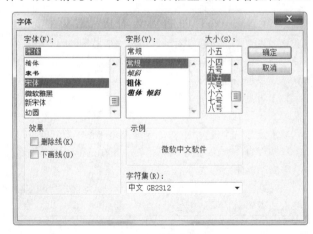

图 5-22　"字体"对话框

FontDialog 控件的常用属性及说明如表 5-37 所示。

表 5-37　FontDialog 控件的常用属性及说明

属　　性	说　　明
Color	获取或设置选定字体的颜色
Font	获取或设置选定的字体
MaxSize	获取或设置用户可选择的最大磅值
MinSize	获取或设置用户可选择的最小磅值
ShowColor	获取或设置一个值,指示对话框是否显示颜色选择
ShowEffects	获取或设置一个值,指示对话框是否包含允许用户指定删除线、下画线和文本颜色选项的控件

5. ColorDialog 控件

ColorDialog 控件又称"颜色"对话框,其功能是弹出系统自带的调色板,让用户选择颜色或者自定义颜色。

ColorDialog 控件的常用属性及说明如表 5-38 所示。

表 5-38　**ColorDialog 控件的常用属性及说明**

属　　性	说　　明
AllowFullOpen	获取或设置一个值,指示用户是否可以使用该对话框定义自定义颜色
AnyColor	指示对话框是否显示基本颜色集中可用的所有颜色
Color	获取或设置用户选定的颜色
CustomColors	获取或设置对话框中显示的自定义颜色集
FullOpen	获取或设置一个值,指示用于创建自定义颜色的控件在对话框打开时是否可见
ShowHelp	获取或设置一个值,指示在"颜色"对话框中是否显示"帮助"按钮
SolidColorOnly	获取或设置一个值,指示对话框是否限制用户只选择纯色

6. 基于 MessageBox 类的消息对话框

MessageBox 类的消息对话框是一种"轻便"消息对话框,如果交互性要求不是很强,利用它来实现信息提示是非常方便的。

MessageBox 类提供静态方法——Show()方法来显示消息对话框。Show()方法是一个重载的方法,一共有 21 个实现版本。下面通过举例介绍几种常用的版本。

1) DialogResult MessageBox.Show(string text)

text:要在消息框中显示的文本。

例如,MessageBox.Show("我要去参观上海世博会!");。

显示效果如图 5-23 所示。

2) DialogResult MessageBox.Show(string text,string caption)

caption:要在消息框的标题栏中显示的文本。

例如,MessageBox.Show("我要去参观上海世博会!","上海世博会");

显示效果如图 5-24 所示。

3) DialogResult MessageBox.Show(string text,string caption,MessageButtons buttons)

参数 text 和 caption 的意义同上,参数 buttons 用于决定要在对话框中显示哪些按钮,该参数的取值及其作用说明如表 5-39 所示。

图 5-23　消息框　　　　　图 5-24　带标题的消息框

表 5-39　参数 buttons 的取值及其作用说明

参数 buttons 的值	作　　用
MessageBoxButtons.AbortRetryIgnore	消息框包含"中止""重试"和"忽略"按钮,返回值为 DialogResult.Abort、DialogResult.Retry 和 DialogResult.Ignore
MessageBoxButtons.OK	消息框包含"确定"按钮,返回值为 DialogResult.OK
MessageBoxButtons.OKCancel	消息框中包含"确定"和"取消"按钮,返回值为 DialogResult.OK 和 DialogResult.Cancel
MessageBoxButtons.RetryCancel	消息框包含"重试"和"取消"按钮,返回值为 DialogResult.Retry 和 DialogResult.Cancel
MessageBoxButtons.YesNo	消息框包含"是"和"否"按钮,返回值为 DialogResult.Yes 和 DialogResult.No
MessageBoxButtons.YesNoCancel	消息框包含"是""否"和"取消"按钮,返回值为 DialogResult.Yes、DialogResult.No 和 DialogResult.Cancel

例如,MessageBox.Show("我要去参观上海世博会!","上海世博会",MessageBoxButtons.YesNo);。

显示效果如图 5-25 所示。

4) DialogResult MessageBox.Show(string text, string caption, MessageButtons buttons, MessageBoxIcon icon)

该实现版本多了参数 icon,它用于决定在对话框左边显示的图标。其可能的取值及其含义如表 5-40 所示。

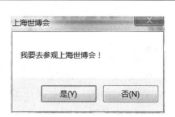

图 5-25　带标题的消息框

表 5-40　参数 icon 的取值及其含义

参数 icon 的值	作用	参数 icon 的值	作用
MessageBoxIcon.Asterisk MessageBoxIcon.Information	🛈	MessageBoxIcon.Exclamation MessageBoxIcon.Warning	⚠
MessageBoxIcon.Question	❓	MessageBoxIcon.None	不显示图标
MessageBoxIcon.Error MessageBoxIcon.Stop MessageBoxIcon.Hand	✖		

例如,MessageBox.Show("你要去参观上海世博会吗?","上海世博会",MessageBoxButtons.YesNoCancel,MessageBoxIcon.Question);。

显示效果如图 5-26 所示。

图 5-26　带图标的消息框

知识点 8　计时器、进度条、图像组件

1. Timer 组件

Timer 组件又称"计时器"组件，通过定期引发其事件，可以有规律地隔一段时间执行一次代码。时间间隔的长度由其 Interval 属性定义，其值以毫秒为单位。如果启动了计时器组件，则每个时间间隔引发一次 Tick 事件。

Timer 组件的常用属性及说明如表 5-41 所示。

表 5-41　Timer 组件的常用属性及说明

属　　性	说　　明
Enabled	获取或设置计时器是否正在运行
Interval	获取或设置在相对于上一次发生的 Tick 事件引发 Tick 事件之前的时间(以毫秒为单位)

Timer 组件的常用方法及说明如表 5-42 所示。

表 5-42　Timer 组件的常用方法及说明

方　　法	说　　明
Start	启动计时器
Stop	停止计时器

Timer 组件只有一个 Tick 事件，该事件在 Timer 组件被启动后每当经过指定的时间间隔发生。

实际上，.NET 类库中提供了三种计时器：一是 System.Windows.Forms 命名空间下的 Timer 控件；二是 System.Timers 命名空间下的 Timer 类；三是 System.Threading.Timer 类。本章主要介绍第一种计时器。

【例 5-7】在【例 5-6】的应用程序默认窗体中添加一个 Timer 组件，在状态栏中增加一个标签面板，程序运行时面板中动态显示当前系统时间。程序运行结果如图 5-27 所示。

实现步骤如下：

(1) 程序界面设计。

打开应用程序 exp5-6，打开 Form1 窗体，添加一个 Timer 组件。打开状态栏控件的项集合编辑器，增加一个 ToolStripStatusLabel 项。

(2) 属性设置。

设置 ToolStripStatusLabel 项的 Name 属性为 lblDTime，Text 属性为"时间"，效果如图 5-28 所示。设置 Timer 组件的 Interval 属性值为 1000，Enable 属性值为 True。

图 5-27　程序运行结果

图 5-28　窗体设计效果

（3）设计代码。

双击 Timer 组件，添加该组件的 Tick 事件代码如下：

```
private void timer1_Tick(object sender, EventArgs e)
{
    lblDTime.Text = DateTime.Now.ToShortTimeString();
}
```

（4）执行程序。

按 F5 键或单击工具栏上的"启动调试"按钮，程序开始运行，运行结果如图 5-27 所示。

2．PictureBox 控件

PictureBox 控件又称"图片框"控件，通常使用 PictureBox 来显示位图、元文件、图标、JPEG 文件、GIF 文件或 PNG 文件中的图形。

PictureBox 控件的常用属性及说明如表 5-43 所示。

表 5-43　PictureBox 控件的常用属性及说明

属　　性	说　　明
BorderStyle	指示控件的边框样式
ErrorImage	获取或设置在图像加载过程中发生错误时，或者图像加载取消时要显示的图像
Image	获取或设置由 PictureBox 显示的图像
ImageLocation	获取或设置要在 PictureBox 中显示的图像的路径或 URL
InitialImage	获取或设置在加载主图像时显示在 PictureBox 控件中的图像
SizeMode	指示如何显示图像

其中，SizeMode 属性有以下 5 种枚举值。

- Normal：默认值，图像定位在 PictureBox 控件的左上角，如果图像比包含它的 PictureBox 大，则超出的部分都将被裁剪掉。
- StretchImage：图像将拉伸或缩小以适合 PictureBox 控件。
- AutoSize：调整 PictureBox 控件的大小以便始终适合图像。
- CenterImage：图像将在工作区中居中。
- Zoom：图像将拉伸或收缩以适合 PictureBox 控件，但是仍保持原始纵横比。

PictureBox 控件的常用方法及说明如表 5-44 所示。

表 5-44　PictureBox 控件的常用方法及说明

方　　法	说　　明
Load	在 PictureBox 中显示图像
LoadAsync	异步加载图像

3. ImageList 组件

ImageList 组件又称图像列表组件，可以用来存储图片资源并在控件上显示出来。ImageList 组件的主要属性是 Images，它包含关联控件将要使用的图片，每个单独的图像可以通过其索引值或键值来访问。所有图像以同样的大小显示，大小由 ImageSize 属性设置，较大的图片将缩小至适当的尺寸。

ImageList 组件的常用属性及说明如表 5-45 所示。

表 5-45　ImageList 组件的常用属性及说明

属　　性	说　　明
ColorDepth	获取图像列表的颜色深度
Images	获取此图像列表的 ImageList.ImageCollection
ImageSize	获取或设置图像列表中的图像大小
ImageStream	获取与此图像列表关联的 ImageListStreamer

4. ProgressBar 控件

ProgressBar 控件又称进度条控件，通常用它来指示工作的进度。它通过在水平框中显示方块来指示工作进度，当工作完成时，进度条被填满。

ProgressBar 控件的常用属性及说明如表 5-46 所示。

表 5-46　ProgressBar 控件的常用属性及说明

属　　性	说　　明
MarqueeAnimationSpeed	获取或设置进度条在进度栏内滚动所用的时间段，以毫秒为单位
Maximum	获取或设置控件范围的最大值
Minimum	获取或设置控件范围的最小值
Step	获取或设置调用 PerformStep 方法增加进度栏的当前位置时所根据的数量
Style	获取或设置在进度栏上指示进度应使用的方式
Value	获取或设置进度栏的当前位置

ProgressBar 控件的常用方法及说明如表 5-47 所示。

表 5-47　ProgressBar 控件的常用方法及说明

方　　法	说　　明
Increment	按指定的数量增加进度栏的当前位置
PerformStep	按照 Step 属性的数量增加进度栏的当前位置

【例 5-8】　创建一个 Windows 应用程序，利用 PictureBox 控件和 ImageList 组件显示图片。设计步骤如下：

(1) 程序界面设计。

创建一个 Windows 窗体应用程序，命名为 exp5-8，在 Form1 窗体上添加一个 PictureBox 控件、2 个 Button 控件和一个 ImageList 组件。

(2) 属性设置。

窗体控件属性如表 5-48 所示，效果如图 5-29 所示。

表 5-48 控件属性设置

对 象	属 性	属 性 值
Form1	Text	简易图片浏览器
Button1	Name	btnPre
	Text	上一张
Button2	Name	btnNext
	Text	下一张
PictureBox	Size	200,250
ImageList	ImageSize	200,250
	Images	选定图片文件

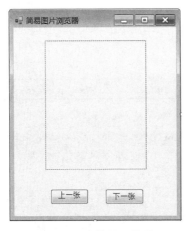

图 5-29 窗体界面设计

(3) 设计代码。

本程序主要对两个 Button 按钮的 Click 事件编写代码。在 Form1 窗体的设计视图下，双击"上一张"按钮，打开"代码编辑器"窗口，为按钮的 Click 事件编写如下代码：

```
private void btnPre_Click(object sender, EventArgs e)
{
    if(btnNext.Enabled == false)          //若"下一张"按钮为"不可用"状态
        btnNext.Enabled = true;           //则设为"可用"
    //将 Imagelist 中的图片显示到 PictureBox 中
    pictureBox1.Image = imageList1.Images[--i];
    if(i == 0)                            //若已浏览到第一张图片,则令"上一张"按钮不可用
        btnPre.Enabled = false;
}
```

"下一张"按钮的 Click 事件代码如下：

```
private void btnNext_Click(object sender, EventArgs e)
{
    if (btnPre.Enabled == false)          //若"上一张"按钮为"不可用"状态
        btnPre.Enabled = true;            //则设为"可用"
```

```
        pictureBox1.Image = imageList1.Images[++i];
        //若已浏览到最后一张图片,则令"下一张"按钮不可用
        if (i == imageList1.Images.Count - 1)
            btnNext.Enabled = false;
}
```

(4)执行程序。

按 F5 键或单击工具栏上的"启动调试"按钮,程序开始运行,单击"上一张"或"下一张"按钮,实现切换图片框中的图片,当浏览到第一张图片时,"上一张"按钮不可用,同理,当浏览到最后一张图片时,"下一张"按钮不可用,运行结果如图 5-30 所示。

图 5-30 程序运行结果

任务 1 制作个人信息登记程序

■ 任务分析

公司要应聘者小张制作一个简单的信息登记程序,能够登记个人的"姓名""性别""学历""个人爱好"等信息。

◆ 任务实施

【步骤 1】界面设计及属性设置。

(1)启动 Visual Studio 2017,新建一个 Windows 窗体应用程序 MyInfo。

(2)在窗体上添加一个 tabControl 控件。在 TabControl 控件的"属性"面板中设置该控件的 Dock 属性值为 fill;选择 TabPages 属性,单击其右侧的按钮 即可打开"TabPage 集合编辑器"对话框,如图 5-31 所示,分别选中左侧成员列表中的 tabPage1、tabPage2 选项卡,在右侧的属性列表中设置 Text 属性值为"个人信息"和"确认信息"。

(3)选定"个人信息"选项卡,向选项卡中添加 4 个 Label 控件、一个 TextBox 控件、一个 GroupBox 控件、一个 CheckedListBox 控件、一个 Button 控件、一个 Combox 控件和两个 RadioButton 控件。选定"确认信息"选项卡,向选项卡中添加一个 ListBox 控件和一个 Button 控件。选项卡中的控件属性设置效果如图 5-32 和图 5-33 所示。

(4)将 Form1 的 Text 属性设置为"信息登记"。

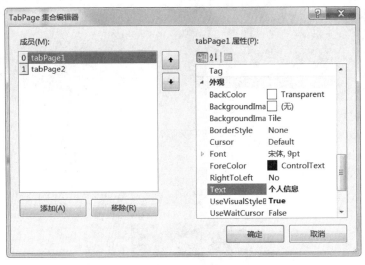

图 5-31 "TabPage 集合编辑器"对话框

图 5-32 "个人信息"选项卡

图 5-33 "确认信息"选项卡

【步骤 2】编写事件代码。

(1)"下一步"按钮用于跳转到"确认信息"选项卡。双击"下一步"按钮,为按钮的 Click 事件处理函数添加如下代码:

```csharp
private void button1_Click(object sender, EventArgs e)
{
    if (textBox1.Text == "")                    //如果"姓名"为空,则弹出对话框提示用户
        MessageBox.Show("您没输入姓名");
    else
    {   //如果资料已经填好,则显示 tabPage2,在 listBox1 中显示用户输入的个人信息
        tabControl1.SelectedTab = tabPage2;     //显示 tabPage2
        listBox1.Items.Clear();                 //清空 listBox1
        listBox1.Items.Add("以下是您的个人资料:");
        listBox1.Items.Add("您的姓名是:");
        listBox1.Items.Add(textBox1.Text);
        listBox1.Items.Add("您的性别为:");
        if (radioButton1.Checked)
            listBox1.Items.Add(radioButton1.Text);
```

```
        else
            listBox1.Items.Add(radioButton2.Text);
        listBox1.Items.Add("您的学历为:");
        listBox1.Items.Add(comboBox1.Text);
        if(checkedListBox1.SelectedItems.Count > 0)
        {
            listBox1.Items.Add("您的爱好如下:");
            for (int i = 0; i < checkedListBox1.CheckedItems.Count ; i++)
                listBox1.Items.Add(checkedListBox1.CheckedItems[i].ToString());
        }
        else
            listBox1.Items.Add("您没有任何个人爱好");
    }
}
```

（2）"返回修改"按钮用于返回"个人信息"选项卡修改资料。双击"返回修改"按钮，为按钮 Click 事件处理函数添加如下代码：

```
private void button2_Click(object sender, EventArgs e)
{
    tabControl1.SelectedTab = tabPage1;
}
```

（3）当单击各个选项卡标题时，系统会自动切换到该选项卡并显示其中的内容。如果用户不填写"个人信息"的内容，而直接单击"确认信息"标签想切换到该选项卡，这是不允许的。为了阻止用户的这种操作意图，为 tabControl 控件的 SelectedIndexChange 事件添加一个处理程序，其代码如下：

```
private void tabControl1_SelectedIndexChanged(object sender, EventArgs e)
{
    if (tabControl1.SelectedTab == tabPage2 && textBox1.Text == "")
        MessageBox.Show("您没有输入姓名");
    tabControl1.SelectedTab = tabPage1;
}
```

【步骤 3】执行程序。

按 F5 键或单击工具栏上的"启动调试"按钮，程序开始运行，执行结果如图 5-34 和图 5-35 所示。

图 5-34　填写个人信息

图 5-35　确认信息

任务2　制作简易文本编辑器

■ **任务分析**

综合运用菜单、对话框、工具栏、状态栏、RichTextBox等控件设计一个简易的文本编辑软件，程序运行结果如图5-36所示，可以实现对文本文件的如下操作。

（1）打开、保存、退出文件。

（2）设置字体、颜色、样式。

（3）显示版本信息。

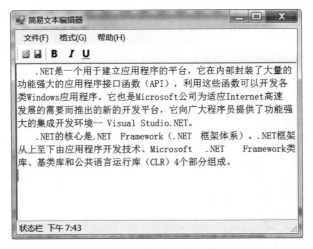

图 5-36　程序运行结果

◆ **任务实施**

【步骤1】界面设计及属性设置。

（1）启动 Visual Studio 2017，新建一个窗体应用程序，命名为 MyEditer。

（2）修改窗体的 Text 属性为"简易文本编辑器"。为 Form1 窗体添加一个 MenuStrip 控件，其菜单项及子菜单如图 5-37 所示。菜单项的属性设置如表 5-49 所示。

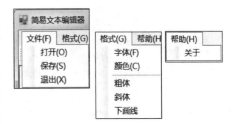

图 5-37　菜单项及子菜单项

表 5-49　菜单项的属性设置

菜单项	Name	Text
文件(F)	Menufile	文件(&F)
打开(O)	MenuIOpen	打开(&O)
保存(S)	MenuISave	保存(&S)
退出(X)	MenuIExit	退出(&X)
格式(G)	Menuform	格式(&G)
字体(F)	MenuIFont	字体(&F)

续表

菜单项	Name	Text
颜色(C)	MenuIColor	颜色(&C)
分隔线	toolStripSeparator2	---
粗体	MenuIBold	粗体
斜体	MenuIItalic	斜体
下画线	MenuIUnLine	下画线
帮助(G)	Menuhelp	帮助(&G)
关于	MenuIAbout	关于

（3）为窗体添加一个 RichTextBox 控件，单击控件右上角的三角形按钮，打开 RichTextBox 任务列表，如图 5-38 所示，选择"在父容器中停靠"选项，使控件停靠在窗体中，这样无论窗体的大小如何改变，RichTextBox 控件都布满整个窗体。

（4）为窗体添加一个工具栏控件（ToolStrip），单击 按钮，选择 Button 选项，依次添加 5 个工具按钮。设置 ToolStrip 控件的 Item 属性，单击 按钮，

图 5-38 RichTextBox 任务列表

在弹出的"项集合编辑器"对话框中设置按钮的 Name 属性值和 Image 属性值，如图 5-39 所示。

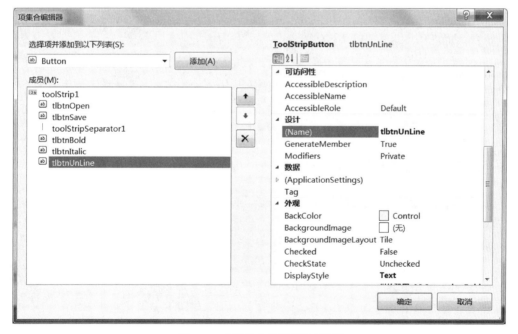

图 5-39 "项集合编辑器"对话框

（5）接着添加一个状态栏控件（StatusStrip），在状态栏中添加两个状态标签，设置 Name 属性分别为 tssLabel1 和 tssLabel2，其中 tssLabel1 的 Text 属性为"状态栏"，tssLabel2 用于程序运行时显示系统时间。

（6）添加一个计时器组件（Timer），用于控制显示时间，设置计时器的 Enabled 属性值为 True，Interval 属性值为 1000 毫秒。

（7）在"解决方案资源管理器"对话框的项目名 MyEditer 处右击，弹出快捷菜单，如图 5-40 所示，选择"添加"→"Windows 窗体"菜单项，添加一个窗体 Form2，修改窗体的 Text 属性为"关于"。在 Form2 窗体中添加一个 Label 控件，设置其 Text 属性为"我的文本编辑器 V1.0"，如图 5-41 所示。当单击"帮助"菜单下的"关于"子菜单时，将弹出 Form2 窗体。

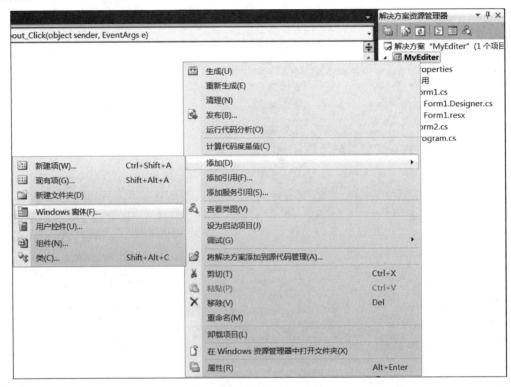

图 5-40　添加 Form2 窗体

【步骤 2】编写事件代码。

（1）Form1 窗体的 Load 事件代码如下：

```
private void Form1_Load(object sender, EventArgs e)
{   //窗体运行时显示当前系统时间
    tssLabel2.Text = DateTime.Now.ToShortTimeString();
}
```

当 Form1 窗体关闭时，若文本显示区的内容被编辑过，系统会弹出消息提示框。实现此功能需要为 Form1 窗体的 Closing 事件添加代码如下：

图 5-41　Form2 窗体

```
private void Form1_FormClosing(object sender, FormClosingEventArgs e)
{//若 RichTextBox 文本区内容被修改,则显示消息框
    if (richTextBox1.Modified)
    if (MessageBox.Show("文件没有保存,是否退出?","警告",
```

```
            MessageBoxButtons.OKCancel) == DialogResult.Cancel)
        e.Cancel = true;
}
```

(2)"文件"菜单下的"打开"子菜单项的 Click 事件代码如下:

```csharp
private void MenuIOpen_Click(object sender, EventArgs e)
{
    OpenFileDialog dialog = new OpenFileDialog();
    dialog.Filter = "RTF file(*.rtf)|*.rtf";
    dialog.FilterIndex = 1;
    if (dialog.ShowDialog() == DialogResult.OK && dialog.FileName != "")
    {
        filename = dialog.FileName;
        richTextBox1.LoadFile(filename, RichTextBoxStreamType.RichText);
        this.Text = "简易文本编辑器-" + filename;
    }
}
```

(3)"文件"菜单下的"保存"子菜单项的 Click 事件代码如下:

```csharp
private void MenuISave_Click(object sender, EventArgs e)
{
    if (filename == null || filename == "")
        mnufile_save(sender, e);    //调用自定义方法
    else
    {
        richTextBox1.SaveFile(filename, RichTextBoxStreamType.RichText);
        richTextBox1.Modified = false;
    }
}
```

自定义 mnufile_save 方法代码如下:

```csharp
private void mnufile_save(object sender, EventArgs e)
{
    SaveFileDialog dialog = new SaveFileDialog();
    dialog.Filter = "RTF file(*.rtf)|*.rtf";
    dialog.FilterIndex = 1;
    if (dialog.ShowDialog() == DialogResult.OK && dialog.FileName != "")
    {
        filename = dialog.FileName;
        richTextBox1.SaveFile(filename, RichTextBoxStreamType.RichText);
        richTextBox1.Modified = false;
        this.Text = "简易文本编辑器-" + filename;
    }
}
```

(4)"文件"菜单下的"退出"子菜单项的 Click 事件代码如下:

```csharp
private void MenuIExit_Click(object sender, EventArgs e)
{
    Application.Exit();
}
```

(5)"格式"菜单下的"字体"子菜单项的 Click 事件代码如下:

```csharp
private void MenuIFont_Click(object sender, EventArgs e)
{
    FontDialog font = new FontDialog();
    font.ShowColor = true;
    font.Color = richTextBox1.SelectionColor;
    font.Font = richTextBox1.SelectionFont;
    if (font.ShowDialog() == DialogResult.OK)
    {
        richTextBox1.SelectionFont = font.Font;
        richTextBox1.SelectionColor = font.Color;
    }
}
```

(6)"格式"菜单下的"颜色"子菜单项的 Click 事件代码如下:

```csharp
private void MenuIColor_Click(object sender, EventArgs e)
{
    ColorDialog color = new ColorDialog();
    color.AllowFullOpen = true;
    color.AnyColor = true;
    color.Color = richTextBox1.SelectionColor;
    if (color.ShowDialog() == DialogResult.OK)
        richTextBox1.SelectionColor = color.Color;
}
```

(7)"格式"菜单下的"粗体"子菜单项的 Click 事件代码如下:

```csharp
private void MenuIBold_Click(object sender, EventArgs e)
{
    Font oldFont, newFont;
    oldFont = richTextBox1.SelectionFont == null ?
    richTextBox1.Font:richTextBox1.SelectionFont);
    newFont = new Font(oldFont , oldFont.Style ^ FontStyle.Bold);
    richTextBox1.SelectionFont = newFont ;
    MenuIBold.Checked = newFont.Bold;    //设置菜单项前是否选中
}
```

(8)"格式"菜单下的"斜体"子菜单项的 Click 事件代码如下:

```csharp
private void MenuIItalic_Click(object sender, EventArgs e)
{
    Font oldFont, newFont;
    oldFont = (richTextBox1.SelectionFont == null ?
    richTextBox1.Font:richTextBox1.SelectionFont);
    newFont = new Font(oldFont, oldFont.Style ^ FontStyle.Italic);
    richTextBox1.SelectionFont = newFont;
    MenuIItalic.Checked = newFont.Italic ;
}
```

(9)"格式"菜单下的"下画线"子菜单项的 Click 事件代码如下:

```
private void MenuIUnLine_Click(object sender, EventArgs e)
{
    Font oldFont, newFont;
    oldFont = (richTextBox1.SelectionFont == null ?
    richTextBox1.Font:richTextBox1.SelectionFont);
    newFont = new Font(oldFont, oldFont.Style ^ FontStyle.Underline);
    richTextBox1.SelectionFont = newFont;
    MenuIUnLine.Checked = newFont.Underline;
}
```

(10)"帮助"菜单下的"关于"子菜单项的 Click 事件代码如下：

```
private void MenuIAbout_Click(object sender, EventArgs e)
{
    Form2 frm = new Form2();
    frm.Show();
}
```

(11)计时器控件的 Tick 事件代码如下：

```
private void timer1_Tick(object sender, EventArgs e)
{
    tssLabel2.Text = DateTime.Now.ToShortTimeString();
}
```

(12)在工具栏各按钮的 Click 事件中调用主菜单中相应子菜单项的事件方法即可实现相同的功能，具体代码如下：

```
private void tlbtnOpen_Click(object sender, EventArgs e)
{//"打开"按钮
    MenuIOpen_Click(sender, e);    //调用主菜单的事件方法
}
private void tlbtnSave_Click(object sender, EventArgs e)
{//"保存"按钮
    MenuISave_Click(sender, e);
}
 private void tlbtnBold_Click(object sender, EventArgs e)
{//"粗体"按钮
    MenuIBold_Click(sender, e);
}

private void tlbtnItalic_Click(object sender, EventArgs e)
{//"斜体"按钮
    MenuIItalic_Click(sender, e);
}
private void tlbtnUnLine_Click(object sender, EventArgs e)
{//"下画线"按钮
    MenuIUnLine_Click(sender,e);
}
```

【步骤3】执行程序。

按 F5 键或单击工具栏上的"启动调试"按钮，程序开始运行，执行结果如图 5-36 所示。

项 目 小 结

本章主要介绍了 Windows 窗体和基本控件的使用方法。

Windows 窗体是向用户显示信息的可视界面,是控件的容器。窗体分模式窗体和非模式窗体。

控件是构成界面的独立元素。设置控件的属性,可以使控件具有不同的外观特征和数据。通过编写控件的事件处理程序,可以实现各种逻辑功能。

.NET 开发平台提供的控件很多,本章没有全部介绍,读者可以根据 MSDN 掌握各种窗体控件的使用方法,并能独立进行 Windows 应用程序的开发。

拓 展 实 训

一、实训的目的和要求

1. 熟练掌握窗体的属性、方法和事件。
2. 熟练掌握常用控件的属性、方法和事件。
3. 掌握菜单栏、工具栏、状态栏的添加与设置。
4. 学会综合运用控件,设计出功能强大、界面美观的 Windows 应用程序。

二、实训内容

1. 创建一个 Windows 窗体应用程序,程序设计界面如图 5-42 所示。当程序运行时,实现的功能包括:

- 将输入的字符串转换为相应的大写或小写字符串。
- 可以指定转换的方式(大写或小写),如果不指定转换的方式,则原样输出。
- 可以限制输入字符的范围,包括字母、数字或其他可视字符。

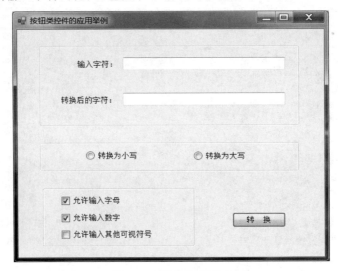

图 5-42 程序设计界面

2. 创建一个 Windows 窗体应用程序，程序设计界面如图 5-43 所示。程序运行时，单击"多列"单选按钮将使列表框显示多列，单击"单列"单选按钮将使列表框以一列的形式显示。在"查找"文本框中输入一个字符串，然后单击"精确查找"按钮，如果列表项中有与输入的字符串精确匹配的项，则找到并选中该项，如果没有，则给出提示信息。单击"删除"按钮将删除选中的选项。在"添加项"文本框中输入一个字符串，然后单击"添加"按钮，将把该字符串作为列表项添加到列表框中。单击"清除"按钮，将清除列表框中的所有列表项。

图 5-43　程序设计界面

3. 创建一个类似于记事本菜单的窗体，程序运行结果如图 5-44 所示，要求快捷菜单与记事本程序相同，各个菜单项的功能不要求实现。

图 5-44　程序运行界面

习　　题

一、选择题

1. 在 C♯.NET 中，用来创建主菜单的对象是(　　)。
   A．Menu　　　　B．MenuItem　　　C．MenuStrip　　　D．Item
2. 下面所列举的应用程序中，不是多文档应用程序的是(　　)。
   A．Word　　　　B．Excel　　　　　C．PowerPoint　　　D．记事本

3. 加载窗体时触发的事件是（　　）。
　　A. Click　　　　B. Load　　　　C. GotFocus　　　D. DoubleClick
4. 建立访问键时，需在菜单标题的字母前添加的符号是（　　）。
　　A. !　　　　　B. #　　　　　　C. $　　　　　　D. &
5. 修改控件的 BackColor 属性可改变控件的（　　）。
　　A. 大小　　　　B. 前景色　　　　C. 背景色　　　　D. 长宽
6. 修改（　　）属性可改变按钮控件的外观。
　　A. BorderStyle　B. FlatStyle　　C. BackColor　　D. ForeColor
7. 在 MessegeBox.Show(Text,Title,Buttons,Icon,Default)；方法中，修改消息框的标题可以设置哪个参数？（　　）
　　A. Text　　　　B. Title　　　　C. Buttons　　　D. Icon
8. 消息框的按钮显示为"是"和"否"，应将 Buttons 设置为（　　）。
　　A. MessngeBoxButtons.OKCancel　　　　B. MessageBoxButtons.YesNoCancel
　　C. MessageBoxButtons.YesNoCancel　　 D. MessageBoxButtons.YesNo

二、填空题

1. 在 C#.NET 中，窗体父子关系通过（　　）窗口来创建。
2. 根据 Windows 窗体的显示状态，可以分为（　　）窗体和（　　）窗体。
3. 将文本框设置为只读，可以通过修改（　　）属性实现。
4. （　　）控件又称为菜单控件，主要用来设计程序的菜单栏。
5. 计时器控件每隔一定的时间间隔引发一次（　　）事件。
6. ProgressBar 控件又称为（　　）控件。
7. 将文本框控件设置为密码文本框，可以通过修改（　　）属性实现。

项目 6 使用集合类型开发程序

扫码答题

项目情境

小王去一家软件公司面试,主管要求小王设计一个简易的通讯录管理程序,使用集合存储数据。

学习重点与难点

- 了解 Hashtable 的存储原理
- 理解 Hashtable 的操作方法
- 掌握 ArrayList 的操作方法

学习目标

- 会使用 ArrayList 集合访问和操作数据

任务描述

- 制作简易通讯录管理程序

相关知识

知识要点:
- 集合的概念
- ArrayList 集合的操作方法
- Hashtable 的操作方法

知识点

观看视频

在前面我们学习了数组。数组是一组具有相同数据类型的数据的集合,在程序中可以用于存储数据。但是数组有一个缺点,即当其中的元素完成初始化后,要在程序中动态地给数组添加、删除某个元素是很困难的,存在着局限性。那么如何解决这个问题呢?.NET 给我们提供了各种集合类,比如 ArrayList 和 Hashtable,它们都位于 System.Collections 命名空间及其子命名空间中,都可以很好地进行元素的动态添加、删除操作。

1. ArrayList

ArrayList 类似于数组,又称为数组列表,它可以直观地动态维护,它的容量可以根据需要自动扩充,它的索引会根据程序的扩展而重新进行分配。ArrayList 提供一系列方法对其中的元素进行访问、新增和删除元素的操作。

1) 创建 ArrayList 对象

例如:

```
ArrayList PhoneBook = new ArrayList();;          //不指定容量
ArrayList newList = new ArrayList(5);;           //指定容量为 5 个元素
```

上面两行代码是定义 ArrayList 集合类型的对象 PhoneBook 和 newList,ArrayList 是动态可维护的,因此定义时可以指定容量,也可以不指定容量。

2) 给 ArrayList 添加数据

ArrayList 通过 Add() 方法添加数据。

语法:public int Add(object value)。

功能:将参数对象添加到 ArrayList 集合的末尾处,返回所添加的元素的索引。如果添加的元素是值类型,则会被转换为 object 引用类型,然后保存。

例如:

```
for(int i = 1;i <= 5;i++) newList.Add(i);        //向 newList 集合添加 5 个元素
struct Person                                     //声明结构类型
{
    public string name;
    public string telephone;
};
Person p1;                                        //定义一个 Person 对象
p1.name = "张红";                                 //给 name 成员赋值
p1.telephone = "15512348976";                     //给 telephone 成员赋值
PhoneBook.Add(p1);                                //将 Person 类 p1 对象添加到 PhoneBook 集合中
```

3) 访问 ArrayList 中的元素

ArrayList 获取一个元素的方法和数组一样,也是通过索引(index)来访问的,ArrayList 中第一个元素的索引值是 0。

例如:

```
Person p = (Person)PhoneBook[0];    //将集合中第一个元素转换成 Person 类型
MessageBox.Show(string.Format ("姓名:{0} 电话:{1}", p.name, p.telephone));
```

4) 删除 ArrayList 中的元素

删除 ArrayList 中元素的方法有三种。

语法 1:void RemoveAt(int index)。

功能:删除指定索引的元素。

语法 2:void Remove(object value)。

功能:删除一个特定对象匹配的元素,若集合中有重复对象,则删除第一个匹配对象。

语法 3:void Clear()。

清除集合中的所有元素。

例如：

```
PhoneBook.RemoveAt(0);      //删除 PhoneBook 集合中索引为 0 的元素
PhoneBook.Remove(p1);       //删除集合中与 p1 匹配的元素
```

5）在 ArrayList 集合中查找元素

语法：bool ArrayList.Contains(object item)。

功能：确定某元素是否在集合中，若在，则返回值为 True，否则返回值为 False。

例如：

```
newList.Contains(4);    //若集合中有元素 4，则返回值为 True，否则为 False
```

6）在 ArrayList 集合中定位元素

语法 1：int ArrayList.IndexOf(object value[,int startindex[,int count]])。

功能：返回指定范围内第一个与 value 匹配的元素的索引，若没找到，则返回－1。

7）在 ArrayList 集合中插入元素

语法：void Insert(int index,object value)。

功能：将元素插入指定索引处。

例如：

```
Person p;
p.name = "林江";
p.telephone = "15336987421";
PhoneBook.Insert(1,p);    //将元素 p 插入索引为 1 的位置
```

【例 6-1】 创建一个 Windows 应用程序，窗体设计界面如图 6-1 所示，完成 ArrayList 集合类型的一些操作。

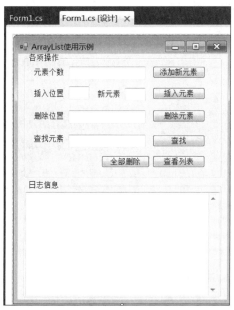

图 6-1　窗体设计界面

设计步骤如下:

(1) 程序界面设计。

打开 Visual Studio 2017,新建名字为 exp6-1 的 Windows 窗体应用程序,在新程序界面空白窗口上放置合适的控件,包括 6 个操作 Button 按钮,提供给用户输入的 5 个 Textbox 控件,5 个显示提示信息的 Label 控件,一个显示输出日志信息的 Textbox 控件,以及两个用于控件分组的 GroupBox 控件。

(2) 属性设置。

设置分组框、标签及按钮控件的 Text 属性,设置用于显示日志信息文本框的 Multiline 属性为 True(多行显示)、Scrollbars 属性值为 Vertical(垂直滚动条)。

(3) 设计代码。

按 F7 键,打开"代码编辑器"窗口,在该窗口首部添加命名空间引用,代码如下:

```
using System.Collections;
```

在 Form1 类中创建一个 ArrayList 类的对象,如图 6-2 所示,代码如下:

```
ArrayList newList = new ArrayList();
```

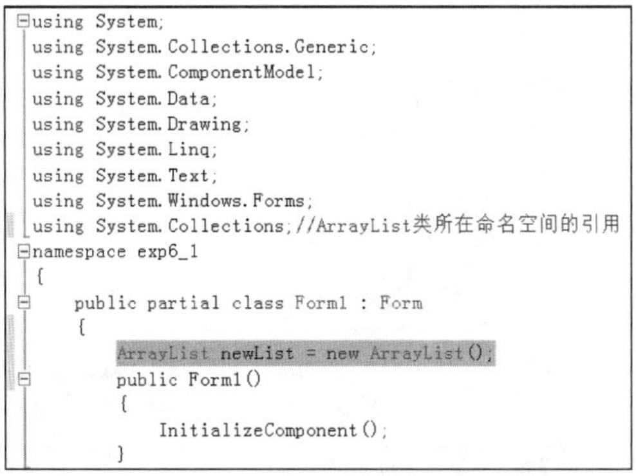

```
using System;
using System.Collections.Generic;
using System.ComponentModel;
using System.Data;
using System.Drawing;
using System.Linq;
using System.Text;
using System.Windows.Forms;
using System.Collections;//ArrayList类所在命名空间的引用
namespace exp6_1
{
    public partial class Form1 : Form
    {
        ArrayList newList = new ArrayList();
        public Form1()
        {
            InitializeComponent();
        }
```

图 6-2 创建一个 ArrayList 类的对象

为"添加新元素"按钮的 Click 事件添加如下代码:

```
private void button1_Click(object sender, EventArgs e)
{
    int n = Convert.ToInt32(this.textBox1.Text);    //获取用户输入的元素个数
    for (int i = 1; i <= n; i++)
    {
        newList.Add(i);
        output("列表添加新元素:" + i.ToString());
    }
}
```

为"插入元素"按钮的 Click 事件添加如下代码:

```
private void button2_Click(object sender, EventArgs e)
{
```

```csharp
    int temp1 = Convert.ToInt32(textBox2.Text);        //获取插入位置
    int temp2 = Convert.ToInt32(textBox3.Text);        //获取插入的元素
    newList.Insert(temp1, temp2);                      //在指定位置插入新元素
    output("在列表的位置" + temp1.ToString() + "插入元素" + temp2.ToString());
}
```

为"删除元素"按钮的 Click 事件添加如下代码:

```csharp
private void button3_Click(object sender, EventArgs e)
{
    int temp = Convert.ToInt32(textBox4.Text);         //获取删除元素的位置
    newList.RemoveAt(temp - 1);
    output("已删除列表的第" + temp.ToString() + "项元素");
}
```

为"查找"按钮的 Click 事件添加如下代码:

```csharp
private void button4_Click(object sender, EventArgs e)
{
    int temp = Convert.ToInt32(textBox5.Text);         //获取需要查找的元素
    if (newList.Contains(temp))
        output("已找到元素");
    else
        output("未找到元素");
}
```

为"查看列表"按钮的 Click 事件添加如下代码:

```csharp
private void button5_Click(object sender, EventArgs e)
{
    if (newList.Count > 0)
    {
        int j = 0;
        foreach (int i in newList)        //遍历列表
        {
            j++;
            output("第" + j.ToString() + "项列表元素为" + i.ToString());
        }
    }
}
```

为"全部删除"按钮的 Click 事件添加如下代码:

```csharp
private void button6_Click(object sender, EventArgs e)
{
    newList.Clear();
    output("全部删除列表内容!");
}
```

(4) 执行程序。

按 F5 键或单击工具栏上的"启动调试"按钮,程序开始运行,输入元素个数 5,单击【添加新元素】按钮,日志信息会显示已添加了 5 个元素。运行结果如图 6-3 所示。

2. Hashtable（哈希表）

在 ArrayList 集合中，我们使用索引访问它的元素，但是使用这种方式必须了解集合中某个数据的位置。当 ArrayList 中的元素变化频繁时，要跟踪某个元素的下标就比较困难了。C♯中提供了一种叫 Hashtable 的数据结构，通常称为哈希表。哈希表的数据是通过键（Key）和值（Value）来组织的。键能唯一标识一个元素，通过键能访问其中的元素值。

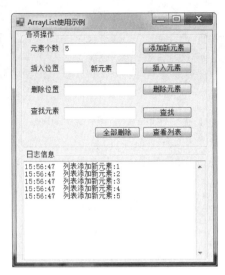

图 6-3　运行结果

观看视频

1) 给 Hashtable 添加数据

Hashtable 的每个元素都是一个键-值对，给 Hashtable 添加一个对象，也要使用 Add()方法。但哈希表的 Add()方法有两个参数，一个表示键，另一个表示键所对应的值。

语法：public void Add(object key,object value)。

功能：将带有指定键和值的元素添加到哈希表中。

将联系人的电话号码定为 key，联系人对象作为 value。添加三个联系人记录的代码如下：

```
PhoneBook.Add(p1.Number,p1);
PhoneBook.Add(p2.Number,p2);
PhoneBook.Add(p3.Number,p3);
```

2) 获取哈希表的元素

访问哈希表的元素时，和 ArrayList 不同，可以直接通过键名来获取具体值。同样，由于值的类型是 object，因此当得到一个值时，需要通过类型转换得到正确的类。例如指定一个电话的 key 值（电话号码）来获取它的对象，然后转换为 Person 类型，代码如下：

```
Person p1 = (Person)PhoneBook["15336987421"];
```

3) 删除哈希表的元素

语法：Public void Remove(object key)。

功能：通过 key，使用 Remove()方法删除哈希表的元素。

例如：

```
PhoneBook.Remove("81161234");
```

可以看到，哈希表删除一个元素时使用的是它的 key 值（电话号码），这样比较直观，不会出现 ArrayList 使用索引删除时的问题。哈希表也可以使用 Clear()方法清除所有元素，用法和 ArrayList 的情况相同，即 PhoneBook.Clear()。

4) 遍历哈希表中的元素

由于哈希表不能够用索引访问，因此遍历一个哈希表只能用 foreach()方法，代码如下：

```
//遍历 key
foreach(object obj in PhoneBook.Keys)
{
```

```
        Console.WriteLine((string)obj);
}
//遍历 value
foreach(object obj in PhoneBook.Values)
{
    Person note = (Person)obj;
    Console.WriteLine(note.Name + "的电话号码是" + note.Number);
}
```

分析：这里分别对 PhoneBook.Keys 和 PhoneBook.Values 进行遍历，而不是 PhoneBook 对象本身。通常情况下，我们采用这种方式遍历 value 和 key 的值。

任务　制作简易通讯录管理程序

■ 任务分析

小王去一家软件公司面试，主管要求小王设计一个简易的通讯录管理程序。通讯录中主要包括姓名和电话号码两项信息。考虑到通讯录中的记录数不固定，经常动态变化，因而选择 ArrayList 集合类型存储数据。

◆ 任务实施

【步骤1】界面设计及属性设置。

（1）启动 Visual Studio 2017，新建一个 Windows 窗体应用程序 MyPhoneBook。

（2）在 Form1 窗体上添加下列控件：一个 ListView 控件，用于显示通讯录记录；一个 GroupBox 控件；两个标签和两个文本框；5 个 Button 按钮。

（3）设置窗体、标签及按钮的 Text 属性，使其外观效果如图 6-4 所示。选定 ListView 控件后，单击右侧的三角按钮，在打开的 ListView 任务列表中选择"编辑列"项，打开如图 6-5 所示的"ColumnHeader 集合编辑器"对话框。添加两栏，同时设置每栏的标题（Text）属性分别为"姓名"和"电话"，关闭编辑器后 ListView 控件中增加"姓名"和"电话"两栏。

图 6-4　设计界面

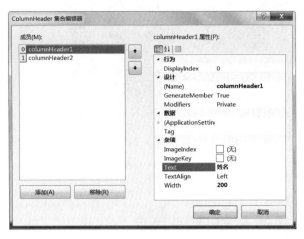

图 6-5 "ColumnHeader 集合编辑器"对话框

【步骤 2】编写事件代码。

首先,在代码编辑窗口的首部添加命名空间的引用:

```
using System.Collections;
```

然后,在 Form1 类中创建一个 ArrayList 对象,声明一个结构类型,代码如下:

```
ArrayList PhoneBook = new ArrayList();
struct Person                         //通讯录中每一条记录的类型
{
    public string name;               //姓名
    public string telephone;          //电话
};
```

(1) 添加自定义方法 listshow(),用于显示列表的全部元素,代码如下:

```
private void listshow()
{
    listView1.Items.Clear();
    foreach(Person p in PhoneBook)
    {
        string[] ps = { p.name, p.telephone };
        ListViewItem item = new ListViewItem(ps);
        listView1.Items.Add(item);
    }
}
```

(2) 为"添加"按钮的 Click 事件添加如下代码:

```
private void button1_Click(object sender, EventArgs e)
{
    Person p;
    p.name = textBox1.Text;           //获取插入元素的姓名
    p.telephone = textBox2.Text;      //获取插入元素的电话号码
    PhoneBook.Add(p);                 //向集合中添加元素
    textBox1.Text = textBox2.Text = "";
    listshow();
}
```

(3) 为"查找"按钮的 Click 事件添加如下代码：

```csharp
private void button2_Click(object sender, EventArgs e)
{
    listView1.Items.Clear();
    foreach(Person p in PhoneBook)         //遍历集合中的元素
    {
        if (p.name == textBox1.Text)
        {
            string[] ps = { p.name, p.telephone };
            ListViewItem item = new ListViewItem(ps);
            listView1.Items.Add(item);   //向 ListView 控件中添加项
        }
    }
    if(listView1.Items.Count <= 0)
        MessageBox.Show("记录不存在");
}
```

(4) 为"删除"按钮的 Click 事件添加如下代码：

```csharp
private void button3_Click(object sender, EventArgs e)
{
    listView1.Items.Clear();
    foreach(Person p in PhoneBook)
    {
        if (p.name == textBox1.Text||p.telephone == textBox2.Text)
        {
            PhoneBook.Remove(p);         //删除元素
            break;
        }
    }
    listshow();
}
```

(5) 为"显示列表"按钮的 Click 事件添加如下代码：

```csharp
private void button4_Click(object sender, EventArgs e)
{
    listshow();
}
```

(6) 为"清空列表"按钮的 Click 事件添加如下代码：

```csharp
private void button5_Click_1(object sender, EventArgs e)
{
    if (MessageBox.Show("确定删除所有元素?") == DialogResult.OK)
    {
        PhoneBook.Clear();
        listView1.Items.Clear();
    }
}
```

【步骤 3】执行程序。

按 F5 键或单击工具栏上的"启动调试"按钮,程序开始运行,运行结果如图 6-6 所示。在文本框中输入姓名和电话号码,单击"添加"按钮,便将元素添加到列表中,同时在左侧 ListView 控件中显示。

图 6-6　程序运行结果

项 目 小 结

ArrayList 集合可以动态维护,访问元素时需要进行类型转换,ArrayList 集合删除数据时,可以通过索引或者对象名访问其中的元素。

Hashtable 中的元素是以键-值对的形式存在的。访问其中的元素也需要进行类型转换。遍历 Hashtable 时,可以遍历其 value 或 key。Hashtable 不能通过索引访问,只能通过键访问。

拓 展 实 训

一、实训的目的和要求

1. 进一步理解集合与数组的区别。
2. 熟练 ArrayList 集合的添加、查找和删除等操作方法。
3. 熟练掌握集合元素类型的转换。

二、实训内容

使用 ArrayList 集合类型编写一个如图 6-7 所示的"迷你单词本"程序,程序具有以下功能:

(1) 添加单词及汉语意思。
(2) 根据英语查询单词。

图 6-7 程序运行结果

(3) 显示所有单词。
(4) 删除指定单词。

习 题

一、选择题

1. 在 C♯.NET 中,ArrayList 的( )属性可以指定 ArrayList 容量。
   A. Value　　　　B. Capacity　　　　C. Total　　　　D. Count
2. 在 C♯.NET 中,下列代码的运行结果是( )。

```
int[] num = new int[] { 1, 2, 3, 4, 5 };
ArrayList arr = new ArrayList();
for (int i = 0; i < num.Length; i++){
    arr.Add(num[i]);}
arr.Remove(arr[2]);
Console.Write(arr[2]);
```

   A. 1　　　　　　B. 2　　　　　　C. 3　　　　　　D. 4
3. 在 C♯.NET 中,下列代码的运行结果是( )。

```
Hashtable hsStu = new Hashtable();
hsStu.Add(3,"A");
hsStu.Add(2,"B");
hsStu.Add(1,"C");
hsStu.Remove(1);
Console.WriteLine(hsStu[2]);
```

   A. 2　　　　　　B. B　　　　　　C. 1　　　　　　D. C

二、简答题

简述数组和 ArrayList 的区别。

项目 7

设计面向对象应用程序

扫码答题

 项目情境

小张已经在软件公司工作了一段时间,现公司主管要求小张使用C♯语言进行面向对象应用程序开发,为客户解决实际问题。于是小张开始系统地学习面向对象知识。

早期的程序开发使用过程化的设计方法,对于大型应用程序的开发显得力不从心,后续的维护也比较困难。而面向对象编程方式把客观世界中的业务及操作对象转变为计算机中的对象,使得程序更易理解,开发效率大大提高,维护也更容易。因此,面向对象得到了广泛的应用,已成为目前最为流行的一种软件开发方法。C♯是一门非常优秀的支持面向对象的编程语言,使用面向对象语言可以推动程序员以面向对象的思维来思考软件设计结构,从而实现"应对变化,提高复用"的设计。任何一个严肃的面向对象程序员都需要系统地学习面向对象知识。

 学习重点与难点

➢ 定义类的方法
➢ 创建对象的方法
➢ 封装机制

 学习目标

➢ 理解面向对象的基本思想
➢ 掌握定义类的方法
➢ 掌握创建对象的方法
➢ 理解类的属性,学会创建属性,理解封装机制,以及如何进行有效的封装
➢ 理解构造方法,学会创建构造方法
➢ 理解方法,学会创建方法

 任务描述

任务1　认识面向对象
任务2　定义一个学生类
任务3　利用属性访问汽车类的字段
任务4　使用属性对年龄字段的访问进行限定

任务 5　使用方法求圆的面积
任务 6　利用值传递交换两个变量的值
任务 7　利用引用传递交换两个变量的值
任务 8　使用 out 参数返回矩形的面积
任务 9　利用方法重载制作简易计算器
任务 10　使用构造方法制作学生类对象生成器
任务 11　使用静态成员统计长方体的个数
任务 12　体验 this 关键字在类中的不同角色

相关知识

知识要点：
➢ 面向对象的基本概念
➢ 定义类的方法
➢ 使用类的方法

知识点 1　面向对象的概念

传统的结构化编程方法是编程人员将一个任务分为若干过程，然后基于某种特定的算法编写这些过程。由此可见，结构化程序设计的本质是功能分解，从目标系统的整体功能入手，自上而下把复杂的过程不断分解为子过程，这样一层一层地分解下去，直到剩下若干容易实现的子过程为止，最后进行各个最底层子过程的处理。因此，结构化方法是围绕实现处理功能的"过程"来构造系统的。然而，用这种方式构造的系统，其结构通常不够稳定，当用户需求发生变化时，这种变化对于基于过程的设计来说可能是"灾难性"的，需要花费很大代价才能实现这种系统结构的较大变化，而面向对象编程方法却能够较好地处理这种问题。

不同于结构化编程方法，面向对象的思想来源于对现实世界的认知，面向对象的编程方式把客观世界中的业务及操作对象转变为计算机中的对象，以要解决的问题中所涉及的各种对象为主要矛盾。这样，编程人员能够以更接近人的思维方式来编程，这使得程序更易理解，开放效率大大提高，维护也更加方便。对象是面向对象的一个重要概念。对象是指在程序设计中，人们要研究的现实世界中某个具体的事物。人们往往对现实世界中的事物进行分类，如把多种多样的水果抽象出水果的概念，把形形色色的狗抽象出狗的概念。水果、狗都代表着一类事物。人们总是把具有相同特征的类似事物划分为一类，并给出此类的定义。比如，对动物的分科和分类，猫和老虎虽然体型和习性差别很大，但是它们看起来很像，身体特征也有很多共同之处，都划分为猫科动物。这是面向对象的另一个重要概念——类。类就是具有相同或相似性质的对象的抽象。类还有属性和方法，每一类事物都有自己的状态或特性，如水果的名称、颜色。每一类事物都有一定的行为，如水果生长、狗跳跃。把事物的状态或特性抽象到计算机语言中以后，就成为计算机中某一个实体的属性，即类的属性；把事物的行为抽象到计算机语言中，就成为具体的方法或者函数，即类的方法。

在过去的面向过程编程中，当对系统进行某些修改时，往往会牵一发而动全身，不容易开发和维护。而使用面向对象技术开发软件时，对象的独立性使得软件更容易分解为独立的模块，每个模块都有特定的功能，但是模块之间是相互独立的，同时又相互联系，模块的代码可以重用,这样大大增加了代码的使用率,有利于软件的开发和维护。

面向对象编程思想具有封装、继承和多态 3 个主要的特性,下面对它们进行简单介绍。

1. 封装

封装是把数据和基于数据的操作捆绑在一起的编程机制。通过封装,一方面可以实现信息隐藏,防止外部对数据和代码的干扰和滥用,保证数据的安全性;另一方面,用户在使用时不必关心内部的实现原理,只需了解如何通过外部接口使用。

2. 继承

继承性是将已有的代码和功能扩充到新的程序和组件中的结构化方式。通过继承可以创建子类和父类之间的层次关系,子类可以从其父类中继承属性和方法,通过这种关系模型可以简化类的操作。通过类的继承关系,公共的特性能够共享,使所建立的软件具有开放性、可扩充性,简化了对象、类的创建工作量,增强了代码的重用性。

3. 多态

多态性是指同一个类的对象在不同的场合能够表现出不同的行为或特征。多态性常常被解释成"一个接口,多种方法",它允许每个对象以适合自身的方式来响应共同的信息,因此多态性增强了软件的灵活性和重用性。

任务 1　认识面向对象

■ **任务分析**

在面向对象的世界里,一切皆对象。

本任务在于认识面向对象,寻找现实生活中的对象,将它们用面向对象的思维进行描述。

◆ **任务实施**

【步骤 1】识别现实生活中的对象。

我们首先看一个场景。

一次,有一只叫 Jerry 的老鼠偷吃东西,被一只叫 Tom 的猫发现了,Tom 捉 Jerry,Jerry 逃跑。

如果需要用程序来实现这样的情景,怎样实现比较方便呢?采用面向对象的方法,以对象作为基础分析实际问题,将真实场景中的角色抽象出来,并抽象出角色的特性、动作和角色之间的互动关系,便于程序实现。

角色抽象为以下两类。

- 猫:猫的属性、方法。
- 老鼠:老鼠的属性、方法。

将类具体化成对象。

- 猫:Tom。
- 老鼠:Jerry。

事件:老鼠偷吃东西,触发猫捉老鼠,老鼠逃跑。

【步骤 2】用面向对象的思维描述现实生活中的对象。

下面来看如何用面向对象的程序分析和设计该场景。

类：抽象出猫类和老鼠类。

属性：定义猫类和老鼠类的"体型"属性。

方法：定义猫类的"捉老鼠"方法，老鼠类的"逃跑"方法。

事件：定义"老鼠偷吃东西"事件。

对象：将猫类实例化成 Tom 对象，将老鼠类实例化成 Jerry 对象。

完成场景。

知识点 2　类

1. 定义类

C♯是面向对象的程序设计语言，典型的 C♯ 应用程序是由类组成的。

类是一种数据结构，是 C♯ 中最为强大的数据类型，用来定义对象的类型。在 C♯ 中，类用关键字 class 来定义。其定义格式如下：

```
[修饰符]class 类名
{
    //类的成员
}
```

定义类时，class 关键字和类名不能省略，修饰符是可选的，常用的修饰符是访问修饰符，用于设置类的访问权限，具体关键字如表 7-1 所示。

表 7-1　访问修饰符

关　键　字	描　　述	能否修饰类	能否修饰类的成员
public	对所有类可见	√	√
private	只有在声明它们的类中才能访问		√
internal	在同一个程序集内可以访问	√	√
protected	在本类或子类中可以访问		√
protected internal	在子类或同一程序集内可以访问		√

表 7-1 中提到了程序集的概念。程序集是.NET 中基本的软件模块，其常见的载体为一个可独立执行的 EXE 文件，也可以是一个或多个 DLL 文件。

访问修饰符存在如下规则：

- 对于类，如果没加访问修饰符，那么默认为 internal。
- 对于类中的成员，如果没加访问修饰符，那么默认为 private。
- 对于接口的成员，如果没加修饰符，那么默认为 public。

除访问修饰符外，以下几个修饰符也可以修饰类。

- new：仅允许在嵌套类声明时使用，表明类中隐藏了由基类中继承而来的、与基类中同名的成员。
- abstract：抽象类，不允许建立类的实例。
- sealed：密封类，不允许被继承。

根据代码规范化的要求及行业规范，类名一般由能代表实际作用的英文单词组成，采用 Pascal 命名法，即每个英文单词的首字母大写。同时，类名还必须符合标识符的命名规则。

下面给出一个定义类的例子：

```
public class Student
{
    public string name;
    public int age;
    public void sleep(){}
}
```

2．创建对象

定义类之后，我们可以通过关键字 new 创建该类的对象。格式如下：

```
类名 对象名 = new 类名(参数列表);
```

其中，参数列表是可选的。

下面给出一个创建对象的例子：

```
Student student = new Student();
```

C♯通过 new 运算符创建对象，执行上面的语句后，系统为对象分配内存空间。创建对象的过程也称为类的实例化。类定义对象的类型，但它不是对象本身。对象是基于类的具体实现，称为类的实例。new 关键字在创建类的实例后，将返回一个该对象的引用，例如 student 是对基于 Student 类的对象的引用，它里面存储该对象在内存中的地址。

观看视频

知识点 3　类成员

定义在类内的元素都是类的成员，类所封装的成员不可能包含类所描述的实体的全部细节，只能是经过抽象的、最能体现实体特征的状态或操作。类的成员主要包括类的字段、属性、方法等。

1．字段

字段代表类中的数据，在类中定义一个变量即定义了一个字段，用于封装数据。定义字段的语法格式如下：

```
访问修饰符 数据类型 字段名;
```

在类中通过指定字段的访问级别，然后指定字段的数据类型，再指定字段的名称来定义字段。定义字段名称时，一般遵循 Camel 命名规则。

下面给出一个定义字段的例子：

```
public class Car
{
    public int number;        //编号
    private string color;     //颜色
    private string brand;     //厂家
}
```

定义字段时，可以使用赋值运算符为字段指定一个初始值。例如：

```
private string color = "black";
```

常量就是值不能改变的字段。定义字段时,在字段的类型前面使用 const 关键字,常量必须在声明时初始化。例如:

```
private const double PI = 3.14159;
```

使用 const 关键字定义的常量在编译时就知道具体的值,如果字段的值在编译时无法确定,但要求字段被初始化后不能被修改,则可以将字段声明为 readonly,这样的字段就是只读字段。只读字段只能在声明或构造函数中初始化。例如:

```
private readonly string color = "black";
```

访问类中的字段有以下两种方式。
(1) 在类的内部访问:直接使用字段名进行访问。
(2) 在类的外部访问:如果把字段声明为 public,那么在类的外部可以通过类创建的对象来访问该字段。

一般情况下,字段的访问级别通常设置为 private,不允许在类的外部直接访问字段,外部的类应当通过方法、属性等来间接访问字段,确保字段被正确地处理,以免破坏类的封装特性。

2. 属性

字段的访问级别通常设置为 private,只能在类的内部访问和修改。如果想在类的外部访问和修改这个字段的值,应该怎么办?

1) 将字段的访问级别设置为 public

这种方式无法保证数据的有效性。例如在 Car 类的外部可以这样使用 Car 类:

```
Car car = new Car();
car.number = -66;
```

上面的代码中,编号为负值,是无效数据,是违背常理的,我们必须有一种机制保证数据的有效性。

2) 属性

属性也是类的成员,是字段的一种自然扩展,提供在类的外部访问类中私有字段的方式,可以保证将合法的数据传递给对象。属性借助 get 和 set 访问器对字段的值进行读写。get 访问器相当于一个具有字段类型返回值的无参数方法,需要通过 return 读取字段的值。set 访问器相当于一个具有单个字段类型的参数和返回类型 void 的方法。set 访问器通过隐式参数 value 来设置字段的新值。由于 set 访问器存在隐式的参数 value,因此 set 访问器中不能自定义使用名称为 value 的局部变量或常量。属性的声明语法格式如下:

```
[访问修饰符] 类型 属性名
{
  get{get 访问器体}
  set{set 访问体}
}
```

其中，访问修饰符用于指定属性的访问级别，默认为 private。定义属性的名称，我们一般遵循 Pascal 命名规则。

任务2　定义一个学生类

■ 任务分析

在面向对象的思想中，最核心的就是对象，为了在程序中创建对象，首先需要定义一个类。类是对象的抽象，它用于描述一组对象的共同特征和行为。在类中可以定义字段和方法，其中字段用于描述对象的特征，方法用于描述对象的行为。

本任务以 C#控制台应用程序为载体，在程序中描述一个学校所有学生的信息，设计一个学生类(Student)，在这个类中定义两个字段 name 和 age，分别表示学生的姓名和年龄，定义一个方法 Introduce()，表示学生做自我介绍。

◆ 任务实施

【步骤 1】在 Visual Studio 2017 中新建一个 C#控制台应用程序，项目名为 ClassDefDemo。

【步骤 2】程序代码如下：

```csharp
using System;
using System.Collections.Generic;
using System.Linq;
using System.Text;
namespace ClassDefDemo
{
    public class Student
    {
        public string name;            //定义 name 字段
        public int age;                //定义 age 字段
        public void Introduce()
        {
            //在方法中打印字段 name 和 age 的值
            Console.WriteLine("大家好,我叫" + name + ",我今年" + age + "岁!");
        }
    }
    class Program
    {
        static void Main(string[] args)
        {
            Student stu = new Student();      //创建学生对象
            stu.name = "李芳";                //为对象的 name 字段赋值
            stu.age = -30;                    //为对象的 age 字段赋值
            stu.Introduce();                  //调用对象的方法
            Console.ReadKey();
        }
    }
}
```

【步骤 3】按 Ctrl+F5 组合键运行应用程序。运行结果如图 7-1 所示。

图 7-1 运行结果

任务 3 利用属性访问汽车类的字段

■ **任务分析**

为了实现良好的数据封装和数据隐藏，C#不提倡将字段的访问级别设置为 public。因为这样做，用户可以直接读写字段的值，存在不安全因素。一般将类的字段成员的访问权限设置成 private，通过属性把字段和访问它们的方法相结合。

本任务利用属性读写类中的字段，并显示具体的属性值。

所涉及的知识为类的定义、字段和属性的声明、对象的创建。

◆ **任务实施**

【步骤 1】在 Visual Studio 2017 中新建一个 C#控制台应用程序，项目名为 AttributeDemo。
【步骤 2】程序代码如下：

```
using System;
using System.Collections.Generic;
using System.Linq;
using System.Text;

namespace AttributeDemo
{
    class Cat {
        private string name;           //private 级别

        public string Name             //注意标识符的大小写
        {
            get { return name; }       //get 访问器,读取字段的值
            set { name = value; }      //set 访问器,设置字段的值
        }
    }
    class Program
    {
        static void Main(string[] args)
        {
            Cat c = new Cat();
            Console.Write("请输入猫的名字:");
            string s = Console.ReadLine();
            //调用 set 访问器设置私有字段 name 的值
```

```
            c.Name = s;
            //调用 get 访问器获取私有字段 name 的值
            Console.WriteLine("猫的名字叫{0}",c.Name);
        }
    }
}
```

【步骤 3】按 Ctrl+F5 组合键运行应用程序。运行结果如图 7-2 所示。

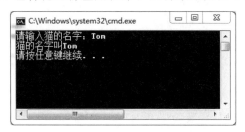

图 7-2　运行结果

任务 4　使用属性对年龄字段的访问进行限定

■ **任务分析**

为了实现良好的数据封装和数据隐藏,C#不提倡将字段的访问级别设置为 public。因为这样做,用户可以直接读写字段的值,存在不安全因素。如任务 2 中,将年龄赋值为一个负数-30,这在程序中不会有任何问题,但在现实生活中明显是不合理的。为了解决年龄不能为负数的问题,在设计一个类时,应该对字段的访问作出一些限定,不允许外界随意访问,这时就可以使用属性。在程序中,使用属性封装字段时,需要将字段访问级别设为 private,并通过属性的 get 和 set 访问器来对字段进行读写操作,从而保证类内部数据的安全性。

本任务在任务 2 的基础上,对年龄字段的访问进行限定。

◆ **任务实施**

【步骤 1】在 Visual Studio 2017 中新建一个 C♯控制台应用程序,项目名为 AgeAttributeDemo。

【步骤 2】程序代码如下:

```
using System;
using System.Collections.Generic;
using System.Linq;
using System.Text;

namespace AgeAttributeDemo
{
    public class Student
    {
        private string name;              //定义 name 字段
        private int age;                  //定义 age 字段

        public string Name {
```

```
            get { return name; }
            set { name = value; }
        }

        public int Age                          //定义 Age 属性
        {
            get { return age; }
            set
            {
                if (value < 6 || value > 25)
                    age = 6;
                else
                    age = value;

            }
        }

        public void Introduce()
        {
            //在方法中打印属性 Name 和 Age 的值
            Console.WriteLine("大家好,我叫" + Name + ",我今年" + Age + "岁!");
        }
    }
    class Program
    {
        static void Main(string[] args)
        {
            Student stu = new Student();        //创建学生对象
            stu.Name = "李芳";                   //为对象的 Name 属性赋值
            stu.Age = -30;                      //为对象的 Age 属性赋值
            stu.Introduce();                    //调用对象的方法
            Console.ReadKey();
        }
    }
}
```

【步骤 3】按 Ctrl+F5 组合键运行应用程序。运行结果如图 7-3 所示。

图 7-3 运行结果

知识点 4 方法

在面向对象程序设计中,类既要包括数据,又要包括对数据的行为操作。其中,包含的数据存储在字段中,而对数据的操作使用方法。方法用来描述类或对象的行为操作,对类的数据成员的操作都封装在类的方法中。方法的主要功能是操作数据。在面向对象编程语言

观看视频

中,类或对象是通过方法来与外界交互的,所以方法是类与外界交互的基本方式。方法通常是包含解决某一特定问题的语句块,方法必须放在类定义中,遵循先声明后使用的原则。

方法的使用分为定义方法和调用方法两个环节,下面分别进行介绍。

1. 定义方法

在C#中,定义方法的格式如下:

```
[修饰符] [返回值类型] 方法名([参数列表])
{
//方法体
}
```

定义或声明方法时,需要为其指定访问修饰符,以指定其访问级别或使用限制。C#中常用的修饰符有 private、public、protected、internal 共 4 个访问修饰符和 partial、new、static、virtual、override、sealed、abstract、extern 共 8 个声明修饰符,下面分别对它们进行简单介绍。

- private:私有访问,是允许的最低访问级别,私有成员只有在声明它们的类和结构体中才可以访问。
- public:公共访问,是允许的最高访问级别,对访问公共成员没有限制。
- protected:受保护成员,在声明它的类中可访问并且可由派生类访问。
- internal:只有在同一程序集的文件中,内部类型或成员才是可访问的。
- partial:在整个同一程序集中定义分部类和结构。
- new:从基类成员隐藏继承的成员。
- static:声明属于类本身而不属于特定对象的成员。
- virtual:在派生类中声明其实现可由重写成员更改的方法或访问器。
- override:提供从基类继承的虚拟成员的新实现。
- sealed:指定类不能被继承。
- abstract:指示某个类只能是其他类的基类。
- extern:用于声明在外部实现的方法。

方法的访问修饰符通常定义为 public,以保证在类的外部能够调用该方法。

方法的返回类型用于指定由该方法计算和返回的值的类型,可以是任何值类型或引用类型,如 int、string 或自定义的类。如果一个方法不返回一个值,则它的返回类型为 void。

方法名必须是一个合法的 C#标识符,且必须与在同一个类中声明的所有其他非方法成员的名称都不相同。

方法的参数列表放在一对圆括号中,指定参数个数、各个参数的类型、参数名称。其中,参数可以是任何类型的变量,参数之间以逗号分隔。如果方法在调用时不需要传递参数,则在定义方法时不用指定参数,但圆括号不能省略。

实现特定功能的语句块放在一对大括号中,称为方法体,"{"表示方法体的开始,"}"表示方法体的结束。如果方法有返回值,则方法体中必须包含一个 return 语句,用以指定返回值。该值可以是变量、常量、表达式,但其类型必须和方法的返回类型相同。如果方法无返回值,在方法体中可以不包含 return 语句,或包含一个不指定任何值的 return 语句。

下面给出一个定义方法的例子：

```
class Circle
{
  private double r;
  public double Area()
  {
    return 3.14 * r * r;
  }
}
```

该方法的功能是求圆的面积，方法的返回类型是双精度类型，方法名为 Area，该方法没有参数，方法体中有一个 return 语句，该语句指定的返回值是一个双精度类型的表达式。

2．调用方法

根据方法被调用的位置不同，可以分为在声明方法的类定义中调用该方法（类内调用）和在声明方法的类定义外部调用该方法（类外调用）两种。

类内调用方法的语法格式如下：

方法名(【参数列表】)

在声明方法的类定义中调用该方法，实际上是由类定义内部的其他方法成员调用该方法。

下面给出类内调用方法的例子：

```
class Circle
{
  private double r;
  public double Area()
  {
    return 3.14 * r * r;
  }
  public string AreaShow()
  {
    return "类内调用\n圆的面积为:" + Area();
  }
}
```

在 Circle 类内创建 Circle 对象，并调用 AreaShow() 方法，实现在类内调用 Area() 方法，代码如下：

```
Circle circle1 = new Circle();
Console.Write("圆的面积为:" + circle1.AreaShow());
```

类外调用方法的语法格式如下：

对象名.方法名(【参数列表】)

在声明方法的类定义外部调用该方法，实际上是通过类声明的对象调用该方法。

下面给出类外调用方法的例子。

在Circle类外创建Circle对象,并调用Area()方法,实现类外调用Area()方法,代码如下:

```
Circle circle2 = new Circle();
Console.Write("圆的面积为:" + circle2.Area ());
```

任务5 使用方法求圆的面积

■ 任务分析

如果在程序中需要多次计算类似的表达式,我们可以通过定义方法,把类似的表达式放在方法中,在需要的时候反复调用该方法,减少代码冗余,这是方法存在的价值和意义。

本任务以Windows窗体应用程序为载体,定义方法并调用方法,实现求圆的面积。

所涉及的知识包括类的定义、字段和属性的声明、对象的创建、方法的定义和调用。

◆ 任务实施

【步骤1】在Visual Studio 2017中新建一个C♯ Windows窗体应用程序,项目名为FunctionDemo。

【步骤2】添加两个标签控件(label1和label2)、一个文本框控件(textBox1)和两个按钮控件(button1和button2),适当调整控件的大小和布局,如图7-4所示。

【步骤3】设计窗体及控件的属性,如表7-2所示。效果图如图7-5所示。

表7-2 窗体及控件的属性列表

控件原来的Name属性	Name属性	Text属性	AutoSize属性	BorderStyle属性
Form1		方法调用示例		
label1	lblRadius	半径:		
label2	lblInfo		False	Fixed3D
textBox1	txtRadius			
button1		类内调用		
button2		类外调用		

图7-4 程序设计界面   图7-5 设置完属性的程序设计界面

【步骤 4】设计代码。

按 F7 键进入"代码编辑器"窗口,在 Form1 类中添加圆类定义的代码如下:

```csharp
class Circle {      //类名为 Circle
        private double radius;

        public double Radius {
            get { return radius; }
            set { radius = value; }
        }

        public double Area() {      //求面积方法
            return 3.14 * radius * radius;
        }
        public string AreaShow() {
            return "类内调用\n 圆的半径为:" + radius + "," + "圆的面积为:" + Area();
        }
    }
```

然后,在 Form1 类中添加声明对象的代码如下:

```csharp
Circle circle = new Circle();        //声明对象 circle
```

在设计界面双击"类内调用"按钮,添加该按钮的单击事件代码如下:

```csharp
private void button1_Click(object sender, EventArgs e)
        {
            //转换文本框中的值
            double rad = double.Parse(txtRadius.Text);
            //设置对象值
            circle.Radius = rad;
            lblInfo.Text = circle.AreaShow();         //求面积的方法在类内调用
        }
```

在设计界面双击"类外调用"按钮,添加该按钮的单击事件代码如下:

```csharp
private void button2_Click(object sender, EventArgs e)
        {
            //转换文本框中的值
            double rad = double.Parse(txtRadius.Text);
            //设置对象值
            circle.Radius = rad;
            lblInfo.Text = "类外调用\n 圆的半径为:" + circle.Radius;
            lblInfo.Text += "\n 圆的面积为:" + circle.Area();   //求面积的方法在类外调用
        }
```

【步骤 5】执行程序。

按 F5 键或单击工具栏的"启动调试"按钮,程序开始运行,单击"类内调用"按钮,运行结果如图 7-6 所示,单击"类外调用"按钮,运行结果如图 7-7 所示。

图 7-6 类内调用

图 7-7 类外调用

观看视频

知识点 5 方法参数——值传递

方法可以包含参数，参数是一个局部变量，在方法的声明和调用中，经常涉及参数传递。在方法声明中使用的参数称为形式参数（简称形参），在调用方法时使用的参数称为实际参数（简称实参）。在调用方法时，参数传递就是将实参传递给相应的形参的过程。那么，参数传递有哪几种方式？各种参数传递方式又有什么区别呢？下面我们进行详细介绍。

请看下面的有关方法声明的代码：

```
class Calculator{
  public int GetSum(int m, int n)
  {
    return m + n;
  }
}
```

其中，m 和 n 是形参，它们的类型均为 int。

调用方法时，实参可以是常量、变量或表达式。实参和对应的形参必须类型相同或兼容。请看下面的有关方法调用的代码：

```
class Program{
  static void Main(string[] args){
    Calculator calculator = new Calculator();
    int a = 1, b = 100;
    int sum = calculator.GetSum(a, b);
  }
}
```

其中，a 和 b 为实参，调用 GetSum 方法时，发生了从实参到形参的数据传递，程序把实参 a、b 的值复制一份给形参 m、n。这种参数传递方式称为值传递，实参 a、b 和形参 m、n 是互不相干的，形参的变化不会影响到实参。另外，形参只在声明它的方法体中存在，当从方法返回时，将释放形参所占用的内存空间。

任务 6　利用值传递交换两个变量的值

■ **任务分析**

本任务以控制台应用程序为载体，定义类 Swap，在类中定义方法 SwapByVal(int x,int y)，调用该方法，实现参数传递——值传递，试图交换变量的值。

所涉及的知识为参数传递——值传递。

◆ **任务实施**

【步骤 1】在 Visual Studio 2017 中新建一个 C♯ 控制台应用程序，项目名为 ClassMethodSwapDemo。

【步骤 2】在 Visual Studio 2017 的"解决方案资源管理器"对话框中右击项目名 ClassMethodSwapDemo，在弹出的快捷菜单中选择"添加"→"类"命令，类名取为 Swap。

【步骤 3】编写 Swap 类的代码：

```
class Swap{
    public void SwapByVal(int x, int y)
    {
        int temp;
        temp = x;
        x = y;
        y = temp;
    }
}
```

【步骤 4】在 Program 类的 Main()方法中产生 Swap 类的对象，并通过该对象调用 SwapByVal 方法：

```
class Program
{
    static void Main(string[] args)
    {
        Swap swap = new Swap();
        int a = 5, b = 8;
        Console.WriteLine("交换前,a = {0},b = {1}.",a,b);
        swap.SwapByVal(a,b);
        Console.WriteLine("交换后,a = {0},b = {1}.",a,b);
        Console.ReadKey();
    }
}
```

【步骤 5】运行程序，结果如图 7-8 所示。

a、b 的值为什么没有交换呢？这是由于实参 a、b 和形参 x、y 进行了值传递。形参 x、y 的变化不会影响实参 a、b。

图 7-8　值传递运行结果

知识点6 方法参数——引用传递

任务6中a、b的值没有交换,是因为参数传递方式是值传递,形参x、y的变化不会影响实参a、b。那么如何才能使形参的变化影响实参呢?可以使用引用传递。按引用传递分为基本数据类型与类对象数据类型两种情况。类对象数据类型的参数总是按引用传递的,所以类对象参数传递不需要使用ref关键字。类对象数据类型参数的传递实际上是将实参对数据的引用赋值给了形参,所以形参与实参共同指向同一个内存区域。基本数据类型的参数默认均是按值传递的,如果要按引用传递,必须使用ref关键字声明。

观看视频

1. ref 参数

当使用ref参数时,实参和形参指向同一块内存区域,实参将随着形参的变化而变化。若要使用ref参数,则方法的声明和调用都必须显式使用ref关键字。即在方法定义时,要在参数的类型前面加上ref,调用该方法时,也要使用ref关键字修饰实参,同时,ref参数使用前必须赋值。

2. out 参数

C♯还提供了out参数。若要使用out参数,方法定义和调用方法时都必须显式使用out关键字。out参数的使用方法和ref参数相似,差别在于ref参数必须在调用之前明确赋值,而out参数不用赋值,即使赋了值也会被忽略。所以out参数用于从方法返回结果,而不是向方法传递数据。

任务7 利用引用传递交换两个变量的值

■ 任务分析

本任务以控制台应用程序为载体,使用ref参数定义方法,并调用方法,实现引用参数传递,试图交换变量的值。

所涉及的知识为引用参数传递——ref参数。

◆ 任务实施

【步骤1】在 Visual Studio 2017 中新建一个 C♯ 控制台应用程序,项目名为 ClassMethodRefDemo。

【步骤2】在 Visual Studio 2017 的"解决方案资源管理器"窗口中右击项目名 ClassMethodRefDemo,在弹出的快捷菜单中选择"添加"→"类"命令,类名取为 Swap。

【步骤3】编写 Swap 类的代码:

```
class Swap{
  public void SwapByRef(ref int x,ref int y)
  {
    int temp;
    temp = x;
    x = y;
    y = temp;
  }
}
```

【步骤4】在 Program 类的 Main()方法中产生 Swap 类的对象,并通过该对象调用 SwapByRef 方法:

```
class Program
{
  static void Main(string[] args)
  {
    Swap swap = new Swap();
    int a = 5,b = 8;
    Console.WriteLine("交换前,a = {0},b = {1}.",a,b);
    swap.SwapByRef(ref a,ref b);          // ref 参数使用前必须赋值
    Console.WriteLine("交换后,a = {0},b = {1}.",a,b);
    Console.ReadKey();
  }
}
```

【步骤5】运行程序,结果如图 7-9 所示,完成了两个数的交换。

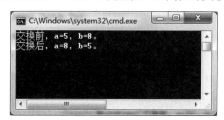

图 7-9　ref 参数运行结果图

任务8　使用 out 参数返回矩形的面积

■ **任务分析**

一个方法只能返回一个值,但在实际应用中常常需要方法能够返回多个值,这时只靠 return 语句显然是无能为力的,这就需要使用 out 参数实现这种功能。

本任务以控制台应用程序为载体,使用 out 参数定义方法,并调用方法,实现引用参数传递,实现使用 out 参数从方法返回结果。

所涉及的知识为引用参数传递——out 参数。

◆ **任务实施**

【步骤1】在 Visual Studio 2017 中新建一个 C#控制台应用程序,项目名为 ClassMethodOutDemo。

【步骤2】在 Visual Studio 2017 的"解决方案资源管理器"窗口中右击项目名 ClassMethodOutDemo,在弹出的快捷菜单中选择"添加"→"类"命令,类名取为 Rectangle。

【步骤3】编写 Rectangle 类的代码,定义 CalRectangle 方法:

```
class Rectangle{
  int width;
  public int Width
  {
```

```
        get{return width;}
        set{width = value;}
    }
    int height;
    public int Height
    {
        get{return height;}
        set{height = value;}
    }
    public double CalRectangle(out double area)
    {
        area = Width * Height;
        return 2 * (Width + Height);
    }
}
```

【步骤4】在 Program 类的 Main()方法中产生 Rectangle 类的对象,并通过该对象调用 CalRectangle 方法:

```
class Program
{
    static void Main(string[] args)
    {
        Rectangle rec = new Rectangle();
        rec.Width = 5;
        rec.Height = 8;
        double area;
        double length = rec.CalRectangle(out area);     //out 参数使用前不需要赋值
        Console.WriteLine("矩形的周长为{0},面积为{1}。",length,area);
        Console.ReadKey();
    }
}
```

【步骤5】运行程序,结果如图 7-10 所示,矩形的周长由 CalRectangle 方法的返回值得到,矩形的面积由 out 参数返回。

图 7-10　out 参数运行结果图

观看视频

知识点7　方法重载

为了能够使同一功能适用于各种类型的数据,C♯提供了方法重载机制。方法重载是面向对象程序设计语言对结构化编程语言的重要扩充,在面向对象编程中应用极为广泛。所谓方法重载,是指在同一个类中声明两个或两个以上的同名方法,实现对不同类型数据的相同处理。即同一个类中存在着多个同名的方法,但是每个方法中参数的数据类型、个数或顺序不同。如果同一个类中存在两个以上的重载方法,当调用这样的方法时,编译器会根据传入的参数自动进行判断,决定调用哪个方法,从而实现对不同的类型数据进行相同的处理。

构成重载的方法必须满足如下条件:
(1) 同一个类中的方法。
(2) 方法名相同。
(3) 方法的参数不同,包括参数类型、参数个数或参数顺序不同。

如下的几个方法构成了方法重载:

```
public int Sum(int a, int b)
public double Sum(double a, double b)
public int Sum(int a, int b, int c)
```

需要注意的是,仅仅方法返回值的类型不同不能构成方法重载。例如,下面的两个方法不能构成重载:

```
public int Sum(int a, int b)
public double Sum(int a, int b)
```

任务 9 利用方法重载制作简易计算器

■ 任务分析

一个方法的名字和形式参数、修饰符及类型共同构成了这个方法的签名,同一个类中不能有相同签名的方法。如果一个类中有两个或两个以上的方法同名,而它们的形式参数有所不同是允许的,即方法重载,它们属于不同的方法签名。但是仅仅是返回类型不同的同名方法,不是方法重载,编译器是不能识别的。

本任务以 C# Windows 窗体应用程序为载体,编写一个简易的计算器,利用方法重载实现对两个整数、浮点数和字符型数据求和的功能。因此,需要定义 3 个同名但参数不同的方法,不同类型数据的求和可以采用不同命令按钮的单击事件触发。

所涉及的知识为方法重载。

◆ 任务实施

【步骤 1】在 Visual Studio 2017 中新建一个 C# Windows 窗体应用程序,项目名为 MethodOverloadDemo。

【步骤 2】添加 3 个标签控件(label1~label3)、两个文本框控件(textBox1 和 textBox2)和 3 个按钮控件(button1~button3),适当调整控件的大小及布局,如图 7-11 所示。

【步骤 3】设计窗体及控件的属性,如表 7-3 所示。效果图如图 7-12 所示。

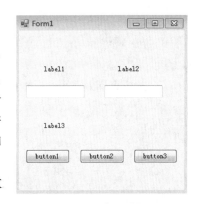

图 7-11 程序设计界面

表 7-3　窗体及控件的属性列表

控件原来的 Name 属性	Name 属性	Text 属性	AutoSize 属性	BorderStyle 属性
Form1		方法重载示例		
label1		数据1:		
label2		数据2:		
label3	lblInfo		False	Fixed3D
textBox1	txtA			
textBox2	txtB			
button1		整数求和		
button2		实数求和		
button3		字符求和		

图 7-12　设置完属性的程序设计界面

【步骤 4】设计代码。

按 F7 键进入"代码编辑器"窗口，在 Form1 类定义的类体中添加声明用于计算两个数据的和的方法，代码如下：

```
public int Sum(int a, int b)
{
    return a + b;
}
public double Sum(double a, double b)
{
    return a + b;
}
public int Sum(char a, char b)
{
    return a + b;
}
```

在设计界面双击"整数求和"按钮，添加"整数求和"按钮的单击事件代码如下：

```
private void button1_Click(object sender, EventArgs e)
{
    int a, b;
    a = int.Parse(txtA.Text);
    b = int.Parse(txtB.Text);
    lblInfo.Text = "两个整数的和是:" + Sum(a,b);
}
```

添加"实数求和"按钮的单击事件代码如下：

```csharp
private void button2_Click(object sender, EventArgs e)
    {
        double a, b;
        a = double.Parse(txtA.Text);
        b = double.Parse(txtB.Text);
        lblInfo.Text = "两个实数的和是:" + Sum(a,b);
    }
```

添加"字符求和"按钮的单击事件代码如下：

```csharp
private void button3_Click(object sender, EventArgs e)
    {
        char a, b;
        a = char.Parse(txtA.Text);
        b = char.Parse(txtB.Text);
        lblInfo.Text = "两个字符数据的和是:" + Sum(a,b);
    }
```

【步骤 5】执行程序。

按 F5 键或单击工具栏上的"启动调试"按钮，程序开始运行，运行结果如图 7-13～图 7-15 所示。

图 7-13　整数求和

图 7-14　实数求和

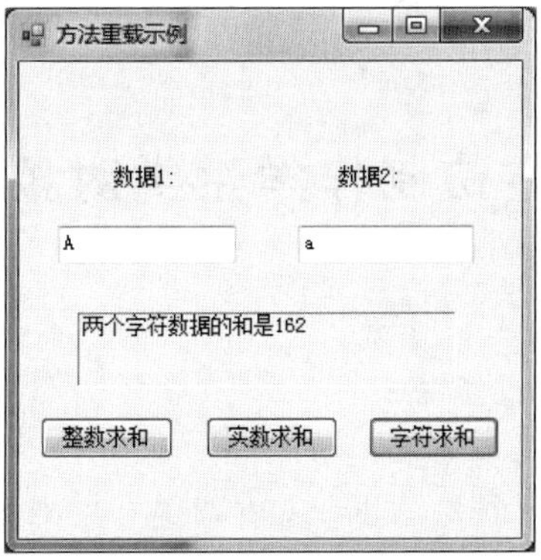

图 7-15　字符求和

知识点8　构造方法和析构方法

1. 构造方法

构造方法也是一种方法。构造方法具有与类相同的名称，它通常用来初始化新对象，并为对象分配内存。当一个类的实例对象被创建时，系统会自动调用构造方法。C♯中使用 new 运算符来实例化类，为对象分配内存后，new 运算符立即调用类的构造方法初始化类的实例对象。当一个类没有定义构造方法时，系统会自动为其创建一个构造方法，该构造方法没有参数，方法体是空的，称为默认构造方法。如果调用的是默认构造方法，在创建对象时，系统会把数据成员初始化为相应类型的默认值。如果在类中定义了构造方法，则系统不会提供默认的构造方法。构造方法一般使用 public 修饰符，拥有这样的构造方法的类可以在任何地方被实例化。

下面给出构造方法的例子：

```
class Circle{
  private double radius;

  public double Radius{
    get{return radius;}
    set{radius = value;}
  }

  public Circle(double r)
  {
    radius = r;
  }
}
```

2. 析构方法

在类的成员中还有一个特殊的方法，称为析构方法。它和构造方法一样，与类同名，并在类名前加～，没有返回值。一个类中只能有一个析构方法，并且无法调用析构方法，它是被自动调用的。析构方法用来处理一些在对象释放时的操作，释放资源是其中的一种。.NET Framework 类库有垃圾回收功能，当某个类的实例被认为不再有效，并且符合析构条件时，.NET Framework 类库的垃圾回收功能就会调用该类的析构方法实现垃圾回收。程序退出时也会调用析构方法。

任务10　使用构造方法制作学生类对象生成器

■ 任务分析

在 C♯ 中，构造方法具有如下特点：
(1) 构造方法的名称必须与类名相同。
(2) 构造方法没有返回类型（连 void 也没有），它可以带参数，也可以不带参数。
(3) 产生类对象时，系统自动调用构造方法。
(4) 构造方法的作用是为对象分配存储空间，对数据成员进行初始化。

(5) 构造方法也可以重载，从而为初始化对象提供不同的方法。

本任务以 C# Windows 窗体应用程序为载体，制作学生类对象生成器。定义学生类，该类具有 3 个属性 Name、Age 和 Hobby，分别表示姓名、年龄和爱好。如果传入的姓名为空，则赋默认值 unknown，年龄不能低于 18 岁，如果传入的爱好为空，则赋默认值 dancing。分别为学生类定义无参构造方法及带参构造方法。通过调用学生类的不同构造方法，实例化出学生类的不同对象，并输出不同学生对象的各属性的值。定义学生类1，该类具有3个属性 Name、Age 和 Hobby，分别表示姓名、年龄和爱好。如果传入的姓名为空，则赋默认值 unknown，年龄不能低于 18 岁，如果传入的爱好为空，则赋默认值 dancing。不为学生类 1 定义构造方法。通过调用学生类 1 的默认构造方法，实例化出学生类 1 的对象，并输出该对象的各属性的值，此时会将学生类 1 的对象成员初始化为相应类型的默认值。

所涉及的知识包括类的定义、字段和属性的声明、对象的创建、构造方法的定义和调用。

◆ **任务实施**

【步骤1】在 Visual Studio 2017 中新建一个 C# Windows 窗体应用程序，项目名为 ConstructorDemo。

【步骤2】在 Visual Studio 2017 的"解决方案资源管理器"窗口中右击项目名 ConstructorDemo，在弹出的快捷菜单中选择"添加"→"类"命令，类名取为 Student，用同样的方法再添加一个类，取名为 Student1。

【步骤3】编写 Student 类的代码：

```csharp
class Student
{
    private string name;
    public string Name
    {
        get { return name; }
        set
        {
            if (value.Length == 0)
            {
                name = "unknown";
            }
            else
            {
                name = value;
            }
        }
    }
    private int age;
    public int Age
    {
        get { return age; }
        set
        {
            if (value < 18)
            {
                age = 18;
```

```csharp
            }
            else
            {
                age = value;
            }
        }
    }
    private string hobby;
    public string Hobby
    {
        get { return hobby; }
        set
        {
            if (value.Length == 0)
            {
                hobby = "dancing";
            }
            else
            {
                hobby = value;
            }
        }
    }
    public Student()                                          //无参构造方法
    {
        Name = "Zhangsan";
        Age = 20;
        Hobby = "reading";
    }
    public Student(string name, int age, string hobby)        //带参构造方法
    {
        Name = name;
        Age = age;
        Hobby = hobby;
    }
}
```

【步骤4】编写 Student1 类的代码：

```csharp
class Student1
{
    private string name;
    public string Name
    {
        get { return name; }
        set
        {
            if (value.Length == 0)
            {
                name = "unknown";
            }
            else
            {
```

```
            name = value;
        }
    }
}
private int age;
public int Age
{
    get { return age; }
    set
    {
        if (value < 18)
        {
            age = 18;
        }
        else
        {
            age = value;
        }
    }
}
private string hobby;
public string Hobby
{
    get { return hobby; }
    set
    {
        if (value.Length == 0)
        {
            hobby = "dancing";
        }
        else
        {
            hobby = value;
        }
    }
}
```

【步骤 5】向窗体中添加 4 个标签控件(label1～label4)、3 个文本框控件(textBox1～textBox3)和 3 个按钮控件(button1～button3),适当调整控件的大小及布局,如图 7-16 所示。

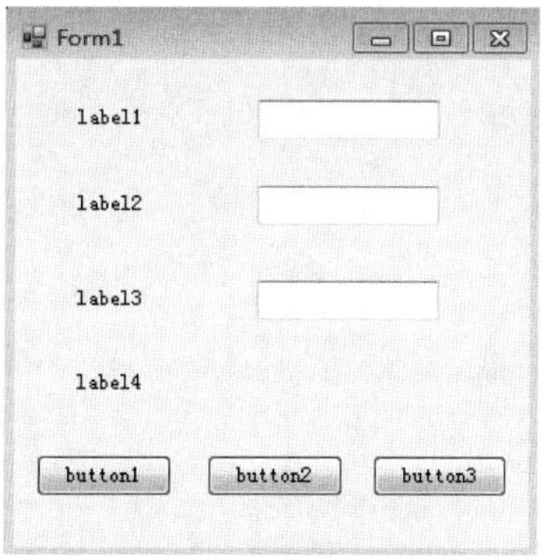

图 7-16 程序设计界面

【步骤6】设计窗体及控件的属性,如表7-4所示。效果图如图7-17所示。

表7-4 窗体及控件的属性列表

控件原来的Name属性	Name属性	Text属性	AutoSize属性	BorderStyle属性
Form1		构造方法示例		
label1		姓名:		
label2		年龄:		
label3		爱好:		
label4	lblInfo		False	Fixed3D
textBox1	txtA			
textBox2	txtB			
textBox3	txtC			
button1		默认构造方法		
button2		无参构造方法		
button3		带参构造方法		

图7-17 设置完属性的程序设计界面

【步骤7】在设计界面双击"默认构造方法"按钮,添加"默认构造方法"按钮的单击事件代码如下:

```
private void button1_Click(object sender, EventArgs e)
    {
    Student1 student1 = new Student1();
    lblInfo.Text = "默认构造方法\n\n我的姓名是:" + student1.Name + ".\n\n我的年龄是:" + student1.Age + ".\n\n我的爱好是:" + student1.Hobby + ".";
    }
```

【步骤8】在设计界面双击"无参构造方法"按钮,添加"无参构造方法"按钮的单击事件代码如下:

```
private void button2_Click(object sender, EventArgs e)
    {
    Student student = new Student();
    lblInfo.Text = "无参构造方法\n\n我的姓名是: " + student.Name + ".\n\n我的年龄是: " + student.Age + ".\n\n我的爱好是: " + student.Hobby + ".";
    }
```

【步骤9】在设计界面双击"带参构造方法"按钮,添加"带参构造方法"按钮的单击事件代码如下:

```
private void button3_Click(object sender, EventArgs e)
        {
    string name = txtA.Text;
        int age = int.Parse(txtB.Text);
    string hobby = txtC.Text;
        Student student = new Student(name,age,hobby);
        lblInfo.Text = "带参构造方法\n\n 我的姓名是:" + student.Name + ".\n\n 我的年龄是:" + student.Age + ".\n\n 我的爱好是:" + student.Hobby + ".";
        }
```

【步骤10】执行程序。

按 F5 键或单击工具栏上的"启动调试"按钮,程序开始运行,运行结果如图 7-18~图 7-21 所示。

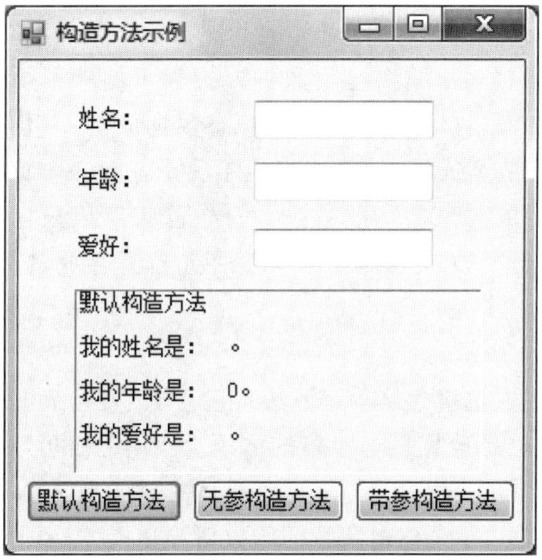

图 7-18 调用默认构造方法运行结果图

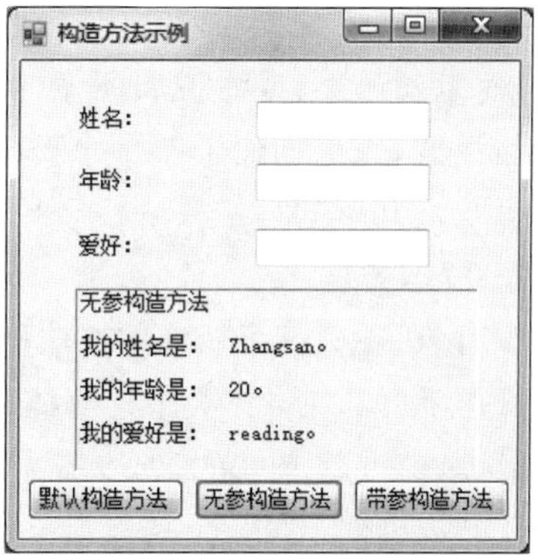

图 7-19 调用无参构造方法运行结果图

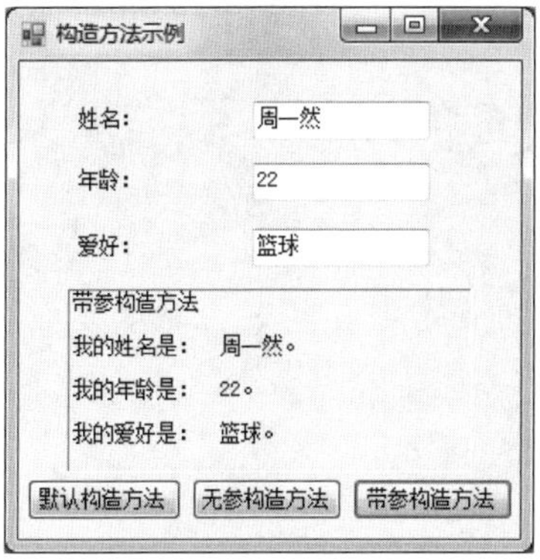

图 7-20 调用带参构造方法运行结果图

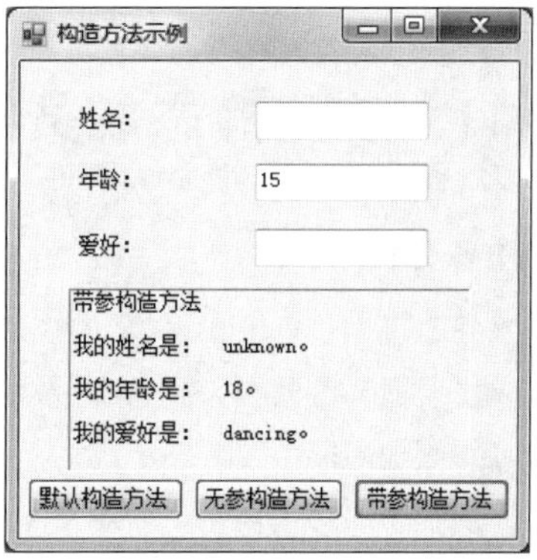

图 7-21 调用带参构造方法运行结果图(传入的姓名、爱好为空,年龄低于 18 岁)

知识点9　静态成员

类的成员可以分为静态成员和实例成员(也称为非静态成员)。静态成员与非静态成员的不同在于,静态成员属于类本身,让类的所有对象在类的范围内共享此成员,而非静态成员则总是与特定的实例(对象)相联系,属于特定对象所有。声明静态成员需要使用static关键字修饰。前面介绍的所有例子和任务均只涉及非静态成员,下面将介绍静态成员。

1. 静态数据成员

没有static关键字修饰的字段称为实例字段(也称为非静态字段),它总是属于某个特定的对象,其值总是表示某个对象的值。例如,当说到长方体的长时,总是指某个长方体对象的长,而不可能是全体长方体对象的长。在定义长方体类时,这个长就应该被声明成实例字段。创建类的对象时,都会为该对象的实例字段创建新的存储位置,也就是说不同对象的实例字段的存储位置是不相同的。因此,修改一个对象的实例字段的值,对另一个对象的实例字段的值没有影响。

然而,有时可能会需要类中有一个数据成员来表示全体对象的共同特征。例如,如果在长方体类中要用一个数据成员来统计长方体的个数,那么这个数据成员表示的就不是某个长方体对象的特征,而是全体长方体对象的特征,这时就需要使用静态数据成员。用static关键字修饰的字段称为静态字段(也称为静态数据成员)。静态字段不属于任何一个特定的对象,而是属于类,或者说属于全体对象,被全体对象共享的数据。一个静态字段只标识一个存储位置,无论创建了多少个类的实例,静态字段永远都在同一个存储位置存放其值,静态字段是被共享的。

2. 静态方法

没有static关键字修饰的方法称为实例方法(也称为非静态方法),它总是对某个对象进行数据操作,例如,长方体类中计算体积的方法,总是计算某个对象的体积。实例方法可以访问实例成员,也可以访问静态成员。如果某个方法在使用时并不需要与具体的对象相联系,即方法操作的数据并不是某个具体对象的数据,而是表示全体对象特征的数据,这时就需要使用静态方法。用static关键字修饰的方法称为静态方法。静态方法属于类本身,只能使用类调用,不能使用对象调用。不能用静态方法来访问实例成员,静态方法只能访问静态成员。

任务11　使用静态成员统计长方体的个数

■ 任务分析

本任务以C# Windows窗体应用程序为载体,在程序中定义一个长方体类,该类除包含非静态成员外,还包含一个静态数据成员用于统计长方体的个数,一个静态方法用于返回长方体的个数。

所涉及的知识为类的静态成员的定义和使用。

◆ 任务实施

【步骤1】在Visual Studio 2017中新建一个C# Windows窗体应用程序,项目名为StaticDemo。

【步骤 2】 在 Visual Studio 2017 的"解决方案资源管理器"窗口中右击项目名 StaticDemo，在弹出的快捷菜单中选择"添加"→"类"命令，类名取为 Cuboid。

【步骤 3】 编写 Cuboid 类的代码：

```csharp
class Cuboid
    {
        private double length;
        private double width;
        private double high;

        private static int cuboidNumber;

        public double Length {
            get { return length; }
            set { length = value; }
        }
        public double Width
        {
            get { return width; }
            set { width = value; }
        }
        public double High
        {
            get { return high; }
            set { high = value; }
        }

        public Cuboid(double l, double w, double h)
        {
            length = l;
            width = w;
            high = h;
            cuboidNumber++;              //每创建一个长方体对象,该静态变量值就加1
        }
        public static int GetCuboidNumber() {
            return cuboidNumber;
        }
    }
```

【步骤 4】 程序设计界面。

在窗体中添加 4 个标签控件（label1～label4）、3 个文本框控件（textBox1～textBox3）和一个按钮控件（button1），适当调整控件的大小及布局，如图 7-22 所示。

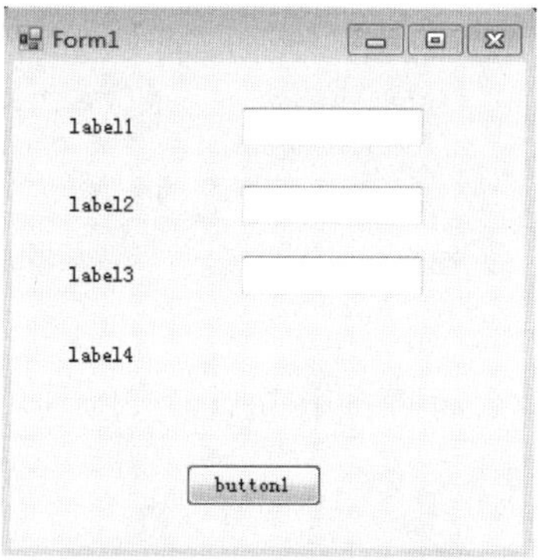

图 7-22　程序设计界面

【步骤 5】设计窗体及控件的属性。

窗体及控件的属性如表 7-5 所示。设置完属性的程序设计界面如图 7-23 所示。

表 7-5 窗体及控件的属性

控件原来的 Name 属性	Name 属性	Text 属性	AutoSize 属性	BorderStyle 属性
Form1		静态成员示例		
label1		长：		
label2		宽：		
label3		高：		
label4	lblInfo		False	Fixed3D
textBox1	txtA			
textBox2	txtB			
textBox3	txtC			
button1		创建对象		

图 7-23 设置完属性的程序设计界面

【步骤 6】在设计界面双击"创建对象"按钮，添加"创建对象"按钮的单击事件代码如下：

```
private void button1_Click(object sender, EventArgs e)
    {
        double l = double.Parse(txtA.Text);
        double w = double.Parse(txtB.Text);
        double h = double.Parse(txtC.Text);
        Cuboid cuboid = new Cuboid(l,w,h);
        lblInfo.Text = "对象创建成功\n\n 最后一个长方体对象的长、宽、高为:\n";
        lblInfo.Text += cuboid.Length + "、" + cuboid.Width + "、" + cuboid.High;
        lblInfo.Text += "\n\n 长方体对象的个数" + Cuboid.GetCuboidNumber();
    }
```

【步骤 7】执行程序。

按 F5 键或单击工具栏上的"启动调试"按钮，程序开始运行，运行结果如图 7-24 和图 7-25 所示。

项目 7　设计面向对象应用程序

图 7-24　创建长方体对象 1

图 7-25　创建长方体对象 2

知识点 10　this 关键字

观看视频

1. 访问当前对象成员

通过 this 关键字可以引用当前正在执行的类的实例对象。this 在 C♯ 语言中具有特殊含义，指当前对象。this 的用法通常有如下 3 种。

（1）this.变量名：访问当前对象的成员变量。

（2）this.方法名：访问当前对象的成员方法。

（3）this(参数)：用在构造方法中，调用重载的构造方法。

2. 定义索引器

在 C♯ 中，还可以通过 this 来定义索引器。索引器通常是针对集合的属性，让使用者调用集合成员更加简单方便。通过索引器，可以让我们像数组那样访问类的数据成员。

索引器的定义方式如下：

```
public 数据类型 this[下标类型 下标名称]
{
get{  }
set{  }
}
```

任务 12　体验 this 关键字在类中的不同角色

■ **任务分析**

本任务以 C♯ 控制台应用程序为载体，借助定义学生类，体验 this 关键字在类中的不同角色，熟悉并掌握 this 关键字的用法。

所涉及的知识为 this 关键字的用法。

◆ **任务实施**

【步骤 1】在 Visual Studio 2017 中新建一个 C♯ 控制台应用程序，项目名为 ThisDemo。

【步骤 2】在 Visual Studio 2017 的"解决方案资源管理器"窗口中右击项目名 ThisDemo，在弹出的快捷菜单中选择"添加"→"类"命令，类名取为 Student。用同样的方法再添加一个类,取名为 SuoYin。

【步骤 3】编写 Student 类的代码:

```csharp
class Student
    {
        public string name;
        public int age;

        public Student()
        {
            Console.WriteLine("调用无参构造方法:");
            this.name = "Zhangsan";              //此处 this 可以省略
            this.age = 20;                       //此处 this 可以省略
        }
        public Student(string name)
        {
            Console.WriteLine("调用一个参数构造方法:");
            this.name = name;                    //此处不能省略 this
        }
        public Student(string name,int age):this(name)  //通过 this 关键字调用重载的构造方法
        {
            Console.WriteLine("调用两个参数构造方法:");
            this.age = age;
        }
        public void Say()
        {
            Console.WriteLine("I am a student. My name is {0},my age is {1}",name ,age);
        }
        public void SayHi()
        {
            Console.Write("Hi,");
            this.Say();                          //此处 this 可以省略
        }
    }
```

【步骤 4】编写 SuoYin 类的代码:

```csharp
class SuoYin
    {
        public string[] people = {"zhangsan","lisi","wangwu"};
        public string this[int index]
        {
            get
            {
                if (index >= 0 && index < people.Length)
                {
                    return people[index];
                }
                else
                {
                return people [0];
                }
            }
            set
            {
                if (index >= 0 && index < people.Length)
                {
```

```
                people[index] = value;
            }
            else
            {
                people[0] = value;
            }
        }
    }
}
```

【步骤5】在 Program 类的 Main()方法中创建 Student 类的对象,并通过该对象调用 SayHi()方法,输出对象的各属性的值;再创建 SuoYin 类的对象,通过访问索引器,输出对象的相关信息。

```
class Program
{
    static void Main(string[] args)
    {
        Console.WriteLine("------------访问当前对象成员------------");
        Student student = new Student();
        student.SayHi();

        Student student1 = new Student("周一然");
        student1.SayHi();

        Student student2 = new Student("周一然",22);
        student2.SayHi();

        Console.WriteLine("----------------索引器----------------");
        SuoYin sy = new SuoYin();
        sy[0] = "周二然";
        Console.WriteLine(sy[0]);
        Console.WriteLine(sy[1]);
        Console.WriteLine(sy[2]);
        Console.WriteLine(sy[3]);
    }
}
```

【步骤6】按 Ctrl+F5 组合键运行程序。运行结果如图 7-26 所示。

图 7-26 this 关键字运行结果图

项目小结

本项目通过 12 个任务讲解了如何设计面向对象应用程序,通过介绍定义类和创建对象,很好地诠释了面向对象的封装性。通过本项目的学习,读者可以掌握 C#语言中面向对象基础编程技术,为后续掌握面向对象高级编程技术奠定基础。

拓 展 实 训

一、实训的目的和要求
1. 掌握面向对象应用程序设计的基本步骤。
2. 掌握类的定义,包括字段、属性、普通方法、构造方法等的定义方法。
3. 掌握创建对象的方法。

二、实训内容

1. 类的定义和实例化

(1) 创建一个 C#控制台应用程序,项目名为 ch07_task01,定义一个矩形类 Rectangle,实现对矩形类的封装。Rectangle 类中包括私有字段长度(Length)和宽度(Width),以公开方式访问字段的属性 Length 和 Width,使用成员方法 Area()实现计算矩形的面积。在 Main()方法中创建 Rectangle 类对象,通过属性给长度和宽度赋值,输出各属性值,并调用 Area()方法输出面积值。

(2) 创建一个 C#控制台应用程序,项目名为 ch07_task02,定义 Book 类,包含属性 BookName、Author 和 Price,分别表示书名、作者和价格。如果传入的书名为空,则赋默认值 unkownbook;如果传入的作者姓名为空,则赋默认值 unkownauthor;且价格不能低于 5。实例化 Book 的一个对象,并访问(包括给属性赋值、输出属性的值)属性。

(3) 创建一个 C#控制台应用程序,项目名为 ch07_task03,定义教师类,包括属性姓名、年龄和月薪。如果传入的姓名为空,则赋默认值 unknownname,且年龄不能低于 24,月薪不能低于 3000 元。同时定义 Say()方法,用于输出各属性的值。实例化教师类的一个对象,并给属性赋值、调用 Say()方法。

2. 方法参数传递

(1) 创建一个 C#控制台应用程序,项目名为 ch07_task04,定义一个圆类,定义属性半径和求圆的周长、面积的方法 CalCircle(),该方法返回圆的周长,同时用 out 参数对外传送圆的面积。实例化出该类的对象,调用方法 CalCircle(),输出圆的周长和面积。

(2) 创建一个 C#控制台应用程序,项目名为 ch07_task05,定义工资类 Salary,类中包含根据税前工资计算税后工资的方法。低于 3000 元不缴税,超出 3000 元的部分交 5% 的税:

① 定义方法 GetSalary,用值传递,返回税后工资。
② 定义方法 GetSalaryByRef,用 ref 传递参数,获取税后工资。
③ 定义方法 GetSalaryByOut,用 out 传递参数,获取税后工资。

实例化出 Salary 类的对象,分别调用上述 3 个方法输出税后工资。

3. 方法重载和构造方法

在项目 ch07_task02 的基础上，为 Book 类定义无参构造方法及带参构造方法，同时定义 Display() 方法，用于输出各个属性的值。通过调用 Book 类的不同构造方法，实例化出 Book 类的不同对象，调用 Display() 方法。

4. 综合运用面向对象技术设计面向对象程序

创建一个 C# 控制台应用程序，项目名为 ch07_task06，定义三角形类 Triangle，把 3 条边的边长定义为字段，并针对 3 条边声明相应的属性，定义一个静态字段用来统计三角形对象的个数，定义一个静态方法，用于返回三角形对象的个数，定义一个无参构造方法，将三边边长分别初始化为 3、4、5，定义一个含有一个参数的构造方法，用于为三角形的某一边进行初始化，定义一个含有三个参数的构造方法（请调用含有一个参数的构造方法），用于设置三条边的边长，定义返回三角形周长的 GetL() 方法和三角形面积的 GetArea() 方法。编写 Program 类的 Main() 方法的代码，分别调用 Triangle 类的不同构造方法生成不同对象，分别求它们的周长和面积，统计三角形对象的个数。

习　题

一、选择题

1. 下列选项中不属于面向对象特性的是(　　)。
   A. 封装性　　　　B. 继承性　　　　C. 多态性　　　　D. 可移植性
2. 在面向对象的思想中，类是对某一类事物的(　　)，而对象则表示现实中该类事物的(　　)。
   A. 简单概括，个体　　　　　　　B. 抽象描述，整体
   C. 抽象描述，个体　　　　　　　D. 简单概括，整体
3. 在定义一个构造方法时，需要遵循以下哪些条件(　　)。(多选)
   A. 方法名必须和类名相同
   B. 方法名前面没有返回值类型的声明
   C. 方法名前面可以有返回值类型的声明，也可以没有
   D. 在方法中不能使用 return 语句
4. 下列选项中，可以使用 this 关键字修饰的是(　　)。(多选)
   A. 成员变量　　　B. 成员方法　　　C. 类　　　　　　D. 构造方法
5. 关于构造方法的描述，下列说法正确的是(　　)。(多选)
   A. 系统默认情况下为每个类提供了一个无参的构造方法
   B. 构造方法在一个对象被创建时自动执行
   C. 构造方法可以重载
   D. 一个类中只能定义一个构造方法
6. 下列选项中，可以使用 static 关键字修饰的是(　　)。(多选)
   A. 成员变量　　　B. 成员方法　　　C. 代码块　　　　D. 类
7. 关于 C# 中类的描述，下列说法正确的是(　　)。(多选)
   A. 类中只能有变量的定义和成员方法的定义，不能有其他语句

B. 构造方法是类中的特殊方法

C. 类一定要声明为 public,才可以执行

D. 一个 .cs 文件中可以有多个 class 定义

8. 下面这段代码是 Test 类的定义:

```
public class Test {
    public Test(float a,float b){ }
    _____
}
```

下列方法中,将哪个方法填写在空白处会产生编译错误(　　)。

A. public Test (float a,float b,float c) { }

B. public Test (float c,float d) { }

C. public Test (int a,int b) { }

D. public Test (String a,String b,String c) { }

9. 类的字段和方法的默认访问修饰符是(　　)。

A. public　　　　B. private　　　　C. protected　　　　D. internal

10. 下列关于对象占用内存的说法,正确的是(　　)。

A. 同一个类创建的对象占用的是同一段内存空间

B. 成员变量和成员方法不占用内存

C. 同一个类创建的对象占用的是不同的内存段

D. 以上说法都不对

11. 下列关于构造方法重载的特征描述,正确的是(　　)。(多选)

A. 参数类型不同　　B. 参数个数不同　　C. 参数顺序不同　　D. 参数名称不同

12. 下列选项中,关于类 A 的构造方法定义正确的是(　　)。

A. void A(int x){…}　　　　　　B. public A(int x){…}

C. public a(int x){…}　　　　　　D. static a(int x){…}

13. 定义一个 Age 属性,表示用户的年龄,控制该属性的值在 0~130,请将代码补充完整。(　　)

```
private int age;
public int Age
{
    get
    {
        return age;
    }
    set
    {
        _____
    }
}
```

A. if (value > 0 && value < 130)
   {

```
    age = value;
}
```
B. if (value > 0 && value < 130)
```
{
    value = age;
}
```
C. if (value > 0 || value < 130)
```
{
    age = value;
}
```
D. if (value > 0 || value < 130)
```
{
    value = age;
}
```

14. 下列代码中,x 的输出结果是( )。

```
private int Add(ref int x, int y)
{
    x = x + y;
    return x;
}
static void Main(string[ ] args)
{
    Program pro = new Program();
    int x = 30;
    int y = 40;
    Console.WriteLine(pro.Add(ref x, y));
    Console.WriteLine(x);
}
```

  A. 70   B. 30   C. 40   D. 0

15. 下面程序的输出结果是( )。

```
int  i = 2000;
object  o = i;
i = 2001;
int j = (int) o;
Console.WriteLine("i={0},o={1}, j={2}",i,o,j);
```

  A. i=2001,o=2000,j=2000   B. i=2001,o=2001,j=2001
  C. i=2000,o=2001,j=2000   D. i=2001,o=2000,j=2001

16. 装箱、拆箱操作发生在( )。
  A. 类与对象之间   B. 对象与对象之间
  C. 引用类型与值类型之间   D. 引用类型与引用类型之间

17. 以下关于 ref 和 out 的描述错误的是（　　）。
    A. 使用 ref 参数，传递到 ref 参数的参数必须最先初始化
    B. 使用 out 参数，传递到 out 参数的参数必须最先初始化
    C. 使用 ref 参数，必须将参数作为 ref 参数显式传递到方法
    D. 使用 out 参数，必须将参数作为 out 参数显式传递到方法
18. 下面关于静态方法的描述中，错误的是（　　）。
    A. 静态方法属于类，不属于实例　　　B. 静态方法能用类名调用
    C. 静态方法能定义非静态的局部变量　D. 静态方法能访问非静态成员

二、判断题

1. 在 C# 程序中，可以使用关键字 new 来创建类的实例对象。（　　）
2. 类是对象的模板，对象是类的实例。（　　）
3. 一个类只能创建一个相应的对象。（　　）
4. 所谓属性，是指在定义一个类时，将类中的字段私有化。（　　）
5. 实例方法也可以通过"类名.方法名"的方式来调用。（　　）
6. 定义在类中的变量称为成员变量，定义在方法中的变量称为局部变量。（　　）
7. 静态变量可以被所有实例所共享。（　　）
8. static 关键字既可以修饰成员变量，又可以修饰局部变量。（　　）
9. 使用运算符 new 创建对象时，赋给对象的值实际上是一个地址值。（　　）
10. 在构造方法中，this 和 base 关键字可以同时使用。（　　）
11. 类中声明的属性往往具有 get() 和 set() 两个访问器。（　　）
12. 在 C# 中，类的静态成员方法不能对非静态的数据成员进行操作。（　　）
13. 在 C# 中，类的构造方法可以重载，析构方法也可以重载。（　　）
14. 若在 C# 中定义一个类时声明了一个构造方法，则编译器不会再提供默认的构造方法。（　　）
15. 在 C# 中，如果在类的属性声明中只有 get 访问器，则表明该属性只能读出，不能写入。（　　）

三、程序分析题

1. 请阅读下面的程序，分析代码是否能够编译通过，如果能编译通过，则列出运行的结果；否则说明编译失败的原因。

```csharp
public class Test
{
    static void Main(string[] args)
    {
        Test test = new Test();
        test.add();
        test.add(5);
        test.add(6, 8);
        test.add(5.0, 5.5);
        Console.ReadKey();
    }
    public void add()
    {
```

```
            Console.WriteLine("NO");
        }
        public void add(int i)
        {
            Console.WriteLine(i);
        }
        public void add(int a, int b)
        {
            Console.WriteLine(a + b);
        }
    }
```

2. 阅读下面的程序,分析代码是否能够编译通过,如果能编译通过,则列出运行的结果;否则说明编译失败的原因。

```
public class Test
{
    public static void Main(string[ ] args)
    {
        Person p = new Person();    //实例化 Person 对象
        Console.ReadKey();
    }
}
public class Person
{
    public Person(int age)
    {
        Console.WriteLine("构造方法被调用了");
    }
}
```

四、编程题

1. 假设在学生管理系统中有一个学生信息管理类,它包含以下属性:姓名、年龄、出生年月、家庭住址、班级、入学年份等信息。请编程实现该类的定义。

2. 编写一个控制台应用程序,完成下列功能。

(1) 创建一个类,用无参构造函数输出该类的类名。

(2) 增加一个重载的构造函数,带有一个 string 类型的参数,在此构造函数中将传递的字符串打印出来。

(3) 在 Main()方法中创建属于这个类的一个对象,不传递参数。

(4) 在 Main()方法中创建属于这个类的另一个对象,传递一个字符串"This is a string."。

(5) 写出运行程序应该输出的结果。

3. 请按照以下要求设计一个计算机类 Computer,并进行测试。

要求如下:

(1) 在 Computer 类中定义一个静态变量 cpu。

(2) 在 Computer 类中定义一个静态方法 Info(),用于输出计算机的 CPU 信息。

(3) 在 main()方法中为静态变量 cpu 赋值,并调用静态方法 Info()输出计算机 CPU 的相关信息。

4. 请按照以下要求设计一个学生类 Student,并进行测试。

要求如下:

(1) 在 Student 类中包含姓名(name)、性别(sex)和年龄(age)3 个属性。

(2) 在 Student 类中定义一个接收 name、sex 两个参数的构造方法和一个接收 name、sex、age 三个参数的构造方法。

(3) 在 Student 类中定义一个 Introduce()方法,用于输出对象的自我介绍信息,如"大家好!我叫小华,我是一个女孩,我今年 10 岁"。

(4) 在 main()方法中创建两个 Student 类的实例对象 s1 和 s2,在构造方法中为属性 name、sex、age 赋值。然后使用这两个对象分别调用 Introduce()方法,输出 s1 和 s2 的相关信息。

5. 请按照以下要求设计一个书籍类 Book,并进行测试。

要求如下:

(1) 在 Book 类中包含名称(title)、页数(pageNum)两个字段。

(2) 在 Book 类中使用封装的思想定义 Title 和 PageNum 两个属性。

(3) 在 Book 类中定义一个 Detail()方法,用于输出书籍的名称以及页数信息。

(4) 在 Main()方法中创建一个 Book 类的实例对象 book,并通过 Title、PageNum 为 title、pageNum 属性赋值,最后调用 detail()方法输出 book 相关信息。

项目 8

使用继承和多态开发程序

扫码答题

 项目情境

在项目 7 中,软件公司的小张系统地学习了面向对象的基本编程知识,但在实际开发面向对象应用程序时,还需要一些面向对象高级编程技术,于是小张又开始了学习面向对象高级编程技术之旅。

面向对象的三大特性是:封装性、继承性和多态性。在项目 7 中学习了如何声明类并生成对象,体现了面向对象的封装性。但在现实世界中,各类对象之间还存在其他的联系,如继承性、多态性。继承允许在基类上创建派生类,其中派生类能够继承基类的属性和方法。多态允许派生类对继承来的基类中的同一行为操作作出不同的解释,最后产生不同的执行结果。

下面我们就跟小张一起踏上学习面向对象高级编程技术之旅。

 学习重点与难点

> 继承
> 多态
> 接口

 学习目标

> 理解并使用继承
> 理解并使用多态
> 理解重写的概念
> 理解接口的概念

 任务描述

任务 1　使用继承定义学生类
任务 2　在派生类中隐藏从基类继承的成员
任务 3　使用虚方法与重写方法编写动物出行方式游戏
任务 4　使用抽象类与抽象方法输出动物的呼吸方式
任务 5　为海尔和美的厂家制作统一的洗衣机接口

相关知识

知识要点：
- 继承
- 多态
- 接口

知识点1 继承

1. 继承的基本概念

观看视频

事物总是在不断发展变化的,设计好的程序也不可能永远适应这种发展变化,需要不断进行完善和扩充,继承为面向对象程序设计提供了一条有效途径,既能最大限度地利用已有的程序设计成果,又能方便地对已有的程序设计成果进行完善。继承是面向对象程序设计方法最重要的特征之一。继承就是在已有类的基础上建立新类的机制,新的类既具备原有类的功能和特点,又可以将这些功能在原有基础上进行拓展。由于新的类是由原来的类发展而来的,因此又被称为原有类的派生类(或子类),而原有类就是新类的基类(或父类)。

继承最主要的优点是代码重用,基类中除构造方法和析构方法外的所有成员都能让派生类自动获得。在设计类时,可以将公共的特征和功能划分到基类中,并利用继承性由所有的派生类自动获得,在派生类中再定义具体特殊的特征和功能。

在C#中的继承主要有以下几个特点：

(1) 继承的可传递性。

在人类社会中,如果祖辈买了一栋房子,父辈买了一辆汽车,子辈开了一个公司,则房子、汽车、公司都是子辈的财产,只不过房子、汽车都是子辈从祖辈、父辈继承来的。在面向对象的程序设计语言中,继承也具有传递性。即类的继承是可以传递的,如果类C从类B中派生,类B又从类A中派生,那么C不仅继承了B中声明的成员,同样也继承了A中声明的成员。

(2) 继承的单一性。

继承的单一性是指派生类只能从一个基类中继承,不能同时继承多个基类。即子类只能继承一个父类,不能同时继承多个父类。C#不支持类的多重继承,但可以通过接口实现多重继承。

(3) 派生类不能继承基类的构造方法、析构方法和私有成员。

(4) 使用sealed关键字修饰的类被称为密封类,不能被继承。

(5) 用static修饰的类被称为静态类,静态类是仅包含静态方法的密封类,也不能被继承。

(6) Object类是所有类的基类。

在理解了继承的基本知识后,我们来学习一个特殊的类——Object。C#语言支持继承机制,该机制允许基于某一个已经定义的类来创建一个新类。类的继承将人们认识世界时形成的概念体系引入程序设计领域。现实世界中的许多实体之间存在联系,形成了人们认识的层次概念结构。类的继承性为面向对象程序设计构建一个分层次结构体系创造了条件。事实上,.NET框架类库就是一个庞大的分层次结构体系,其中,Object类就是最基本的类,处于该体系的最高层,其他所有类都是直接或间接由 Object 类继承而来的。即使是用户自定义类时不指定父类,编译器会自动将该自定义类作为 Object 类的派生类。

C♯专门设计了 object 关键字,用来声明 Object 类的变量。Object 类也可用小写的 object 关键字表示,两者完全等同。

```
object obj = new object();
```

由于 C♯中所有的类都直接或间接继承于 Object 类,因此每个对象都可以赋给 Object 变量。我们可以把值类型变量赋给 object 类型。

```
int n = 100;
object obj = n;
```

上述操作在 C♯中称为装箱。装箱操作允许将值类型变量隐式转换为引用类型变量。装箱后的数据可以再拆箱,将其赋给变量 i,但拆箱操作要用显式类型转换。

```
int i = (int)obj;
```

2. 派生类

通过继承,派生类能自动获得基类的除构造方法和析构方法外的所有成员,可以在派生类中添加新的属性和方法以扩展其功能。

在声明派生类(或子类)时,派生类名称后紧跟一个冒号,冒号后指定基类的名称。声明派生类的语法如下:

```
[访问修饰符] class 派生类类名:基类类名
{
    //派生类成员定义
}
```

3. 与继承相关的访问权限

项目 7 中使用了两种常用的类成员访问权限。

(1) public:所有外界类均可访问此成员。

(2) private:所有外界类均不可访问此成员。

这里,在形成继承关系的两个类之间,就有了一种与继承相关的类成员访问权限——protected。如果类成员用 protected 修饰,则所有外界类(即类的外部)均不可访问此成员,但本类和子类可以访问此成员。

我们通过下面的代码进一步说明子类可以访问父类的哪些成员。

```
class Parent
{
    public int publicField;
    protected int protectedField;
    private int privateField;
}
class Son:Parent
{
    public Son()
    {
```

```
        publicField = 1;      //正确,子类可以访问父类的公有字段
        protectedField = 2;   //正确,子类可以访问父类的保护字段
        privateField = 3;     //错误,子类不可以访问父类的私有字段
    }
}
```

子类可以访问父类的公有字段和保护字段,而外界则只能访问公有字段。

```
class Program
{
    static void Main(string[] args)
    {
        Parent p = new Parent();
        p.pulbicField = 1;      //正确,外界可以访问类的公有字段
        p.protectedField = 2;   //错误,外界不可以访问类的保护字段
        p.privateField = 3;     //错误,外界不可以访问类的私有字段
    }
}
```

4. 继承中的构造方法

类的对象在创建时,将自动调用构造方法,为对象分配内存并初始化对象的数据。创建派生类对象同样需要调用构造方法。由于派生类不能继承基类的构造方法,那么派生类的基类部分如何完成初始化呢?当然,仍由基类的构造方法来完成。即在创建派生类对象时,调用构造方法的顺序是先调用基类的构造方法,再调用派生类的构造方法,以完成为数据成员分配内存空间并进行初始化的工作。

那么在派生类的什么位置,如何调用基类的构造方法呢?在派生类的构造方法中,使用base关键字调用基类的构造方法。其中的base关键字用于从派生类中访问基类的成员,在派生类中我们可以用base关键字直接调用父类的属性和方法,也可以调用父类的构造方法。

1) 隐式调用基类的构造方法

如果基类没有定义构造方法或定义了一个无参构造方法,此时创建派生类对象时将会隐式调用基类的无参构造方法,即由系统自动调用基类的无参构造方法。

2) 显式调用基类的构造方法

如果基类定义了构造方法,但不含无参构造方法,那么在派生类创建对象时,要调用基类构造方法,就必须向基类构造方法传递参数。向基类构造方法传递参数,必须通过派生类的构造方法实现,其语法格式如下:

```
public 派生类构造方法名(形参列表):base(向基类构造方法传递的实参列表)
{
}
```

5. 隐藏从基类继承的成员

派生类如果定义了与继承而来的成员同名的新成员,就隐藏了该已继承的成员,但这并不是删除了这些成员,只是不能访问这些成员而已。这时,编译器不会报错,而是产生一个警告。通过在派生类同名成员前面使用new关键字,可以明确地告知编译器,派生类的确是故意隐藏基类的成员,就不会产生警告了。

知识点2 多态

"多态"一词最早用于生物学,指同一种族的生物体具有相同的特性,但在不同的具体环境下又有可能呈现不同的特性。在面向对象中,"多态性"是指不同的对象对于同一个方法调用有不同的响应方式,多态性可以简单地概括为"一个接口,多种方法"。多态性允许派生类对继承而来的基类中的同一行为操作作出不同的解释,最后产生不同的执行结果。例如,所有动物都有走动的行为,但不同的动物有不同的解释,鱼是游泳,鸟是飞翔,虫子是爬行,老虎是奔跑。多态使得派生类的实例可以直接赋给基类的对象(不需要进行强制类型转换),然后可以直接通过这个对象调用派生类的方法。

观看视频

多态性、封装性和继承性是面向对象的三大特性。封装性可以隐藏实现细节,使得代码模块化;继承性可以扩展已经存在的代码模块,它们的目的都是代码重用。那么多态性到底有什么作用呢?多态性是为了实现另一个目的——接口重用,因为接口是最耗费时间的资源,实质上设计一个接口要比设计一堆类要显得更有效率。

C#支持以下两种类型的多态性。

1)编译时的多态性

编译时的多态性是通过重载来实现的。对于非虚的成员来说,系统在编译时,根据传递的参数、返回的类型等信息决定实现何种操作。在C#中,编译时的多态性通过方法重载实现。编译时的多态性为我们提供了运行速度快的特点。

2)运行时的多态性

运行时的多态性就是指直到系统运行时,才根据实际情况决定实现何种操作。在C#中,运行时的多态性可以通过在派生类中重写基类声明的虚成员(虚成员可以是类的方法、属性和索引等)来实现。运行时的多态性带来了高度灵活和抽象的特点。

C#中的多态性在实现时主要是通过在派生类中重写基类的虚方法或抽象方法来实现的。这样就遇到了三个概念,一个是虚方法,一个是重写方法,还有一个是抽象方法。下面分别对它们进行介绍。

1. 虚方法

虚方法是在基类中声明的,用于期望在派生类中得到进一步的改进。虚方法是允许被其派生类重新定义的方法,在声明时需要使用 virtual 关键字进行修饰。声明虚方法的语法格式如下:

```
[访问修饰符] virtual 返回值类型 方法名称(参数列表)
{
  //方法体语句
}
```

其中,virtual 修饰符不能与 static、abstract 或者 override 修饰符同时使用,此外,由于虚方法不能是私有的,因此 virtual 修饰符也不能与 private 修饰符同时使用。

下面给出声明虚方法的代码:

```
public class Animal
{
  public virtual void Move()
```

```
    {
        Console.WriteLine("Move");
    }
}
```

这样，Animal 类的派生类都可以对 Move()方法进行进一步的改进。

2. 重写方法

虚方法主要用来引入新方法，而重写方法则使从基类继承而来的虚方法专用化(提供虚方法的具体实现)。如果在派生类中要对基类的虚方法进行进一步的改进，可以重写基类的虚方法，此时需要使用 override 关键字。

关于重写方法需要注意以下几点：

(1) override 修饰符不能与 new、static 或 virtual 修饰符同时使用。

(2) 重写方法只能用于重写基类中的虚方法。

(3) 重载和重写是不相同的，重载是指编写一个与已有方法同名但参数不同的方法，而重写是指在派生类中重写基类的虚方法。

下面给出重写基类虚方法的代码：

```
public class Fish:Animal
{
    public override void Move()
    {
        Console.WriteLine("Swim");
    }
}
```

3. 抽象方法

在实际的编程过程中，常常有很多类只用来继承，不需要实例化，比如编写一个俄罗斯方块的小游戏，我们设计基类图形类 Shape，然后派生 LShape 类、TShape 类等，每个类都有方法 Draw()来绘制图形。对于基类 Shape 来说，Draw()方法并不好实现，Shape 这个概念只是具体图形的抽象。在这种情况下，在定义基类时，对于其中的方法可以不去做具体的方法实现，而用抽象方法(这种只有方法声明，没有具体方法体的特殊方法称为抽象方法)进行描述，那么这个包含抽象方法的类就是抽象类。

声明抽象类与抽象方法均需要使用关键字 abstract，其格式为：

```
public abstract class 类名称
{
    ...
    public abstract 返回类型 方法名称(参数列表);
    ...
}
```

需要说明以下几点：

(1) 含有抽象方法的类必然是抽象类，但抽象类中的方法不一定都是抽象方法。

(2) 抽象类可以声明对象，但不能使用 new 运算符实例化对象。

(3) 抽象类是要被继承的，所以不能被密封，即 abstract 关键字与 sealed 关键字不能并存。

（4）对于抽象类中定义的抽象方法，其派生类必须给出抽象方法的实现，除非派生类也是抽象类。在派生类中实现一个抽象方法的方式是使用 override 关键字来重写抽象方法，步骤如下：

① 用 override 修饰从基类继承来的抽象方法。
② 为从基类继承来的抽象方法提供具体实现。

（5）虚方法和抽象方法的区别如表 8-1 所示。

表 8-1　虚方法和抽象方法的区别

虚 方 法	抽 象 方 法
用 virtual 修饰	用 abstract 修饰
要有方法体，哪怕是一个分号	不允许有方法体
可以被子类 override	必须被子类实现，除非子类也是抽象类
除密封类外都可以定义虚方法	只能定义在抽象类中

4．接口

C♯遵循的是单继承机制，即基类可以派生出多个派生类，而一个派生类只能有一个基类。如果在程序开发中希望一个派生类有两个或两个以上的基类，实现多重继承的功能，可以通过接口来实现。此外，接口也可以继承其他接口。接口是一种用来定义程序的协议，它描述可属于任何类或结构的一组相关行为，可以把它看成是实现一组类的模板。接口只是定义了类必须做什么，而不是怎么做，即只管功能形式规范，不管具体实现。

接口具有以下主要特征：

（1）接口中的方法都是抽象方法。
（2）接口类似于抽象类，继承接口的任何非抽象类型都必须实现接口中的所有成员。
（3）不能直接实例化接口。
（4）类可以继承于多个接口，接口自身也可以从多个接口继承。
（5）在组件编程中，接口是组件向外公布其功能的唯一方法。

C♯中使用 interface 关键字声明接口，接口定义的基本语法格式如下：

```
[修饰符] interface 接口名称[:父接口列表]
{
//接口成员声明
}
```

接口成员包括从基接口继承的成员和接口自身定义的成员。接口可由方法、属性、事件和索引器或这 4 种成员类型的任何组合构成，但不能包含字段。接口成员声明不能包含任何访问修饰符（因为接口具有"被继承"的特性，所以默认所有接口成员具有 public 特性），如果接口成员声明中包含访问修饰符，则会发生编译错误。

C♯中通常把派生类和基类的关系称为继承，类和接口的关系称为实现。一个类可以实现多个接口，一个接口也可以由多个类来实现。

实现接口的基本语法格式如下：

```
class 类名:接口名列表
{
//接口成员的实现
```

```
        //类的其他代码
    }
```

实现接口时注意以下几点:

(1) 类在实现接口时,必须实现接口中的所有成员,每个成员实现时成员头(如果是方法,则成员头指方法头)必须与接口中声明的保持一致。因为默认情况下,所有接口成员具有 public 特性,所以这种情况下,类在实现接口时,每个成员都必须用 public 修饰。

(2) 类可以实现多个接口,多个接口在书写时用逗号分隔。

(3) 实现接口的类还可以继承其他的类,在表述上要把基类写在基接口之前,用逗号分隔。

任务 1　使用继承定义学生类

■ 任务分析

利用类的继承性对学生角色进行抽象描述。

本任务要求抽象出两个类,分别为 Person 类和 Student 类,其中 Person 类作为 Student 类的基类。

(1) Person 类具有姓名、年龄两个属性,Student 类添加学号属性。

(2) 不为 Person 类定义构造方法,为 Student 类定义不带参数的构造方法。

(3) 创建派生类 Student 的对象,输出其各属性的值。

◆ 任务实施

【步骤 1】在 Visual Studio 2017 中新建一个 C♯ 控制台应用程序,项目名为 InheritanceConstructor。

【步骤 2】在 Visual Studio 2017 的"解决方案资源管理器"窗口中右击项目名 InheritanceConstructor,在弹出的快捷菜单中选择"添加"→"类"命令,类名取为 Person,用同样的方法再添加一个类,取名为 Student。

【步骤 3】编写 Person 类的代码:

```
class Person
    {
        private string name;
        public string Name
        {
            get { return name; }
            set
            {
                if (value.Length == 0)
                {
                    name = "unknown";
                }
                else
                {
```

```
                name = value;
            }
        }
    }
    private int age;
    public int Age
    {
        get { return age; }
        set
        {
            if (value < 0)
            {
                age = 1;
            }
            else
            {
                age = value;
            }
        }
    }
}
```

【步骤 4】编写 Student 类的代码：

```
class Student:Person
    {
        private long number;
        public long Number
        {
            get { return number; }
            set
            {
                if (number < 0)
                    number = 2018000;
                else
                {
                    number = value;
                }
            }
        }
        public Student()        //此构造方法的方法头也可以写成 public Student():base()
        {
            Number = 2018001;
        }
        public void Say()
        {
Console.WriteLine("I am a Student. My name is {0},my age is {1},my number is {2}",Name ,Age, Number);           //Name 和 Age 是从基类继承来的部分
        }
    }
```

【步骤 5】在 Program 类的 Main() 方法中产生 Student 类的对象，并通过该对象调用 Say() 方法：

```
class Program
    {
        static void Main(string[] args)
        {
            //先调用基类的默认构造方法,再调用派生类的构造方法
            Student stu = new Student();
            stu.Say();
        }
    }
```

【步骤6】运行程序,结果如图8-1所示。

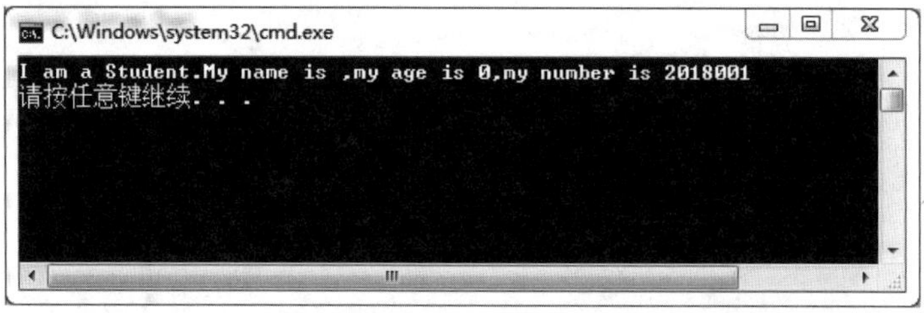

图8-1 隐式调用基类默认的构造方法运行结果图

如图8-1所示,创建派生类Student对象时,先调用基类Person的默认构造方法(因为基类Person没有定义构造方法,所以系统为其提供了默认的构造方法),将派生类从基类继承的部分(即Name和Age)初始化为其数据类型的默认值,再调用派生类的构造方法,以完成为属性Number初始化。

对上面的程序进行修改,为基类Person定义一个无参构造方法,对属性Name和Age进行初始化,代码如下:

```
public Person()
    {
        Name = "Zhangsan";
        Age = 28;
    }
```

再次运行程序,结果如图8-2所示。

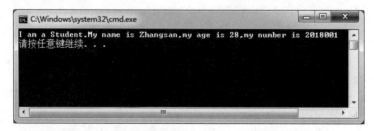

图8-2 隐式调用基类无参构造方法运行结果图1

如图8-2所示,创建派生类Student对象时,先调用基类Person的无参构造方法(因为基类Person定义了构造方法,所以系统不再为其提供默认的构造方法),为派生类从基类继承的部分(即Name和Age)进行初始化,再调用派生类的构造方法,以完成为属性Number初始化。

在上面程序的基础上,为派生类 Student 定义一个含有一个参数的构造方法,代码如下:

```
public Student(long number)    //此构造方法的方法头也可以写成 public Student():base()
    {
        Number = number ;
    }
```

在 Program 类的 Main()方法中通过调用上面刚定义的含一个参数的构造方法产生 Student 类的对象,并调用 Say()方法,代码如下:

```
Student stu1 = new Student(2018002);
stu1.Say();
```

运行程序,结果如图 8-3 所示。

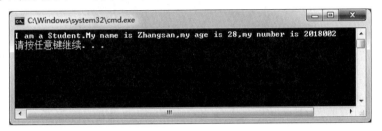

图 8-3 隐式调用基类无参构造方法运行结果图 2

如图 8-3 所示,创建派生类 Student 对象时,先调用基类 Person 的无参构造方法,为派生类从基类继承的部分(即 Name 和 Age)进行初始化,再调用派生类的带参构造方法,以完成为属性 Number 初始化。

在上面程序的基础上,进一步修改程序,为基类 Person 定义一个含有两个参数的构造方法,代码如下:

```
public Person(string name,int age)
   {
       Name = name;
       Age = age;
   }
```

为派生类 Student 定义一个含有三个参数的构造方法,代码如下:

```
public Student(string name,int age,long number):base(name,age)
    {
        Number = number;
    }
```

在 Program 类的 Main()方法中添加如下代码:

```
Student stu2 = new Student("周一然",22,2018008);
stu2.Say();
```

运行程序,结果如图 8-4 所示。

图 8-4 显式调用基类带参构造方法运行结果图

如图 8-4 所示,创建派生类 Student 对象时,先调用基类 Person 的带两个参数的构造方法,为派生类从基类继承的部分(即 Name 和 Age)进行初始化,再调用派生类的带三个参数的构造方法,以完成为属性 Number 初始化。

任务 2　在派生类中隐藏从基类继承的成员

■ 任务分析

本任务以 C#控制台应用程序为载体,在派生类中隐藏从基类继承的成员,使用相同名称在派生类中声明该成员,并使用 new 修饰符修饰该成员。

◆ 任务实施

【步骤 1】在 Visual Studio 2017 中新建一个 C# 控制台应用程序,项目名为 HiddenInheritance。

【步骤 2】在 Visual Studio 2017 的"解决方案资源管理器"窗口中右击项目名 HiddenInheritance,在弹出的快捷菜单中选择"添加"→"类"命令,类名取为 Animal,用同样的方法再添加一个类,取名为 Cow。

【步骤 3】编写 Animal 类的代码:

```
class Animal
    {
        public void Eat()
        {
            Console.WriteLine("Eating");
        }
    }
```

【步骤 4】编写 Cow 类的代码:

```
class Cow:Animal
    {
        new public void Eat()
        {
            Console.WriteLine("Eating grass");
        }
    }
```

【步骤 5】在 Program 类的 Main()方法中创建对象,并调用 Eat()方法,代码如下:

```
class Program
    {
        static void Main(string[] args)
        {
            Console.WriteLine("---------- 基类类型 - 基类对象 -----------");
            Animal ani = new Animal();
            ani.Eat();

            Console.WriteLine("\n\n---------- 基类类型 - 派生类对象 ---------");
            Animal ani1 = new Cow();
            ani1.Eat();

            Console.WriteLine("\n\n---------- 派生类类型 - 派生类对象 ---------");
            Cow cow = new Cow();
            cow.Eat();
        }
    }
```

【步骤 6】按 Ctrl＋F5 组合键运行程序，结果如图 8-5 所示。

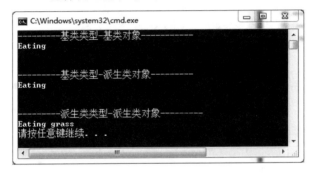

图 8-5　隐藏从基类继承的成员运行结果图

任务 3　使用虚方法与重写方法编写动物出行方式游戏

■ 任务分析

本任务以 C♯ Windows 窗体应用程序为载体，编写动物出行方式游戏，通过在基类中声明虚方法，在派生类中重写虚方法来实现。

◆ 任务实施

【步骤 1】在 Visual Studio 2017 中新建一个 C♯ Windows 窗体应用程序，项目名为 VirtualOverride。

【步骤 2】在 Visual Studio 2017 的"解决方案资源管理器"窗口中右击项目名 VirtualOverride，在弹出的快捷菜单中选择"添加"→"类"命令，类名取为 Animal。用同样的方法再添加两个类，分别取名为 Fish 和 Bird。

【步骤 3】编写 Animal 类的代码：

```
class Animal
    {
```

```
        public virtual void Move()
        {
            System.Windows.Forms.MessageBox.Show("所有动物都有走动的行为");
        }
```

【步骤4】编写 Fish 类和 Bird 类的代码:

```
class Fish:Animal
    {
        public override void Move()        //重写基类方法
        {
            base.Move();                   //调用基类方法 Move()
            System.Windows.Forms.MessageBox.Show("Swim");
        }
    }
class Bird:Animal
    {
        public override void Move()
        {
            System.Windows.Forms.MessageBox.Show("Fly");
        }
    }
```

【步骤5】程序设计界面。

在窗体中添加一个标签控件 label1、一个文本框控件 textBox1 和一个按钮控件 button1,适当调整控件的大小及布局,如图 8-6 所示。

【步骤6】设计窗体及控件属性。

窗体及控件的属性列表如表 8-2 所示。设置完属性的程序设计界面效果图如图 8-7 所示。

图 8-6 程序设计界面

表 8-2 窗体及控件的属性列表

控件原来的 Name 属性	Name 属性	Text 属性	AutoSize 属性	BorderStyle 属性
Form1		多态示例		
label1		请输入动物的名称:		
textBox1	txtAnimal			
button1		判断		

图 8-7 设置完属性的程序设计界面

【步骤 7】在程序设计界面双击"判断"按钮,添加"判断"按钮的单击事件代码如下:

```
private void button1_Click(object sender, EventArgs e)
    {
        if (txtAnimal.Text == "鱼")
        {
            Fish fish = new Fish();
            fish.Move();
        }
        else if (txtAnimal.Text == "鸟")
        {
            Bird bird = new Bird();
            bird.Move();
        }
        else
        {
            Animal ani = new Animal();
            ani.Move();
        }
    }
```

【步骤 8】执行程序。

按 F5 键或单击工具栏上的"启动调试"按钮,程序开始运行,运行结果如图 8-8～图 8-10 所示。

图 8-8 程序运行结果 1

图 8-9 程序运行结果 2

图 8-10 程序运行结果 3

任务4　使用抽象类与抽象方法输出动物的呼吸方式

■ 任务分析

本任务以C#控制台应用程序为载体,通过在抽象类中定义抽象方法、在派生类中重写抽象方法来输出动物的呼吸方式。

◆ 任务实施

【步骤1】在Visual Studio 2017中新建一个C#控制台应用程序,项目名为AbstractOverride。

【步骤2】在Visual Studio 2017的"解决方案资源管理器"窗口中右击项目名AbstractOverride,在弹出的快捷菜单中选择"添加"→"类"命令,类名取为Animal。用同样的方法再添加两个类,分别取名为Fish和Cat。

【步骤3】编写Animal类的代码:

```
abstract class Animal
    {
        public abstract void Breathe();
    }
```

【步骤4】编写Fish类和Cat类的代码:

```
class Fish:Animal
    {
        public override void Breathe()
        {
            Console.WriteLine("****************************************");
            Console.WriteLine("我是鱼.");
            Console.WriteLine("鱼用鳃呼吸.");
            Console.WriteLine("****************************************");
        }
    }
class Cat:Animal
    {
        public override void Breathe()
        {
            Console.WriteLine("****************************************");
            Console.WriteLine("我是猫.");
            Console.WriteLine("猫用肺呼吸.");
            Console.WriteLine("****************************************");
        }
    }
```

【步骤5】在Program类的Main()方法中分别创建Fish类的对象和Cat类的对象,并调用相关方法,代码如下:

```
class Program
    {
        static void Main(string[] args)
```

```
        {
            Fish fish = new Fish();
            fish.Breathe();

            Cat cat = new Cat();
            cat.Breathe();
        }
    }
```

【步骤 6】按 Ctrl+F5 组合键运行应用程序。运行结果如图 8-11 所示。

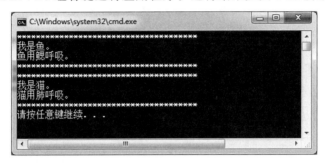

图 8-11　抽象类与抽象方法运行结果

任务 5　为海尔和美的厂家制作统一的洗衣机接口

■ 任务分析

本任务以 C♯ Windows 控制台应用程序为载体，声明洗衣机接口及接口成员，然后让海尔厂家和美的厂家实现接口。

◆ 任务实施

【步骤 1】在 Visual Studio 2017 中新建一个 C♯ 控制台应用程序，项目名为 InterfaceDemo。

【步骤 2】在 Visual Studio 2017 的"解决方案资源管理器"窗口中右击项目名 InterfaceDemo，在弹出的快捷菜单中选择"添加"→"新建项"命令，在弹出的"添加新项"对话框中选择"接口"，接口名取为 Washer。右击项目名 InterfaceDemo，在弹出的快捷菜单中选择"添加"→"类"命令，添加两个类，分别取名为 Haier 和 Midea。

【步骤 3】编写 Washer 接口的代码：

```
interface Washer
    {
        void 洗涤();
        void 脱水();
    }
```

【步骤 4】编写 Haier 类和 Midea 类的代码：

```
class Haier:Washer
    {
        public void 洗涤()
```

```
            {
                Console.WriteLine("海尔厂家这样实现洗涤,洗涤完毕.");
            }
            public void 脱水()
            {
                Console.WriteLine("海尔厂家这样实现脱水,脱水完毕.");
            }
        }
    class Midea:Washer
        {
            public void 洗涤()
            {
                Console.WriteLine("美的厂家这样实现洗涤,洗涤完毕.");
            }
            public void 脱水()
            {
                Console.WriteLine("美的厂家这样实现脱水,脱水完毕.");
            }
        }
```

【步骤5】在Program类的Main()方法中分别创建Haier类的对象和Midea类的对象,并调用相关方法:

```
class Program
    {
        static void Main(string[] args)
        {
            Console.WriteLine("--------使用海尔洗衣机洗衣服--------");
            Haier haier = new Haier();
            haier.洗涤();
            haier.脱水();

            Console.WriteLine("\n\n--------使用美的洗衣机洗衣服--------");
            Midea midea = new Midea();
            midea.洗涤();
            midea.脱水();
        }
    }
```

【步骤6】按Ctrl+F5组合键运行应用程序。运行结果如图8-12所示。

图8-12 使用接口运行结果

项目小结

本项目通过 5 个任务讲解了继承和多态,介绍了派生类的定义,在派生类中隐藏从基类继承的成员,还介绍了虚方法和重写方法、抽象类和抽象方法及接口的用法。通过本项目的学习,读者可以掌握 C♯语言中继承和多态的用法,进而灵活运用面向对象高级编程技术。

拓 展 实 训

一、实训的目的和要求

1. 理解继承和多态的概念。
2. 掌握继承的实现方法。
3. 掌握多态的实现方法。

二、实训内容

1. 继承的应用

(1) 创建一个控制台应用程序,项目名为 ch08_Task01。

(2) 声明基类 Person 及派生类 Worker、Teacher。

① Person 类具有姓名、性别两个属性,Worker 类添加工号属性,Teacher 类添加职称属性。

② 分别定义 Person 类、Worker 类和 Teacher 类的不带参构造方法。函数体自行定义。

③ 为 Person 类定义一个公有方法 Activity(),在 Worker 类中将此方法进行隐藏并具体化行为,Worker 的活动是劳动,在 Teacher 类中将方法隐藏并具体化行为,Teacher 的活动是教学。

(3) 在 Program 类的 Main()方法中分别创建派生类对象,代码如下:

```
Person p = new Person();
Person p1 = new Worker();
Teacher p2 = new Teacher();
```

输出各对象的所有属性,然后使用对象 p、p1、p2 分别调用 Activity()方法。

(4) 执行程序,分析结果。

2. 多态的应用

(1) 创建一个控制台应用程序,项目名为 ch08_Task02。

(2) 声明基类 Animal,类的成员包括:虚方法 Move(),参数为空,返回值类型为 void,方法体输出"移动"。

(3) 声明 Lion 类继承 Animal 类,类的成员包括:重写 Move()方法,参数为空,返回值类型为 void,方法体输出"奔跑"。

(4) 声明 Fish 类继承 Animal 类,类的成员包括:重写 Move()方法,参数为空,返回值类型为 void,方法体输出"一天到晚地游"。

(5) 在 Program 类的 Main() 方法中创建派生类对象，代码如下：

```
Animal a = new Lion();
Fish f = new Fish();
```

然后使用对象 a、f 分别调用 Move() 方法。

(6) 调试并运行程序，输出结果。

3．抽象类的应用

(1) 创建一个控制台应用程序，项目名为 ch08_Task03。

(2) 声明抽象类 Point，包含一个抽象方法 Show()，输出两个坐标值。

(3) 声明一个派生类继承 Point 类，并重写抽象方法。

(4) 在 Program 类的 Main() 方法中创建派生类，调用 Show() 方法。

(5) 调试并运行程序，输出结果。

4．接口的应用

(1) 创建一个控制台应用程序，项目名为 ch08_Task04。

(2) 声明父亲接口 IFather，接口成员包含方法 Eat()。

(3) 声明母亲接口 IMother，接口成员包含方法 Move()。

(4) 声明孩子类 Child，同时继承 IFather 和 IMather 接口，并实现这两个接口中的成员。

(5) 在 Program 类的 Main() 方法中创建 Child 类的对象，调用相关方法。

(6) 调试并运行程序，输出结果。

习　题

一、选择题

1．下列关于 C♯ 中继承的描述，错误的是(　　)。

　A．一个子类可以有多个父类

　B．通过继承可以实现代码重用

　C．派生类还可以添加新的特征或者修改已有的特征以满足特定的要求

　D．继承是指基于已有类创建新类的语言能力

2．接口是一种引用类型，在接口中可以声明(　　)，但不可以声明公有的域或私有的成员变量。

　A．方法、属性、索引器和事件　　　　B．方法、属性信息、属性

　C．索引器和字段　　　　　　　　　　D．事件和字段

3．在 C♯ 中利用 sealed 修饰的类(　　)。

　A．密封，不能继承　　　　　　　　　B．密封，可以继承

　C．表示基类　　　　　　　　　　　　D．表示抽象类

4．在 C♯ 中，一个类(　　)。

　A．可以继承多个类　　　　　　　　　B．可以实现多个接口

　C．在一个程序中只能有一个子类　　　D．只能实现一个接口

5. 在C#中,接口和抽象类的区别在于(　　)。
   A. 抽象类可以包含非抽象方法,而接口只能包含抽象方法
   B. 抽象类可以被实例化,而接口不能被实例化
   C. 抽象类不能被实例化,而接口可以被实例化
   D. 抽象类能够被继承,而接口不能被继承
6. C#的类不支持多重继承,但可以用(　　)来实现。
   A. 类　　　　　　B. 抽象类　　　　　C. 接口　　　　　　D. 静态类
7. (　　)是指同一个消息或操作作用于不同对象,可以有不同的解释,产生不同的执行结果。
   A. 封装　　　　　B. 继承　　　　　　C. 多态　　　　　　D. 可移植性
8. 使用下面的(　　)关键字来声明抽象类。
   A. sealed　　　　B. private　　　　C. abstract　　　　D. virtual
9. 假设类B继承了类A,下列说法错误的是(　　)。
   A. 类B中的成员可以访问类A中的公有成员
   B. 类B中的成员可以访问类A中的保护成员
   C. 类B中的成员可以访问类A中的私有成员
   D. 类B中的成员可以访问类A中的静态成员
10. 关于虚方法实现多态,下列说法错误的是(　　)。
    A. 定义虚方法使用关键字virtual
    B. 关键字virtual必须与override一起使用
    C. 虚方法是实现多态的一种应用形式
    D. 重写方法是实现多态的一种应用形式
11. 下列说法中,正确的是(　　)。
    A. 派生类对象可以隐式转换为基类对象
    B. 在任何情况下,基类对象都不能转换为派生类对象
    C. 基类对象可以访问派生类的成员
    D. 接口不可以实例化,也不可以引用实现该接口的类的对象
12. 在C#中定义接口时,使用的关键字是(　　)。
    A. Interface　　　B. :　　　　　　　C. class　　　　　　D. override
13. 类的以下特性中,可以用于方便地重用已有的代码和数据的是(　　)。
    A. 多态　　　　　B. 封装　　　　　　C. 继承　　　　　　D. 抽象
14. 以下关于接口的说法正确的是(　　)。
    A. 接口可以实例化　　　　　　　　　B. 类只能实现一个接口
    C. 接口的成员必须是未实现的　　　　D. 接口成员前面可以加访问修饰符
15. 下列关于抽象类的说法错误的是(　　)。
    A. 抽象类可以实例化　　　　　　　　B. 抽象类可以包含抽象方法
    C. 抽象类可以包含抽象属性　　　　　D. 抽象类可以引用派生类的实例
16. 下列关于继承的说法错误的是(　　)。
    A. .NET框架类库中,object类是所有类的基类

B. 派生类不能直接访问基类的私有成员

C. protected 修饰符既有公有成员的特点,又有私有成员的特点

D. 基类对象不能引用派生类对象

17. 继承具有( ),即当基类本身也是某一类的派生类时,派生类会自动继承间接基类的成员。

  A. 规律性　　　　　B. 传递性　　　　　C. 重复性　　　　　D. 多样性

二、判断题

1. 不能指定接口中方法的访问修饰符。( )
2. 如果要实现重写,在基类的方法中必须使用 virtual 关键字,在派生类的方法中必须使用 override 关键字。( )
3. 可以重写私有的虚方法。( )
4. 在 C#中,所有类都是直接或间接地继承 System.Object 类而得来的。( )
5. 在 C#中,子类不能继承父类中用 private 修饰的成员变量和成员方法。( )
6. 可以阻止某一个类被其他类继承。( )
7. 在 C#中,类的构造方法和析构方法都不能被继承。( )
8. 在 C#中,类的成员默认访问修饰符是 private,而接口的成员默认访问修饰符是 public。( )
9. 在 C#中,接口成员包含任何访问修饰符都是错误的。( )
10. 在 C#中,抽象方法是隐式的虚方法,实现抽象方法用关键字 override。( )

三、填空题

1. 在 C#中,子类要隐藏基类的同名方法应使用关键字_____,子类要重写基类的同名方法应使用关键字_____。
2. 在 C#中,要声明一个密封类,只需要在声明类时加上_____关键字。
3. 在 C#中,要声明一个虚方法,则在该方法定义前要加上_____关键字修饰。
4. 在 C#中,所有类型的基类都是_____。
5. 在 C#中,关键字_____用于从派生类中访问基类的成员。
6. 在 C#中,在类的成员声明时,若使用了_____访问修饰符,则该成员只能在该类或其派生类中使用。
7. 在进行类定义时,不需要编写代码就可以包含另一个类定义的数据成员、方法成员等的特征,称为类的_____。
8. 请将实现接口的代码补充完整。

```
interface IStudent
{
    void showInfo();
}

class School : IStudent
{
    _____

}
```

四、简答题

1. 接口和抽象类的区别是什么？
2. 什么是类的继承？怎么定义派生类？
3. 什么是多态性？多态性有何作用？
4. 虚方法和抽象方法的区别是什么？
5. 子类对父类中的虚方法的处理有重写(override)和覆盖(new)，请说明它们的区别。

五、编程题

1. 编写一个控制台应用程序，完成下列功能，并回答提出的问题。

(1) 创建一个类 A，在构造函数中输出 A，再创建一个类 B，在构造函数中输出 B。

(2) 从类 A 继承一个名为 C 的新类，并在类 C 内创建一个成员 B。不要为类 C 创建构造函数。

(3) 在 Main 方法中创建类 C 的一个对象，写出运行程序后输出的结果。

(4) 如果在类 C 中也创建一个构造函数输出 C，整个程序的运行结果又是什么？

2. 编写一个控制台应用程序，完成下列功能，并写出运行程序后输出的结果。

(1) 创建一个类 A，在类 A 中编写一个可以被重写的带 int 类型参数的方法 MyMethod，并在该方法中输出传递的整型值加 10 后的结果。

(2) 再创建一个类 B，使其继承自类 A，然后重写类 A 中的 MyMethod 方法，将类 A 中接收的整型值加 50，并输出结果。

(3) 在 Main 方法中分别创建类 A 和类 B 的对象，并分别调用 MyMethod 方法。

3. 编写一个控制台应用程序，定义一个类 MyClass，类中包含 public、private 以及 protected 数据成员及方法。然后定义一个从 MyClass 类继承的类 MyMain，将 Main 方法放在 MyMain 中，在 Main 方法中创建 MyClass 类的一个对象，并分别访问类中的数据成员及方法。要求注明在试图访问所有类成员时哪些语句会产生编译错误。

4. 创建一个类，包含 protected 数据。在相同的文件中创建第二个类，用一个方法操纵第一个类中的 protected 数据。

项目 9 文件操作

扫码答题

项目情境

软件公司的小张在使用 C♯ 语言开发面向对象应用程序的过程中,需要与外部存储设备进行交互,如读取外部存储设备上的文件,或者将数据写入外部存储设备上。这就需要用到文件操作部分的知识。

在计算机系统中,文件是存储在磁盘等存储介质上的数据的集合,是进行数据读写操作的基本对象。文件可以是文本文件、图片或者程序等。用 C♯ 开发应用程序,很多情况下都需要处理文件操作,包括读取文件和写入文件等。

下面我们就跟小张一起进入文件操作项目模块,学习文件操作知识。

学习重点与难点

- FileStream 类
- StreamReader 类和 StreamWriter 类
- BinaryReader 类和 BinaryWriter 类

学习目标

- 了解文件和流的概念
- 了解基本的文件流
- 掌握操作文件和目录的方法
- 了解路径类的使用方法
- 了解系统信息类的使用方法
- 学会读写文本文件
- 学会读写二进制文件

任务描述

任务 1 文件操作初体验
任务 2 制作文件编辑器
任务 3 遍历目录
任务 4 制作文件流读写器
任务 5 制作文本文件读写器

任务6　制作二进制文件读写器

相关知识

知识要点：
➢ 文件和流的概念
➢ 文件和目录基本操作
➢ 路径类和系统信息类
➢ 文件流
➢ 读写文本文件
➢ 读写二进制文件

知识点1　文件和流的概念

观看视频

在应用程序中，经常需要使用文件来保存数据，这就要使用文件的输入输出操作。在C#中，用来进行磁盘、文件夹与文件处理操作的相关类绝大多数位于System.IO命名空间中，利用这些类可以方便地对文件进行创建、打开、读写、复制、移动、删除等操作。System.IO命名空间中常用的与文件相关的类及说明如表9-1所示。

表9-1　System.IO命名空间中常用的与文件相关的类及说明

类	说　　明
FileStream	实现文件读写，并以字节流来表示数据
File 和 FileInfo	操作计算机中的一组文件
Directory 和 DirectoryInfo	操作计算机的目录结构
Path	对包含文件或目录路径信息的String实例执行操作。这些操作是以跨平台的方式执行的
Evironment	获取与系统相关的信息
StreamReader 和 StreamWriter	在（从）文件中存储（获取）文本信息
BinaryReader 和 BinaryWriter	以二进制值存储和读取基本数据类型

流是建立在面向对象基础上的一种抽象概念，用于表示二进制字节序列。在流中定义了一些处理数据的基本操作，如读取数据、写入数据等。

数据以文件的形式存储在硬盘、光盘等存储介质上，C#采用流的方式读写文件中的数据，读写文件中数据的过程可以看作数据像水一样流入或流出存储介质，并按照流的方向把流分为两种：输入流和输出流。输入流用于将数据从文件读到程序中，输出流用于向外部磁盘文件等写入数据。

在System.IO命名空间中，有一个支持读取和写入字节的抽象的流基类Stream，所有表示流的类都是从Stream类继承的。Stream类是抽象类，无法直接实例化。

在Windows文件系统中，文件组织成层次结构，包括文件和目录。在C#中，有两种方式来划分目录和文件。一种是使用两个反斜杠，这是因为单个反斜杠起转义字符的作用；另一种是在目录字符串的前面加@字符。例如，C盘下的File.txt文件在代码中可以表示为："C:\\file.txt"或@"C:\\file.txt"。为了操作文件和目录，.NET Framework提供了文件和目录类。

知识点2　文件基本操作

命名空间System.IO中的File类和FileInfo类都是用来对文件进行操作的。File类支持对文件的基本操作，包括用于创建、打开、复制、移动、删除文件的静态方法，并协助创建FileStream对象，File类的所有方法都是静态的，因此可以通过类名调用方法，适用于只想执行一个操作的情况。File类的常用方法及说明如表9-2所示。

观看视频

表9-2　File类的常用方法及说明

方　　法	说　　明
Copy	将现有文件复制到新文件
Create	在指定路径中创建文件
Delete	删除指定的文件
Exists	确定指定的文件是否存在
Move	将指定文件移动到新位置
open	打开指定路径上的文件
openText	打开现有UTF-8编码的文本文件以进行读取，返回一个StreamReader对象
ReadAllText	读取文件内容，返回一个字符串
ReadAllLines	读取文件所有行，返回一个字符串数组
ReadAllBytes	读取文件内容，返回一个字节数组
WriteAllText	将字符串写入文件
WriteAllLines	将字符串数组写入文件
WriteAllBytes	将字节数组写入文件
AppendAllText	将字符串追加到指定的文件中

FileInfo类提供的许多方法类似于File类的方法，FileInfo类的所有方法都是实例的，需要创建对象才可以调用方法，适用于打算多次重用某个对象的情况。FileInfo类用于典型的操作，如复制、移动、重命名、创建、打开、删除和追加到文件。FileInfo类的常用方法、属性及说明如表9-3所示。

表9-3　FileInfo类的常用方法、属性及说明

方法或属性	说　　明
AppendText方法	创建一个StreamWriter，它向FileInfo的此实例表示的文件追加文本
CopyTo方法	将现有文件复制到新文件，不允许覆盖现有文件
Create方法	创建文件
CreateText方法	创建写入新文本文件的StreamWriter
Delete方法	永久删除文件
MoveTo方法	将指定文件移到新位置，并提供指定新文件名的选项
Open方法	在指定的模式中打开文件
OpenText方法	创建使用UTF-8编码、从现有文本文件中进行读取的StreamReader
OpenRead方法	创建只读FileStream
OpenWrite方法	创建只写FileStream

续表

方法或属性	说明
Exists 属性	获取指定文件是否存在的值
Extension 属性	获取指定文件扩展名部分的字符串
FullName 属性	获取目录或文件的完整目录
IsReadOnly 属性	获取当前文件是否为只读的值
Length 属性	获取当前文件的大小(字节)
Name 属性	获取文件名

知识点3 目录基本操作

命名空间 System.IO 中的 Directory 类和 DirectoryInfo 类可以用来管理目录，提供创建、移动和枚举目录和子目录的功能。Directory 类的所有方法都是静态的，因此无须创建对象即可调用，适用于只想执行一个操作的情况；DirectoryInfo 类的所有方法都是实例的，需要创建对象才可以调用方法，适用于打算多次重用某个对象的情况。

Directory 类的常用方法及说明如表 9-4 所示。

观看视频

表 9-4 Directory 类的常用方法及说明

方法	说明
CreateDirectory	创建指定路径中的目录
Delete	删除指定的目录
Exists	判断指定的目录是否存在
Move	将目录和目录中的文件移动到新位置
GetFiles	获取指定目录中所有文件的名称
GetParent	获取指定目录的父目录
GetDirectories	获取指定目录中所有子目录的名称
GetCurrentDirectory	获取应用程序当前工作的目录
GetCreationTime	获取目录的创建日期和时间
GetLastAccessTime	获取指定目录上一次访问的日期和时间

DirectoryInfo 类的方法与 Directory 类的类似。

DirectoryInfo 类的常用属性及说明如表 9-5 所示。

表 9-5 DirectoryInfo 类的常用属性及说明

属性	说明
Exists	获取指定目录是否存在的值
FullName	获取目录或文件的完整目录
Name	获取此 DirectoryInfo 实例的名称
Parent	获取指定子目录的父目录
Root	获取路径的根目录

知识点4 路径类和系统信息类

System.IO 命名空间中的 Path 类可以方便地处理路径。Path 类的常用方法及说明如

观看视频

表 9-6 所示。

表 9-6　Path 类的常用方法及说明

方　　法	说　　明
GetFileName	返回指定路径中的文件名(带扩展名)
GetFileNameWithoutExtension	返回指定路径中的文件名(不带扩展名)
GetExtension	返回指定路径中的扩展名
ChangeExtension	更改指定路径中的扩展名
GetDirectoryName	返回指定路径中的目录信息
Combine	合并两个路径字符串

System 命名空间中的 Environment 类可以方便地获取与系统相关的信息。Environment 类的常用方法和属性如表 9-7 和表 9-8 所示。

表 9-7　Environment 类的常用方法及说明

方　　法	说　　明
FailFast	快速终止进程
GetCommandLineArgs	返回包含当前进程的命令行参数
GetFolderPath	获取系统中特殊文件夹的路径
GetLogicalDrivers	返回当前计算机中所有逻辑驱动器的名称

表 9-8　Environment 类的常用属性及说明

属　　性	说　　明
CurrentDirectory	获取程序所在目录的路径
MachineName	获取本地计算机的 NetBIOS 名称
OSVersion	获取包含操作系统的标识符和版本号
ProcessorCount	获取当前计算机上的处理器数量
SystemDirectory	获取系统所在目录的路径
TickCount	获取系统启动后经过的秒数
UserDomainName	获取与当前用户关联的网络域名
UserName	获取启动当前线程的用户
Version	描述公共语言运行库的版本号

观看视频

知识点 5　文件流

在 C♯ 中有许多类型的流,但在处理文件输入/输出时,最重要的类型为 FileStream 类。FileStream 类被称为文件流,表示在磁盘或网络路径上指向文件的流,用于操作字节和字节数组,使用它可以对文件进行读取、写入、打开和关闭等操作,既支持同步读写操作,又支持异步读写操作。

FileStream 类的常用构造方法有两个,语法格式如下:

```
FileStream(string path,FileMode mode)
FileStream(string path,FileMode mode,FileAccess access)
```

创建 FileStream 对象时,可指定具体的路径、创建模式和读/写权限参数,其中:
- 路径 path 指定要打开的文件路径。

- 创建模式 mode 确定如何打开或创建文件,值为 FileMode 枚举值的一个。FileMode 的常用成员如表 9-9 所示。
- 读/写权限 access 指定对象访问文件的方法,值为 FileAccess 枚举值的一个。FileAccess 的常用成员如表 9-10 所示。

表 9-9 FileMode 的常用成员

成员名称	说明
CreateNew	指定操作系统应创建新文件。如果文件已存在,则引发 IOException
Create	指定操作系统应创建新文件。如果文件已存在,它将被覆盖
Open	指定操作系统应打开现有文件。如果文件不存在,则引发 FileNotFoundException
OpenOrCreate	指定操作系统应打开文件(如果文件存在);否则,应创建新文件
Truncate	指定操作系统应打开现有文件。文件一旦打开,就将被截断为零字节大小
Append	打开现有文件并查找到文件尾,或创建新文件

表 9-10 FileAccess 的常用成员

成员名称	说明
Read	对文件的读访问。可从文件中读取数据
Write	对文件的写访问。可将数据写入文件
ReadWrite	对文件的读访问和写访问。可从文件读取数据和将数据写入文件

FileStream 类的常用属性及说明如表 9-11 所示,常用方法及说明如表 9-12 所示。

表 9-11 FileStream 类的常用属性及说明

属性	说明
CanRead	指示当前流是否支持读取
CanWrite	指示当前流是否支持写入
CanSeek	指示当前流是否支持查找
IsAsync	指示 FileStream 是异步还是同步打开的
Length	流的长度(字节数)
Position	获取或设置此流的当前位置
CanTimeout	指定当前流是否可以超时
ReadTimeout	获取或设置一个值,确定流尝试读取多长时间,超过此时间即超时
WriteTimeout	获取或设置一个值,确定流尝试写入多长时间,超过此时间即超时

表 9-12 FileStream 类的常用方法及说明

方法	说明
Read	从流中读取字节块并将该数据写入给定的缓冲区
ReadByte	从文件中读取一字节,并将读取位置提升一字节
Write	使用从缓冲区读取的数据将字节块写入该流
WriteByte	将一字节写入文件流的当前位置
Seek	设置流的当前位置
Close	关闭当前流并释放与之关联的所有资源

知识点 6 读写文本文件

FileStream 类主要用于向文件中写入或读取以字节为单位的数据。操作字节数组比较

观看视频

麻烦。还有简单的方法吗？在.NET Framework中，StreamReader和StreamWriter类可用于读写文本文件，即这两个类允许对字符和字符串进行操作，这两个类从底层封装了文件流FileStream，因此在使用时不需要额外创建FileStream对象。

1. StreamReader类

StreamReader类以一种特定的编码从字节流中读取字符。下面的代码演示了如何创建一个StreamReader类的实例。

```
//指定文件路径作为参数
string filePath = @"C:\file.txt";
//直接创建读取器
StreamReader sr = new StreamReader(filePath);
```

或

```
//指定文件路径作为参数
string filePath = @"C:\file.txt";
//创建文件流
FileStream fs = new FileStream(filePath);
//创建读取器
StreamReader sr = new StreamReader(fs);
```

StreamReader类的常用属性及说明如表9-13所示，StreamReader类的常用方法及说明如表9-14所示。

表9-13 StreamReader类的常用属性及说明

属性	说明
CurrentEncoding	获取流正在使用的字符编码
EndOfStream	指示当前位置是否在流的末尾

表9-14 StreamReader类的常用方法及说明

方法	说明
Read	读取流中的下一个字符或下一组字符
ReadLine	从流中读取一行字符
ReadToEnd	从流的当前位置读到流的末尾
ReadBlock	从流中读取一个字符块
ToString	返回表示当前对象的字符串
Close	关闭流，并释放相关资源

读取文本文件的StreamReader类的默认编码是UTF-8，读取中文时可使用编码器转换为GB2312，程序代码如下：

```
StreamReader sr = new StreamReader(filePath, Encoding.GetEncoding("GB2312"));
```

其中，Encoding类位于System.Text命名空间中。

2. StreamWriter类

StreamWriter类以一种特定的编码向流中写入字符。下面的代码演示了如何创建一个StreamWriter类的实例。

```
//指定文件路径作为参数
string filePath = @"C:\file.txt";
//直接创建写入器
StreamWriter sw = new StreamWriter(filePath);
//指定文件路径和追加模式作为参数
StreamWriter sw1 = new StreamWriter(filePath,true);
```

或

```
string filePath = @"C:\file.txt";
//创建文件流
FileStream fs = new FileStream(filePath);
//创建写入器
StreamWriter sw = new StreamWriter(fs);
//指定文件路径和追加模式作为参数
StreamWriter sw1 = new StreamWriter(fs,true);
```

注意：如果文件存在，且追加模式参数值为 true，则数据追加到文件中；如果文件存在，且追加模式参数值为 false，则文件被改写。如果文件不存在，则创建新文件。

StreamWriter 类的常用属性如表 9-15 所示，StreamWriter 类的常用方法如表 9-16 所示。

表 9-15 StreamWriter 类的常用属性及说明

属性	说明
Encoding	获取被写入字符的编码类型
NewLine	当前流使用的"行结束符"

表 9-16 StreamWriter 类的常用方法及说明

方法	说明
Write	写入数据
WriteLine	写入数据，然后添加行结束符
ToString	返回表示当前对象的字符串
Close	关闭流，并释放相关资源

基于流的文本文件的读写对于 C# 来说比较简单，通常来讲，需要以下 5 个基本步骤。
（1）创建一个文件流。
（2）创建读取器或写入器。
（3）执行读或者写操作。
（4）关闭读取器或写入器。
（5）关闭文件流。
通过以上 5 个基本步骤，就可以简单、快捷地操作文件。

知识点 7 读写二进制文件

在 .NET Framework 中，BinaryReader 和 BinaryWriter 类可用于读写二进制文件。注意，这两个类本身并不执行流，而是提供其他对象流的包装，也就是说创建两个类的对象时必须基于所提供的文件流，例如文件流 FileStream。

1. BinaryReader 类

BinaryReader 类用特定的编码将基元数据类型读作二进制值,其常用方法及说明如表 9-17 所示。

表 9-17 BinaryReader 类的常用方法及说明

方法	说明
Close	关闭流,并释放相关资源
Read	从流中读取字符,并提升流的当前位置
ReadBytes	从当前流中将 count 字节读入字节数组,并使当前位置提升 count 字节
ReadInt32	从当前流中读取 5 字节有符号整数,并使流的当前位置提升 4 字节
ReadString	从当前流中读取一个字符串,并提升流的当前位置
ReadXXXX	BinaryReader 类定义了许多 Read() 方法来从流中读取下一个类型,如 ReadByte() 等

下面的代码示例演示了如何创建一个 BinaryReader 类的实例。

```
string filePath = @"C:\file.txt";
FileStream fs = new FileStream(filePath);
//基于 FileStream 流对象 fs,初始化 BinaryReader 类的实例
BinaryReader br = new BinaryReader(fs);
```

2. BinaryWriter 类

BinaryWriter 类以二进制形式将基元类型写入流,并支持用特定的编码写入字符串,其常用的方法及说明如表 9-18 所示。

表 9-18 BinaryWriter 类的常用方法及说明

方法	说明
Close	关闭流,并释放相关资源
Seek	设置流的当前位置
Write	将值写入当前流

下面的代码示例演示了如何创建一个 BinaryWriter 类的实例。

```
string filePath = @"C:\file.txt";
FileStream fs = new FileStream(filePath);
//基于 FileStream 流对象 fs,初始化 BinaryWriter 类的实例
BinaryWriter br = new BinaryWriter(fs);
```

任务 1 文件操作初体验

■ 任务分析

本任务以 C# 控制台应用程序为载体,主要实现以下两个功能。

(1) 获取文件基本信息。

通过 File 和 FileInfo 获取指定文件的基本信息,包括创建日期、修改日期、只读属性等。

(2) 文件读写。

通过 File 打开一个指定文件,如果文件存在,则读取文件内容;如果文件不存在,则创

建该文件。

指定文件是存储在本地磁盘 d 的 hello.txt，它里面的内容如图 9-1 所示。

图 9-1 指定文件的内容

◆ **任务实施**

【步骤 1】在 Visual Studio 2017 中新建一个 C♯ 控制台应用程序，项目名为 FileAttributeOperation。

【步骤 2】引入 System.IO 命名空间，这个命名空间用于文件和文件流的处理。

```
using System.IO;
```

【步骤 3】在 Program 类的 Main()方法中编写如下代码：

```
class Program
{
    static void Main(string[] args)
    {
        Console.WriteLine("---------- 通过 FileInfo 获取文件基本信息 ----------");
        FileInfo fi = new FileInfo(@"d:\hello.txt");
        if (fi.Exists)
        {
            Console.WriteLine("文件的名字是:{0}",fi.Name);
            Console.WriteLine("文件的扩展名是:{0}", fi.Extension);
            Console.WriteLine("文件的完整路径是:{0}", fi.FullName);
            if(fi.IsReadOnly)
                Console.WriteLine("文件是只读的");
            else
                Console.WriteLine("文件是可写的");
            Console.WriteLine("文件的大小:{0}",fi.Length);
            Console.WriteLine("文件的创建时间是:{0}",fi.CreationTime);
            Console.WriteLine("文件上次修改时间是:{0}", fi.LastWriteTime);
        }
        Console.WriteLine("\n\n---------- 通过 File 获取文件基本信息 ----------");
        if (File.Exists(@"d:\hello.txt"))
        {
            Console.WriteLine("文件的创建时间是:{0}", File.GetCreationTime(@"d:\hello.txt"));
            Console.WriteLine("文件上次修改时间是:{0}", File.GetLastWriteTime(@"d:\hello.txt"));
            Console.WriteLine("文件上次访问时间是:{0}", File.GetLastAccessTime(@"d:\hello.txt"));
        }
        Console.WriteLine("\n\n---------------- 文件读写 ----------------");
        string path = @"d:\hello.txt";
        if(File.Exists(path))
        { //当要读取的文件中含有汉字,需要指定编码 Encoding.GetEncoding("GB2312")
```

```csharp
            string[] content = File.ReadAllLines(path, Encoding.GetEncoding("GB2312"));
            Console.WriteLine("读取文件:");
            foreach(string s in content)
            {
                Console.WriteLine(s);
            }
        }
        else
        {
            string[] content = {"白日依山尽,","黄河入海流."};
            File.WriteAllLines(path,content);
            Console.WriteLine("文件已经写入!");
        }
    }
}
```

【步骤4】按 Ctrl+F5 组合键运行该程序,运行结果如图 9-2 所示。

图 9-2 文件操作运行结果图

如果在 d 盘上没有 hello.txt 文件,则运行程序,运行结果如图 9-3 所示。打开 d 盘,发现新建了一个 hello.txt 文件,里面的内容如图 9-4 所示,表明文件写入成功。

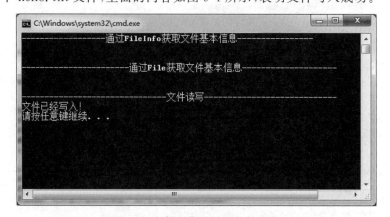

图 9-3 文件不存在时运行结果图

项目9 文件操作

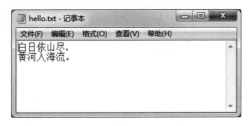

图 9-4 文件写入成功

任务 2 制作文件编辑器

■ 任务分析

本任务以 C# Windows 窗体应用程序为载体，制作文件编辑器，使用 File 类实现文件的基本操作，如创建文件、复制文件、更改文件的名称、删除文件、移动文件等。

◆ 任务实施

【步骤 1】在 Visual Studio 2017 中新建一个 C# Windows 窗体应用程序，项目名为 FileBaseOperation。

【步骤 2】程序设计界面。

在窗体中添加一个标签控件 label1、一个文本框控件 textBox1 和 5 个按钮控件 （button1～button5），适当调整控件的大小及布局，如图 9-5 所示。

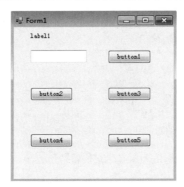

图 9-5 程序设计界面

【步骤 3】设计窗体及控件的属性。

窗体及控件的属性列表如表 9-19 所示。设置完属性的程序设计界面效果图如图 9-6 所示。

表 9-19 窗体及控件的属性列表

控件原来的 Name 属性	Name 属性	Text 属性
Form1		文件基本操作示例
label1		请输入要创建的文件的信息：
textBox1	txtFile	
button1	btnCreate	创建文件
button2	btnCopy	复制文件
button3	btnRename	更改文件名
button4	btnMove	移动文件
button5	btnDelete	删除文件

图 9-6　设置完属性的程序设计界面

【步骤 4】在设计界面双击"创建文件"按钮,添加"创建文件"按钮的单击事件,代码如下:

```
private void btnCreate_Click(object sender, EventArgs e)
    {
        string path = @txtFile.Text;
        if (File.Exists(path))
            MessageBox.Show("文件已经存在");
        try
        {
            using (StreamWriter sw = File.CreateText(path))
            {
                sw.WriteLine("相见时难别亦难,东风无力百花残.");
                sw.WriteLine("春蚕到死丝方尽,蜡炬成灰泪始干.");
                sw.WriteLine();
                sw.WriteLine("建立日期时间" + DateTime.Now.ToString());
                sw.Flush();
                MessageBox.Show("文件创建成功!");
            }
        }
        catch(Exception ex){
  MessageBox.Show("文件无法建立." + Environment.NewLine + "请确认文件名称是否正确,"
            + "以及您是否拥有建立权限.");
        }
    }
```

【步骤 5】在设计界面双击"复制文件"按钮,添加"复制文件"按钮的单击事件,代码如下:

```
private void btnCopy_Click(object sender, EventArgs e)
    {
        try
        {
            File.Copy(@"d:\t87.txt",@"c:\t87_1.txt",true);
            FileInfo fi = new FileInfo(@"d:\t87.txt");
            fi.CopyTo(@"c:\t87_2.txt",true);
            MessageBox.Show("OK!");
        }
        catch (Exception ex)
        {
```

```
                MessageBox.Show(ex.Message);
                return;
            }
        }
```

【步骤 6】添加 Microsoft.VisualBasic 的引用,如图 9-7 所示。

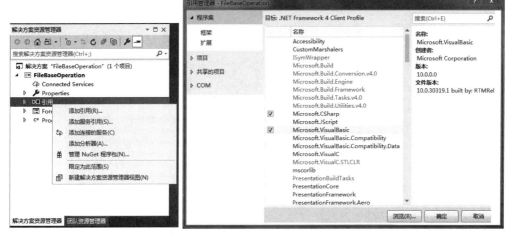

图 9-7 添加 Microsoft.VisualBasic 的引用

在设计界面双击"更改文件名"按钮,添加"更改文件名"按钮的单击事件,代码如下:

```
using Microsoft.VisualBasic.Devices;
private void btnRename_Click(object sender, EventArgs e)
        {
            try
            {
                Computer MyComputer = new Computer();
                File.Copy(@"d:\t87.txt",@"c:\t87_3.txt",true);
                MyComputer.FileSystem.RenameFile(@"c:\t87_3.txt","更改文件名.txt");
                MessageBox.Show("更改文件名成功!");
            }
            catch(Exception ex)
            {
                MessageBox.Show(ex.Message);
                return;
            }
        }
```

【步骤 7】在设计界面双击"移动文件"按钮,添加"移动文件"按钮的单击事件,代码如下:

```
private void btnMove_Click(object sender, EventArgs e)
        {
            File.Copy(@"d:\t87.txt", @"c:\Test1.txt", true);
            File.Copy(@"d:\t87.txt", @"c:\Test2.txt", true);

            File.Move(@"c:\Test1.txt",@"d:\移动 1.txt");
```

```
        FileInfo fi = new FileInfo(@"c:\Test2.txt");
        fi.MoveTo(@"d:\移动2.txt");

        MessageBox.Show("文件移动成功!");
    }
```

【步骤8】在设计界面双击"删除文件"按钮,添加"删除文件"按钮的单击事件,代码如下:

```
private void btnDelete_Click(object sender, EventArgs e)
        {
            try
            {
                File.Copy(@"d:\t87.txt", @"c:\Test3.txt", true);
                File.Copy(@"d:\t87.txt", @"c:\Test4.txt", true);
                if (File.Exists(@"c:\Test3.txt"))
                    File.Delete(@"c:\Test3.txt");

                FileInfo fi = new FileInfo(@"c:\Test4.txt");
                if (fi.Exists)
                {
                    fi.Delete();
                }
                MessageBox.Show("文件删除成功!");
            }
            catch (Exception ex)
            {
                MessageBox.Show(ex.Message);
                return;
            }
        }
```

【步骤9】执行程序。

按F5键或单击工具栏上的"启动调试"按钮,程序开始运行,在文本框中输入文件信息,单击"创建文件"按钮,如图9-8所示。打开d盘上的t87.txt文件,文件内容如图9-9所示。依次单击其他按钮,参照代码查看本地磁盘文件的变化情况,这里就不一一查看了。

图9-8 创建文件运行结果图

图9-9 t87.txt文件内容

任务3 遍历目录

■ 任务分析

本任务以 C♯ 控制台应用程序为载体，遍历指定 Windows 文件夹目录下的所有文件及文件夹。

◆ 任务实施

【步骤 1】在 Visual Studio 2017 中新建一个 C♯ 控制台应用程序，项目名为 DirOperationDemo。

【步骤 2】引入 System.IO 命名空间，这个命名空间用于文件和文件流的处理。

```
using System.IO;
```

【步骤 3】在 Program 类的 Main()方法中编写如下代码：

```
class Program
{
    static void Main(string[] args)
    {
        string src = @"c:\windows";
        if (Directory.Exists(src))
        {
            //获取文件
            string[] files = Directory.GetFiles(src);
            Console.WriteLine("共有{0}个文件:", files.Length);
            foreach (string file in files)
            {
                Console.WriteLine(file);
            }
            //获取子目录
            string[] dirs = Directory.GetDirectories(src);
            Console.WriteLine("共有{0}个子目录:", dirs.Length);
            foreach (string dir in dirs)
            {
                Console.WriteLine(dir);
            }
        }
        else
        {
            Console.WriteLine("目录未找到！");
        }
        Console.ReadKey();
    }
}
```

【步骤 4】按 Ctrl＋F5 组合键运行应用程序。运行结果如图 9-10 所示。

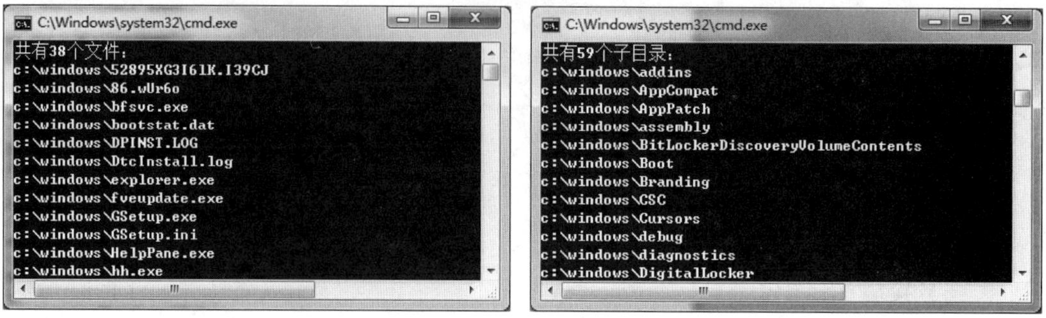

图 9-10　目录操作运行结果

任务4　制作文件流读写器

■ 任务分析

本任务以C#控制台应用程序为载体,制作文件流读写器,使用FileStream类,从随机访问的文件中读取和写入数据。

◆ 任务实施

【步骤1】在Visual Studio 2017中新建一个C#控制台应用程序,项目名为FileStreamDemo。

【步骤2】引入System.IO命名空间,这个命名空间用于文件和文件流的处理。

```
using System.IO;
```

【步骤3】引入System.Text命名空间,这个命名空间用于字符数组的编码和解码。

```
using System.Text;
```

【步骤4】在Program类的Main()方法中编写代码:

```
class Program
{
    static void Main(string[] args)
    {
        byte[] bydata;
        char[] chardata;
        string filename = @"d:\FileStreamDemo.txt";
        if (File.Exists(filename))                    //如果文件存在,则读取数据
        {
            FileStream fs = new FileStream(filename, FileMode.Open, FileAccess.Read);
            fs.Seek(0, SeekOrigin.Begin);             //将文件指针移动到文件的第1字节
            bydata = new byte[100];
            chardata = new char[100];
            fs.Read(bydata, 0, 100);                  //用流读取数据
            fs.Close();
```

```
                string s = Encoding.UTF8.GetString(bydata);      //字节数组转换为字符串
                Console.WriteLine("读取数据:");
                Console.WriteLine(s);
                Console.ReadKey();
            }
            else     //如果文件不存在,则创建文件并写入数据
            {
                FileStream fs = new FileStream(filename,FileMode.Create,FileAccess.ReadWrite);
                string s = "世上无难事,只怕有心人。";
                bydata = Encoding.UTF8.GetBytes(s);              //将字符串转换为字节数组
                fs.Seek(0,SeekOrigin.Begin);
                fs.Write(bydata,0,bydata .Length);
                fs.Close();
                Console.WriteLine("数据已写入!");
                Console.ReadKey();
            }
        }
    }
```

【步骤 5】按 Ctrl+F5 组合键运行应用程序。运行结果如图 9-11～图 9-13 所示。

图 9-11　指定文件不存在时的运行结果

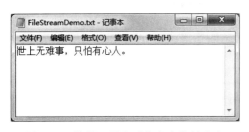

图 9-12　数据已写入后指定文件的内容

图 9-13　指定文件存在时的运行结果

任务 5　制作文本文件读写器

■ 任务分析

本任务以 C# Windows 窗体应用程序为载体,制作文本文件读写器,使用 StreamReader 类和 StreamWriter 类读写文本文件。

◆ 任务实施

【步骤1】在 Visual Studio 2017 中新建一个 C# Windows 窗体应用程序,项目名为 StreamRWDemo。

【步骤2】程序设计界面。

在窗体中添加一个标签控件 label1、两个文本框控件(textBox1 和 textBox2)、两个按钮控件(button1 和 button2)、一个打开文件对话框 openFileDialog1 和一个保存文件对话框 saveFileDialog1,适当调整控件的大小及布局,如图 9-14 所示。

【步骤3】设计窗体及控件属性。

窗体及控件的属性如表 9-20 所示。设置完属性的程序设计界面如图 9-15 所示。

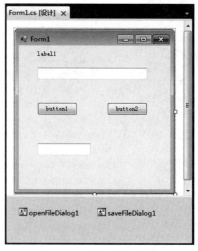

图 9-14 程序设计界面

表 9-20 窗体及控件的属性

控件原来的 Name 属性	Name 属性	Text 属性	Dock 属性	Multiline 属性	ScrollBars 属性
Form1		读写文本文件			
label1		选择要读取的文件:			
textBox1	txtFilePath				
textBox2	txtFileContent		Bottom	true	Vertical
button1	btnRead	读取			
button2	btnWrite	写入			
openFileDialog1	ofdOpen				
saveFileDialog1	sfdSave				

图 9-15 设置完属性的程序设计界面

【步骤4】在"解决方案资源管理器"对话框中,先选择 Form1.cs,再单击"查看代码"按钮,切换到 Form1.cs 代码窗口,在代码顶端添加对 System.IO 和 System.Text 命名空间的引用。

```csharp
using System.IO;
using System.Text;
```

【步骤5】在窗体中,双击"读取"按钮,编写 btnRead 的 Click 事件处理程序,代码如下:

```csharp
private void btnRead_Click(object sender, EventArgs e)
{
 if (ofdOpen.ShowDialog() == DialogResult.OK)     //显示打开文件对话框
    {
        string filePath = ofdOpen.FileName;
        txtFilePath.Text = filePath;

        if (File.Exists(filePath))               //判断指定的文件是否存在
          {
           //StreamReader sr = new StreamReader(filePath);
StreamReader sr = new StreamReader(filePath,Encoding.GetEncoding ("gb2312"));
           string input;
           while ((input = sr.ReadLine()) != null)
            {
                 txtFileContent.Text += input + "\r\n";
            }
              sr.Close();
        }
        else
          {
              MessageBox.Show("您要读取的文件不存在!");
          }
     }
}
```

【步骤6】在窗体中,双击"写入"按钮,编写 btnWrite 的 Click 事件处理程序,代码如下:

```csharp
private void btnWrite_Click(object sender, EventArgs e)
{
    sfdSave.Filter = "文本文件(*.txt)|*.txt";
 if (sfdSave.ShowDialog() == DialogResult.OK)    //显示保存文件对话框
   {
       string filePath = sfdSave.FileName;
//创建 StreamWriter 对象写入文件,如果文件存在,则文件被改写,否则将创建新文件写入
       StreamWriter sw = new StreamWriter(filePath,false);
       sw.WriteLine(txtFileContent.Text);
       sw.Close();
   }
}
```

【步骤7】单击工具栏的"启动调试"按钮,或按 F5 键运行应用程序。运行结果如图 9-16~图 9-19 所示。

图 9-16 读取文本文件

图 9-17 写入文本文件

图 9-18 单击图 9-17 中的"写入"按钮,弹出的保存文件对话框

图 9-19 写入成功后的文件内容

任务6 制作二进制文件读写器

■ **任务分析**

本任务以 C# Windows 窗体应用程序为载体，制作二进制文件读写器，使用 BinaryReader 类和 BinaryWriter 类读写二进制文件。

◆ **任务实施**

【步骤1】在 Visual Studio 2017 中新建一个 C# Windows 窗体应用程序，项目名为 BinaryRWDemo。

【步骤2】程序设计界面。

在窗体中添加一个标签控件 label1、一个文本框控件(textBox1)和两个按钮控件(button1 和 button2)，适当调整控件的大小及布局，如图9-20 所示。

【步骤3】设计窗体及控件属性。

窗体及控件的属性列表如表9-21 所示。设置完属性的程序设计界面效果图如图9-21 所示。

图 9-20 程序设计界面

表 9-21 窗体及控件的属性列表

控件原来的 Name 属性	Name 属性	Text 属性	Multiline 属性	ScrollBars 属性
Form1		读写二进制文件		
label1		读写二进制文件：		
textBox1	txtFile		true	Vertical
button1	btnRead	读取		
button2	btnWrite	写入		

图 9-21 设置完属性的程序设计界面

【步骤4】在"解决方案资源管理器"对话框中，先选择 Form1.cs，再单击"查看代码"按钮，切换到 Form1.cs 代码窗口，在代码顶端添加对 System.IO 命名空间的引用。

```
using System.IO;
```

【步骤5】在窗体中,双击"写入"按钮,编写 btnWrite 的 Click 事件处理程序,代码如下:

```csharp
private void btnWrite_Click(object sender, EventArgs e)
{
    string filePath = @"d:\Test.txt";
    //创建文件,如果文件已经存在,则覆盖该文件
    FileStream fs = new FileStream(filePath, FileMode.Create);
    //创建写入器,即创建文件的写入流
    BinaryWriter bw = new BinaryWriter(fs);
    //写入一个整型值
    bw.Write(2018);
    //写入一个浮点值
    bw.Write(3.1415926);
    //写入一个字符串
    bw.Write("Good Luck!");
    MessageBox.Show("写入文件成功!");
    //关闭流
    bw.Close();
    fs.Close();
}
```

【步骤6】在窗体中,双击"读取"按钮,编写 btnRead 的 Click 事件处理程序,代码如下:

```csharp
private void btnRead_Click(object sender, EventArgs e)
{
    string filePath = @"d:\Test.txt";
    //判断要读取的文件是否存在
    if (File.Exists(filePath))
    {
        FileStream fs = new FileStream(filePath, FileMode.Open, FileAccess.Read);
        //创建读取器,即创建文件的读取流
        BinaryReader br = new BinaryReader(fs);
        //从文件中读取数据
        //读出一个整型值
        int a = br.ReadInt32();
        //读出一个浮点值
        double d = br.ReadDouble();
        //读出一个字符串
        string s = br.ReadString();
        //显示在文本框中
        txtFile.Text = a.ToString() + "\r\n" + d.ToString() + "\r\n" + s;
        //关闭流
        br.Close();
        fs.Close();
    }
    else
    {
        MessageBox.Show("当前文件不存在!");
    }
}
```

【步骤7】单击工具栏的"启动调试"按钮,或按 F5 键运行应用程序。运行结果如图 9-22 和图 9-23 所示。

图 9-22　写入二进制文件运行结果　　　　图 9-23　读取二进制文件运行结果

项 目 小 结

本项目通过 6 个任务讲解了文件操作的用法，详细介绍了如何通过 File 和 FileInfo 获取指定文件的基本信息，使用 File 类实现文件的基本操作，使用 Directory 类遍历目录，使用流类实现文件读写操作。通过本项目的学习，读者可以掌握 C♯ 中文件操作的知识，锻炼学生运用文件操作知识与外设进行交互的能力。

拓 展 实 训

一、实训的目的和要求

1. 理解文件和流的概念。
2. 掌握对文件和目录的多种操作方法。
3. 熟练使用各种流读写文件。

二、实训内容

1. 文件操作

在 d 盘下新建一个文本文件，编写程序，使用 File 类对该文件进行复制、移动、删除等操作，并获取文件属性。

具体要求如下：

（1）创建一个 C♯ Windows 窗体应用程序，项目名为 ch09_Task01。
（2）在界面上添加若干 button 控件，其 Text 属性设置为具体的操作名。
（3）编写按钮的单击事件，完成具体功能。

2. 文件流的应用

使用 FileStream 类写入和读取文件。

要求：

（1）创建一个 C♯ Windows 窗体应用程序，项目名为 ch09_Task02。
（2）在界面上添加两个按钮控件，其 Text 属性分别设置为"写入"和"读出"。

(3) 编写"写入"按钮的代码。
① 定义一个字节数组,并赋初始值。
② 以创建文件的方式创建 FileStream 流。
③ 将字节数组中的数据写入 FileStream 流中。
④ 关闭 FileStream 流。
⑤ 使用消息框提示写入文件成功。
(4) 编写"读取"按钮的代码:
① 以打开文件的方式创建 FileStream 流。
② 定义一个空的字节数组。
③ 将 FileStream 流中的数据读到字节数组中。
④ 关闭 FileStream 流。
⑤ 输出读取到的数据。

3. 读写文本文件

使用 StreamReader 类和 StreamWriter 类读写文本文件。要求如下:

(1) 创建一个 C# Windows 窗体应用程序,项目名为 ch09_Task03。

(2) 在界面上添加两个标签,分别用来描述"姓名"和"工资";3 个文本框,其中两个用来接收姓名和工资的输入,另一个用来显示写入成功的数据(该文本框设置为多行文本框);两个按钮,按钮上的文本分别为"写入"和"读取"。

(3) 编写"写入"按钮的代码,通过 StreamWriter 类实现将"姓名"文本框和"工资"文本框中的内容写入文件中。

(4) 编写"读取"按钮的代码,通过 StreamReader 类实现将指定文件中的数据显示在多行文本框中。

4. 读写二进制文件

使用 BinaryReader 类和 BinaryWriter 类读写二进制文件。要求如下:

(1) 创建一个 C# Windows 窗体应用程序,项目名为 ch09_Task04。

(2) 在界面上添加两个标签,分别用来描述"姓名"和"工资";3 个文本框,其中两个用来接收姓名和工资的输入,另一个用来显示写入成功的数据(该文本框设置为多行文本框);两个按钮,按钮上的文本分别为"写入"和"读取"。

(3) 编写"写入"按钮的代码,通过 BinaryWriter 类实现将"姓名"文本框和"工资"文本框中的内容写入文件中,其中工资值转换为 double 类型。

(4) 编写"读取"按钮的代码,通过 BinaryReader 类读取指定文件中的数据,每个数据按其写入的格式读出,并显示在多行文本框中,注意换行。

5. 目录操作

遍历指定 Windows 文件夹目录下的所有文件,将 *.log 文件复制到当前目录下。要求如下:

(1) 创建一个 C# 控制台应用程序,项目名为 ch09_Task05。

(2) 使用 Directory 类遍历指定目录下的所有文件,并在控制台上显示遍历结果。

(3) 使用 Path 类实现遍历所有 .log 文件,结合 File 类实现将 *.log 文件复制到当前目录下,在控制台显示复制结果。

习 题

一、选择题

1. 在 C# 中对文件夹进行操作,通常需要引入命名空间( )。
   A. using System.IO B. using System.IO
   C. using System.IO D. System.Data.OleDb

2. 实现递归删除文件夹目录及文件,程序代码如下:

```
public static void DeleteFolder(string dir)
{
    if (Directory.____1____(dir))     //如果存在这个文件夹,则将其删除
    {
        foreach (string d in ____2____.GetFileSystemEntries(dir))
        {
            if (File.Exists(d))
                File.____3____(d);    //直接删除其中的文件
            else
                ____4____(d);          //递归删除子文件夹
        }
        Directory.Delete(dir);         //删除已空文件夹
    }
}
```

请将以上代码补充完整。
   A. Exist   B. Exists   C. Directory
   D. Delete   E. DeleteFolder F. DeleteDirectory

3. StreamWriter 对象的下列方法中,可以向文本文件写入一行带回车和换行的文本的是( )。
   A. WriteLine() B. Write() C. WritetoEnd() D. Read()

4. Directory 类的下列方法中,可以获取指定文件夹中的文件的是( )。
   A. Exists()   B. GetFiles()
   C. GetDirectories()   D. CreateDirectory()

5. 指定操作系统读取文件方式中的 FileMode.Create 的含义是( )。
   A. 打开现有文件
   B. 指定操作系统应创建文件,若文件存在,则将出现异常
   C. 打开现有文件,若文件不存在,则将出现异常
   D. 指定操作系统应创建文件,若文件存在,则将被改写

6. 在使用 FileStream 打开一个文件时,通过使用 FileMode 枚举类型的( )成员,来指定操作系统打开一个现有文件并把文件读写指针定位在文件尾部。
   A. Append   B. Create   C. CreateNew   D. Truncate

7. SreamReader 类的( )方法用于从流中读取一行字符。如果到达流的末尾,则返回 null。
   A. ReadLine B. Read   C. WriteLine   D. Write

二、填空题

1. 在 C# 文件操作中，通常要引入（　　　　）命名空间。
2. 语句"Directory.Delete(@"f:\bbs2",true);"的作用是（　　　　）。
3. 语句"string[] dirs=Directory.GetDirectories(@"f:\","b*");"的作用是（　　　　）。
4. 确定文件是否存在的方法是（　　　　）。
5. File.AppendText FileInfo.AppendText 的作用是（　　　　）。

三、简答题

简要回答 Directory 类与 DirectoryInfo 类有何区别，二者分别适合什么场合？

四、编程题

1. 编写程序，用 Directory 类提供的方法确定指定的目录是否存在，如果不存在，则创建该目录。然后在其中创建一个文件，并将一个字符串写到文件中。
2. 编写程序，使用 File 类实现删除指定目录下的指定文件。
3. 编写程序，使用 StreamReader 和 StreamWriter 完成文本文件的读写。功能要求：创建 C:\test.txt 文件，并往文件中写入一些数据，然后打开该文件，读出该文件的内容。

项目 10 综合实训

扫码答题

项目情境

在前面的项目中,我们跟随软件公司的小张学习了 Visual C♯开发环境、C♯语言基础、程序流程控制、窗体设计、集合类型、面向对象程序设计、文件操作等内容。通过这些内容的学习,我们已经具备了开发一套系统的基本理论及基本技能了,本项目我们就来运用前面学习的知识进行综合实训。

信息化已经渗透到各个传统产业。对于中小企业来说,用一个管理信息系统软件,实现企业信息化管理和查询,可以大大提高企业管理效率。

下面我们就走进软件公司小张开发的一个管理系统项目,用 Visual C♯作为开发工具完成的一个房屋出租管理系统。

学习重点与难点

- 窗体设计
- 面向对象程序设计
- ADO.NET 数据库访问技术

学习目标

- 熟练掌握 C♯语言的编程基础知识
- 掌握面向对象程序设计的技术、基本思想、基本思路和方法
- 会进行窗体设计,实现良好的与用户的交互功能
- 会使用 ADO.NET 数据库访问技术访问数据库中的数据
- 能够灵活地利用所学的 C♯基本知识和技术解决现实生活中的问题

任务描述

任务 1　房屋出租管理系统的概要设计
任务 2　数据库设计
任务 3　公共类设计
任务 4　登录模块的设计与功能实现
任务 5　主窗体模块的设计与功能实现
任务 6　出租人信息模块的设计与功能实现

任务7　房屋信息模块的设计与功能实现
任务8　房屋查询模块的设计与功能实现
任务9　客户查询模块的设计与功能实现
任务10　利润信息模块的设计与功能实现

相关知识

知识要点：
➢ ADO.NET
➢ SqlConnection
➢ SqlCommand
➢ SqlDataReader
➢ SqlDataAdapter
➢ DataSet
➢ DataGridView

知识点1　ADO.NET概述

数据库操作是计算机应用软件开发中的重要组成部分，我们平常使用的应用软件几乎都离不开数据的存取操作，这些操作一般都是通过访问数据库来实现的。比如登录QQ，只要输入账号和密码，QQ聊天系统就会通过访问数据库来验证，从而判断用户是否可以正常登录。目前，市场上有很多种不同的数据库管理系统，常见的有Access、SQL Server、Oracle、DB2、MySQL等，不同的数据库管理系统所要求的数据访问接口不尽相同。因此，有必要在应用程序与数据库之间建立一种有效的、便捷的数据访问模型来统一访问不同的数据库接口，如图10-1所示。

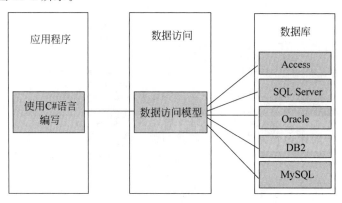

图10-1　数据访问模型

数据访问模型有很多种，如ODBC、DAO、RDO、OLE DB、ADO及ADO.NET等。

随着Internet的发展和Web应用程序的应用，大大改变了许多应用程序的设计方式，传统的保持连接方式的数据访问无法适用于Web应用程序的开发。因此，在.NET Framework中，微软提供了一个面向Internet版本的ADO，称为ADO.NET。ADO.NET是微软在.NET Framework中负责数据访问的类库，支持断开连接方式的数据访问，在

.NET Framework 中起着举足轻重的作用。

ADO.NET 是基于.NET Framework 的用于数据访问服务的对象模型,提供对关系数据库、XML 等数据源的一致访问。无论后台数据源是什么类型的,ADO.NET 都可以采用一致的方式来连接这些数据源,并可以检索、处理和更新其中包含的数据。

ADO.NET 包含两大核心组件,它们分别是.NET Framework 数据提供程序和 DataSet 数据集。.NET Framework 数据提供程序同真实数据进行沟通,负责与数据源的物理连接等,它提供了一些类,这些类用于连接到数据源、对数据源执行命令、返回数据源的查询结果等;DataSet 数据集用于表示真实数据,即包含实际的数据。这两个组件都与应用程序进行交互。ADO.NET 对象模型如图 10-2 所示。

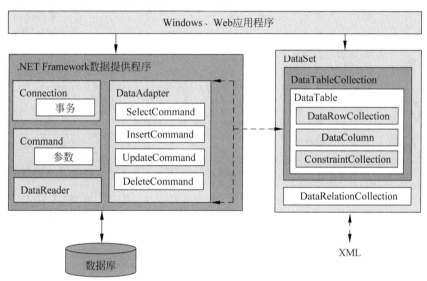

图 10-2 ADO.NET 对象模型

1. 数据提供程序

.NET Framework 数据提供程序是 ADO.NET 对象模型的核心组件,用于连接数据库、执行命令和检索结果。针对不同类型的数据源,.NET Framework 提供了不同的数据提供程序,如表 10-1 所示。

表 10-1 .NET Framework 数据提供程序

.NET Framework 数据提供程序	描 述
SQL Server .NET Framework 数据提供程序	提供对 Microsoft SQL Server 数据的访问。使用 System.Data.SqlClient 命名空间
OLE DB .NET Framework 数据提供程序	提供对使用 OLE DB 公开的数据源中数据的访问。使用 System.Data.OleDb 命名空间
ODBC .NET Framework 数据提供程序	提供对使用 ODBC 公开的数据源中数据的访问。使用 System.Data.Odbc 命名空间
Oracle .NET Framework 数据提供程序	适用于 Oracle 数据源。使用 System.Data.OracleClient 命名空间
EntityClient 提供程序	提供对实体数据模型应用程序的数据访问。使用 System.Data.EntityClient 命名空间

.NET Framework 数据提供程序包含用于数据访问的 4 个核心对象，不同的数据提供程序的对象名前缀会有所不同。例如，SQL Server .NET Framework 数据提供程序包含以下 4 个核心对象。

1) SqlConnection

SqlConnection 类是用来连接数据库的。使用 SqlConnection 类连接数据库，需要用到该类的一些方法和属性。还需要设置数据库连接字符串。SqlConnection 类的常用属性如表 10-2 所示。SqlConnection 类的常用方法如表 10-3 所示。

表 10-2 SqlConnection 类的常用属性

属性	描述
CommandTimeout	定义了使用 Execute 方法运行一条 SQL 命令的最长时限，能够中断并产生错误。默认值为 30 秒，设定为 0 表示没有限制
ConnectionString	设定连接数据源的信息，包括 FlieName、Password、UserId、DataSource、Provider 等参数
ConnectionTimeout	设置在终止尝试和产生错误前建立数据库连接期间所等待的时间，该属性设置或返回指示等待连接打开的时间的长整型值（单位为秒），默认值为 15。如果将该属性设置为 0，ADO 将无限等待直到连接打开
DefaultDatabase	定义连接默认数据库
Mode	建立连接之前，设定连接的读写方式，决定是否可更改目前数据。0——不设定（默）、1——只读、2——只写、3——读写
Provider	设置连接的数据提供者（数据库管理程序），默认值是 MSDASQL（Microsoft-ODBC For OLEDB）
State	读取当前链接对象的状态，取 0 表示关闭，读 1 表示打开

表 10-3 SqlConnection 类的常用方法

方法	描述
Open	使用 ConnectionString 所指定的属性设置打开数据库连接
Close	关闭与数据库的连接。这是关闭任何打开连接的首选方法
Dispose	释放由 Component 占用的资源
CreateCommand	创建并返回一个与 SqlConnection 关联的 SqlCommand 对象

使用 SqlConnection 连接数据库的步骤如下：

① 在代码顶部引入 ADO.NET 类的命名空间：

```
Using System.Data.SqlClient;
```

② 定义数据库连接字符串。指明要连接的数据库服务器的 IP 地址或者计算机名，指明要连接哪个数据库，以及登录数据库的账号和密码，等等。

- 标准连接（数据库登录验证模式）：

```
string connStr = "server = 计算机名或 IP 地址;database = 数据库名;userid = 用户名;password = 密码";
```

- 信任连接（Windows 身份验证模式）：

```
string connStr = "server = 计算机名或 IP 地址;database = 数据库名;Integrated Security = SSPI;Persist Security Info = false";
```

③ 利用定义好的数据库连接字符串来创建 SqlConnection 对象。

```
SqlConnection conn = new SqlConnection(connStr);
```

④ 执行 SqlConnection 对象的 open() 方法,打开数据库连接,连接到数据库。

```
conn.open();
```

⑤ 访问数据库之后,可以调用 SqlConnection 对象的 close() 方法断开连接。

```
conn.close();
```

2) SqlCommand

使用 SqlCommand 对象查询数据库并返回 Recordset 对象中的记录,以便执行大量操作或处理数据库结构;也可以直接对数据库数据进行添加、修改、删除等操作。

SqlCommand 对象的常用属性和方法如表 10-4 所示。

表 10-4 SqlCommand 对象的常用属性和方法

类别	名称	说明
属性	CommandText	获取或设置对数据库执行的 SQL 语句
	Connection	获取或设置此 Command 对象使用的 Connection 对象的名称
方法	ExecuteNonQuery	执行 SQL 语句并返回受影响的行数
	ExecuteReader	执行查询语句,返回 DataReader 对象
	ExecuteScalar	执行查询,返回结果集中第一行的第一列

使用 SqlCommand 对象对数据库进行操作的步骤如下:

① 引入 ADO.NET 类的命名空间。
② 创建数据库连接字符串。
③ 利用创建好的数据库连接字符串来创建 SqlConnection 对象,并用 open 方法打开连接。
④ 创建 SqlCommand 对象。
⑤ 定义一个字符串变量,内容是要执行的 SQL 命令。
⑥ 把 SQL 命令字符串赋值给 SqlCommand 对象的 CommandText 属性。
⑦ 把 SqlConnection 对象赋值给 SqlCommand 对象的 Connection 属性。
⑧ 根据不同的命令调用相应的方法:

- 如果是增加、删除、修改命令,则调用 ExecuteNonQuery() 方法。
- 如果是查询命令,返回 DataReader 对象,则调用 ExecuteReader() 方法。
- 如果是查询命令,返回结果集中第一行的第一列,则调用 ExecuteScalar() 方法。

3) SqlDataAdapter

SqlDataAdapter 类位于 System.Data.SqlClient 命名空间中,是一个不可继承的类,它是数据库和 DataSet 数据集之间的桥梁。SqlDataAdapter 类通过连接把 SQL 语句发送给数据提供程序处理后,提供器再通过连接将处理的结果返回给 SqlDataAdapter。返回结果或者是检索到的数据,或者是请求成功或失败的信息,然后 SqlDataAdapter 使用返回的数据生成 DataSet 对象。SqlDataAdapter 是用于填充 DataSet 和更新 SQL Server 数据库的一组数据命令和一个数据库连接。SqlDataAdapter 的常用方法如表 10-5 所示。

表 10-5 SqlDataAdapter 的常用方法

方　　法	说　　明
Dispose	释放所使用的资源
Fill(DataSet,String)	把数据填充入数据集,并以指定的字符串命名
Update(DataSet)	为指定 DataSet 中每个已插入、已更新或已删除的行调用相应的 INSERT、UPDATE 或 DELETE 语句

4）SqlDataReader

SqlDataReader 类可以从数据库中读取数据,但它不能对数据进行修改、删除。SqlDataReader 提供一个来自数据库的快速、仅向前、只读数据流。若要创建 SqlDataReader,则必须调用 SqlCommand 对象的 ExecuteReader 方法,而不是直接使用构造函数。

SqlDataReader 的常用方法如表 10-6 所示。

表 10-6 SqlDataReader 的常用方法

方　　法	说　　明
Read()	使 SqlDataReader 对象前进到下一条记录
Close()	关闭 SqlDataReader 对象
GetValue(int i)	获取以本机格式表示的指定列的值

2. DataSet

DataSet(数据集)是 ADO.NET 对象模型的另一个核心组件,独立于.NET Framework 数据提供程序,是被所有.NET Framework 数据提供程序使用的对象,因此它并不像.NET Framework 数据提供程序一样需要特别的前缀。DataSet 是一个容器,主要用来存储数据,在从数据库完成数据抽取后,DataSet 就是数据的存放地,它是各种数据源中的数据在计算机内存中映射成的缓存,可以用于多种不同的数据源、用于 XML 数据,或用于管理应用程序本地的数据。从某种程度上讲,它可被看作一个简化的包含表及表间关系的关系数据库,可以包含多个数据表(DataTable),可以在程序中动态产生数据表。DataSet 的常用属性和方法如表 10-7 所示。

表 10-7 DataSet 的常用属性和方法

类别	名称	说　　明
属性	Tables	获取包含在 DataSet 中的表的集合
方法	Clear	通过移除所有表中的所有行来清除任何数据的 DataSet,但不清除表的结构
	Copy	复制该 DataSet 的结构和数据
	Clone	复制 DataSet 的结构,包括所有 DataTable 架构、关系和约束。不要复制任何数据
	HasChanges	判断当前数据集是否发生了更改,更改的内容包括添加行、修改行或删除行
	Merge	将指定的 DataSet、DataTable、DataRow 对象及其架构合并到当前 DataSet 中
	Reset	清除数据集包含的所有表中的数据,而且清除表结构

DataSet 支持对数据的断开操作,一旦把数据提取到应用程序中,就不再需要与数据库保持连接了,由于数据库连接是一种比较昂贵的资源,如果尽早释放掉连接的话,就可以让别的应用程序有更多的机会使用数据库。

使用 DataSet 和 SqlDataAdapter 对象对数据库进行查询操作的步骤如下：

（1）引入 ADO.NET 类的命名空间。

（2）创建数据库连接字符串。

（3）利用定义好的数据库连接字符串来创建 SqlConnection 对象。

（4）定义一个字符串变量，内容是要执行的 SQL 命令。

（5）利用 SQL 命令字符串和 SqlConnection 对象创建 SqlDataAdapter 数据适配器对象。

（6）创建一个空的 DataSet 数据集对象。

（7）调用 SqlDataAdapter 对象的 Fill 方法将查询结果填入 DataSet。

注意：调用 Fill 方法时，SqlDataAdapter 会自动打开连接，读取数据后关闭连接。

（8）定义一个 DataTable 数据表对象，把 DataSet 中存放的查询结果赋值给它。

（9）通过 for 循环访问数据表中的每一行，并把数据读取出来。

3. ADO.NET 的数据访问模式

ADO.NET 提供以下两种数据访问模式。

1）连线式数据访问

传统的数据库应用程序使用连线式数据访问：先创建并打开数据库连接，执行 SQL 命令后处理结果，再关闭数据库连接。在应用程序运行过程中，都要保持数据库连接。这种数据访问模式会消耗系统资源，限制应用程序的可扩展性。

2）离线式数据访问

ADO.NET 支持离线式数据访问（也称为断开连接方式数据访问）：先创建并打开数据库连接，为来自数据源的数据创建本地内存中的缓存，然后与数据源断开连接。可以在该缓存中查询、添加、修改或删除数据，然后在有需要时与数据源再次建立连接并将更改内容合并至数据源。这种数据访问模式提供了更好的可拓展性。

知识点 2 与数据库操作相关的控件

在数据库项目中，经常需要将查询到的数据显示在用户界面中，常常使用 DataGridView 控件来实现。DataGridView 控件提供了一种强大而灵活的以表格形式显示数据的方式。当需要在 Windows 窗体应用程序中显示表格数据时，请先考虑使用 DataGridView 控件，再考虑使用其他控件。

虽然 DataGridView 控件替代了以前版本的 DataGrid 控件并增加了功能，但是为了实现向后兼容并考虑到将来的使用（如果您选择的话），仍然保留了 DataGrid 控件。

DataGridView 控件用于在一系列行和列中显示数据，这些数据可以来自多种不同类型的数据源的表格数据。DataGridView 控件功能强大，使用起来也相当方便，将数据绑定到 DataGridView 控件非常简单和直观，在大多数情况下，只需设置 DataSource 属性即可。在绑定到包含多个列表或表的数据源时，只需将 DataMember 属性设置为指定要绑定的列表或表的字符串即可。

DataGridView 的常用属性如表 10-8 所示。

表 10-8　DataGridView 的常用属性

属 性 名 称	说　　明
CurrenRow	获取包含当前单元格的行
DataSource	获取或设置数据源 DataGridView 显示数据
Name	获取或设置控件的名称
Rows	获取在 DataGridView 控件包含所有行的集合
SortOrder	获取指示控件的项是按升序或降序排序，或者未排序的值

任务 1　房屋出租管理系统的概要设计

　　房屋出租管理系统为中介人员、房屋出租者和房屋租赁者之间架起了一座沟通的桥梁。通过信息管理，中介人员可以方便地了解客户资料，更好地为出租方和承租方服务，增强出租方与承租方之间的沟通，解决了因手工操作而带来的时间上的延迟和信息上的闭塞。我们将房屋出租管理的流程和规则与计算机技术相结合，建立房屋出租管理系统，实现管理的自动化，为承租方提供服务，并对收入进行统计，实现了管理流程全过程的电子化操作。

　　本系统主要实现房屋出租业务的自动化管理，为中介公司管理者及时提供房屋信息和客户信息。本系统完成房屋管理、客户管理、房屋查询、客户查询、客户入住和利润显示等功能。

　　房屋出租管理系统总体功能模块图如图 10-3 所示。

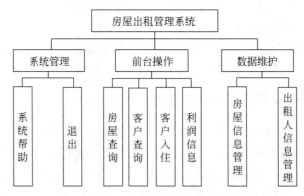

图 10-3　房屋出租管理系统总体功能模块图

本系统的运行环境具体如下。

（1）系统开发平台：Microsoft Visual Studio 2017。

（2）系统开发语言：C♯。

（3）数据库管理软件：Microsoft SQL Server 2008。

（4）运行平台：Windows 7。

（5）运行环境：Microsoft .NET Framework SDK v4.0。

（6）分辨率：最佳效果 1024×768 像素。

任务 2 数据库设计

本项目要开发的房屋出租管理系统选取SQL Server 2008作为后台数据库，数据库名为RentManage，该数据库由4个表组成：用户信息表(MyUser)、出租人信息表(Renter)、房屋信息表(RoomInfo)和承租客户表(Customer)。

出租人信息表(Renter)是对出租人信息的记录。出租人信息表(Renter)结构如图10-4所示。

HAPPY-PC.RentManage - dbo.Renter

列名	数据类型	允许 Null 值
RenterID	char(18)	☐
RenterName	varchar(20)	✓
Contact	varchar(20)	✓
ContractID	char(8)	☐
RenterRental	money	☐
Remark	varchar(50)	✓

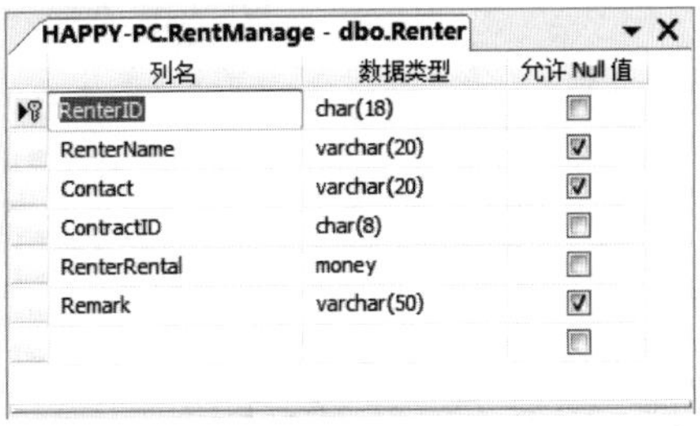

图 10-4 出租人信息表(Renter)结构

房屋信息表(RoomInfo)是对房屋信息的记录，结构如图10-5所示。

承租客户表(Customer)是对承租客户信息的记录，结构如图10-6所示。

HAPPY-PC.RentManage - dbo.RoomInfo

列名	数据类型	允许 Null 值
RoomID	char(4)	☐
RenterID	char(18)	☐
RoomType	varchar(20)	✓
Location	varchar(50)	✓
Floor	varchar(2)	✓
RatingNum	smallint	✓
TrueNum	smallint	✓
Area	smallint	✓
Price	money	☐
AirCondition	bit	✓
Telephone	bit	✓
TV	bit	✓
WashRoom	bit	✓
Kitchen	bit	✓
Internet	bit	✓
Remark	varchar(50)	✓

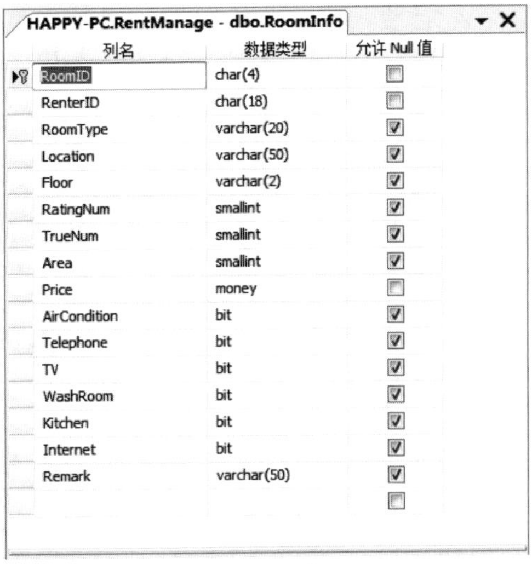

图 10-5 房屋信息表(RoomInfo)结构

HAPPY-PC.RentManage - dbo.Customer

列名	数据类型	允许 Null 值
CustomerID	char(18)	☐
CustomerName	varchar(20)	✓
Sex	char(2)	✓
NativePlace	varchar(50)	✓
IDCard	char(18)	✓
RoomID	char(4)	☐
InDate	datetime	☐
RentalDate	datetime	✓
ContractID	char(8)	☐
CustomerRental	money	☐
Remark	varchar(50)	✓

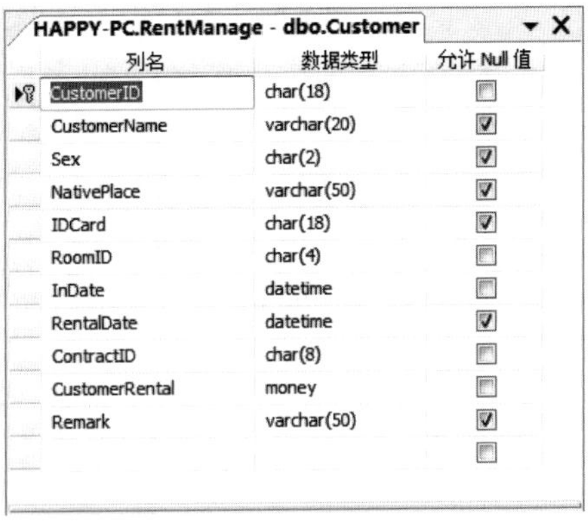

图 10-6 承租客户表(Customer)结构

以上3个表间的关系如图10-7所示。

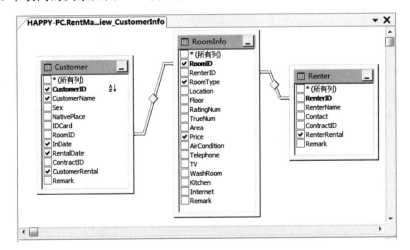

图 10-7 3个表间的关系

用户信息表(MyUser)是对登录用户信息的记录,结构如图 10-8 所示。

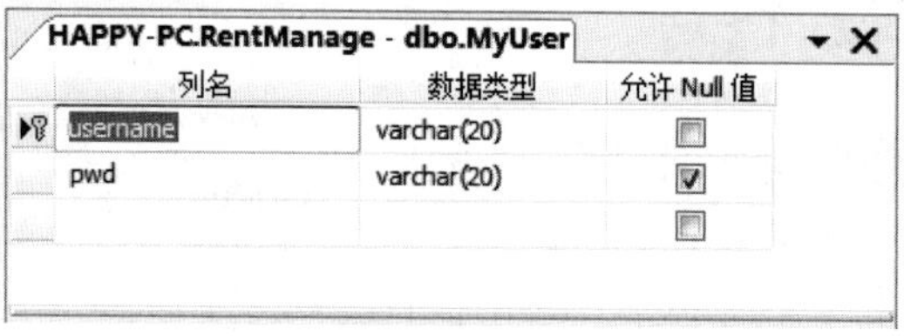

图 10-8　用户信息表(MyUser)结构

任务 3　公共类设计

在程序中专门设计了负责连接数据库的公共类 dbconnection,供整个房屋租赁系统所有模块使用,在当前项目中以 database\dbConnection.cs 形式存储。公共类 dbconnection 的代码如下:

```
public class dbconnection
    {
        public dbconnection()
        {

        }
        public static string connection
        {
            get{return"data source = (local); initial catalog = RentManage; integrated security = SSPI;"; }
        }
    }
```

任务 4　登录模块的设计与功能实现

为了给用户提供良好的交互界面,本系统以 C# Windows 窗体应用程序为载体开发房屋出租管理系统,项目名为 RentManage。

登录模块提供用户身份验证功能,应提供用户名、密码输入框,根据用户输入查询数据库中的用户表,若查询成功,则进入房屋出租系统主窗口;若查询失败,则提示用户输入错误。登录模块主要通过输入正确的用户名和密码进入主窗口,它可以提高程序的安全性,保护数据资料不外泄。

登录模块运行结果如图 10-9 所示。

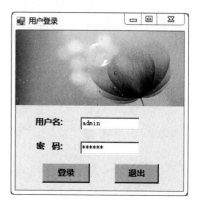

图 10-9　登录模块运行结果

"用户登录"界面的后台代码文件 FrmLogin.cs 代码如下:

```csharp
using System;
using System.Collections.Generic;
using System.ComponentModel;
using System.Data;
using System.Drawing;
using System.Text;
using System.Windows.Forms;
using System.Data.SqlClient;        //进行数据库操作,要导入ADO.NET类的命名空间
using RentManage.database;          //导入任务3中公共类所在的命名空间

namespace RentManage
{
    public partial class FrmLogin : Form
    {   //定义一些进行数据库操作要用到的变量
        private SqlConnection sqlConnection1 = null;
        private SqlCommand sqlCommand1 = null;
        private SqlDataAdapter sqlDataAdapter1;
        DataSet dataSet1;
        string sqlStr;

        public FrmLogin()
        {   //在构造方法中对前面定义的变量进行初始化
            InitializeComponent();
            sqlConnection1 = new SqlConnection(dbconnection.connection);
            sqlCommand1 = new SqlCommand();
            sqlCommand1.Connection = sqlConnection1;
            dataSet1 = new DataSet();
        }
        [STAThread]
        static void Main()
        {
            Application.Run(new FrmLogin());
        }
        //"用户登录"界面中"登录"按钮的单击事件
        private void button1_Click(object sender, EventArgs e)
        {
            sqlStr = "select * from MyUser where username = '" + this.txtName.Text.Trim() + "' and  pwd = '" + txtPass.Text + "'";
            sqlDataAdapter1 = new SqlDataAdapter(sqlStr, sqlConnection1); //执行数据库操作
            //把查询结果放入数据集的临时表,该临时表命名为 syuser
            sqlDataAdapter1.Fill(dataSet1, "syuser");
            DataTable mytable = dataSet1.Tables["syuser"];

            if (mytable.Rows.Count > 0)
            {
                this.Hide();
                mainform mf = new mainform();
                mf.Show();      //打开主菜单界面
            }
            else
            {
```

```
                MessageBox.Show("用户名/密码错误!请重试!","确认",MessageBoxButtons.OK);
            }
        }
        //"用户登录"界面中"退出"按钮的单击事件
        private void button2_Click(object sender, EventArgs e)
        {
            this.Close();
        }
    }
}
```

任务5　主窗体模块的设计与功能实现

主窗体是程序操作过程中必不可少的,它是人机交互的重要环节。通过主窗体,用户可以调用系统相关的各子模块,快速掌握本系统所实现的各个功能。在房屋出租管理系统中,当登录窗体验证成功后,用户将进入主窗体。主窗体最上面是系统菜单栏,可以通过它调用系统中的所有子窗体。菜单栏下面是工具栏,它以按钮的形式使用户能够方便地调用最常用的子窗体。主窗体运行结果如图10-10所示。主窗体菜单栏各个菜单项的信息如表10-9所示。

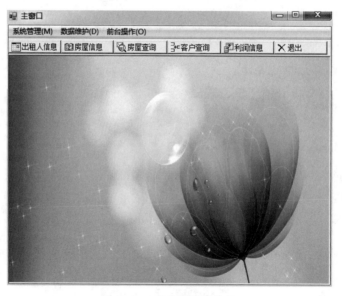

图10-10　主窗体运行结果

表10-9　主窗体菜单栏各个菜单项的信息

主菜单项	子菜单项	子菜单项的Name属性
系统管理	系统帮助	menuItem4
	退出	menuItem5
数据维护	出租人信息	menuItem6
	房屋信息	menuItem7

续表

主 菜 单 项	子 菜 单 项	子菜单项的 Name 属性
前台操作	房屋查询	menuItem8
	客户查询	menuItem9
	客户入住	menuItem10
	利润信息	menuItem11

主窗体菜单栏各子菜单项的单击事件代码如下:

```csharp
private void menuItem4_Click(object sender, System.EventArgs e)
    {
        Form Help = new Help();
        for(int x = 0;x < MdiChildren.Length;x++)
        {
            Form tempChild = (Form)MdiChildren[x];
            tempChild.Close();
        }
        Help.MdiParent = this;
        Help.WindowState = FormWindowState.Maximized;
        Help.Show();
    }
private void menuItem5_Click(object sender, System.EventArgs e)
    {
        Application.Exit();
    }
private void menuItem6_Click(object sender, System.EventArgs e)
    {
        Form Renter = new Renter();
        for(int x = 0;x < this.MdiChildren.Length;x++)
        {
            Form tempChild = (Form)this.MdiChildren[x];
            tempChild.Close();
        }
        Renter.MdiParent = this;
        Renter.WindowState = FormWindowState.Maximized;
        Renter.Show();
    }
private void menuItem7_Click(object sender, System.EventArgs e)
    {
        Form Room = new Room();
        for(int x = 0;x < this.MdiChildren.Length;x++)
        {
            Form tempChild = (Form)this.MdiChildren[x];
            tempChild.Close();
        }
        Room.MdiParent = this;
        Room.WindowState = FormWindowState.Maximized;
        Room.Show();
    }
private void menuItem8_Click(object sender, System.EventArgs e)
    {
        Form RoomQuery = new RoomQuery();
```

```csharp
            for(int x = 0;x < this.MdiChildren.Length;x++)
            {
                Form tempChild = (Form)this.MdiChildren[x];
                tempChild.Close();
            }
            RoomQuery.MdiParent = this;
            RoomQuery.WindowState = FormWindowState.Maximized;
            RoomQuery.Show();
        }
        private void menuItem9_Click(object sender, System.EventArgs e)
        {
            Form CustomerQuery = new CustomerQuery();
            for(int x = 0;x < this.MdiChildren.Length;x++)
            {
                Form tempChild = (Form)this.MdiChildren[x];
                tempChild.Close();
            }
            CustomerQuery.MdiParent = this;
            CustomerQuery.WindowState = FormWindowState.Maximized;
            CustomerQuery.Show();
        }
        private void menuItem10_Click(object sender, System.EventArgs e)
        {
            Form Customer = new Customer("1");
            for(int x = 0;x < this.MdiChildren.Length;x++)
            {
                Form tempChild = (Form)this.MdiChildren[x];
                tempChild.Close();
            }
            Customer.MdiParent = this;
            Customer.WindowState = FormWindowState.Maximized;
            Customer.Show();
        }
        private void menuItem11_Click(object sender, System.EventArgs e)
        {
            Form Profit = new Profit();
            for (int x = 0; x < MdiChildren.Length; x++)
            {
                Form tempChild = (Form)MdiChildren[x];
                tempChild.Close();
            }
            Profit.MdiParent = this;
            Profit.WindowState = FormWindowState.Maximized;
            Profit.Show();
            //Form Profit1 = new Profit1();
            //for (int x = 0; x < MdiChildren.Length; x++)
            //{
            //    Form tempChild = (Form)MdiChildren[x];
            //    tempChild.Close();
            //}
            //Profit1.MdiParent = this;
            //Profit1.WindowState = FormWindowState.Maximized;
            //Profit1.Show();
        }
```

主窗体工具栏各命令按钮的单击事件代码如下：

```csharp
private void toolBar1_ButtonClick(object sender, System.Windows.Forms.ToolBarButtonClickEventArgs e)
        {
            switch(toolBar1.Buttons.IndexOf(e.Button))
            {
                case 0:    //"出租人信息"命令按钮
                    Form Renter = new Renter();
                    for(int x = 0;x < this.MdiChildren.Length;x++)
                    {
                        Form tempChild = (Form)this.MdiChildren[x];
                        tempChild.Close();
                    }
                    Renter.MdiParent = this;
                    Renter.WindowState = FormWindowState.Maximized;
                    Renter.Show();
                    break;
                case 1:    //"房屋信息"命令按钮
                    Form Room = new Room();
                    for(int x = 0;x < this.MdiChildren.Length;x++)
                    {
                        Form tempChild = (Form)this.MdiChildren[x];
                        tempChild.Close();
                    }
                    Room.MdiParent = this;
                    Room.WindowState = FormWindowState.Maximized;
                    Room.Show();
                    break;
                case 2:    //"房屋查询"命令按钮
                    Form RoomQuery = new RoomQuery();
                    for(int x = 0;x < this.MdiChildren.Length;x++)
                    {
                        Form tempChild = (Form)this.MdiChildren[x];
                        tempChild.Close();
                    }
                    RoomQuery.MdiParent = this;
                    RoomQuery.WindowState = FormWindowState.Maximized;
                    RoomQuery.Show();
                    break;
                case 3:    //"客户查询"命令按钮
                    Form CustomerQuery = new CustomerQuery();
                    for(int x = 0;x < this.MdiChildren.Length;x++)
                    {
                        Form tempChild = (Form)this.MdiChildren[x];
                        tempChild.Close();
                    }
                    CustomerQuery.MdiParent = this;
                    CustomerQuery.WindowState = FormWindowState.Maximized;
                    CustomerQuery.Show();
                    break;
                case 4:    //"利润信息"命令按钮
                    Form Profit = new Profit();
```

```csharp
            for(int x = 0;x < MdiChildren.Length;x++)
            {
                Form tempChild = (Form)MdiChildren[x];
                tempChild.Close();
            }
            Profit.MdiParent = this;
            Profit.WindowState = FormWindowState.Maximized;
            Profit.Show();
            break;
        case 5:    //"退出"命令按钮
            Application.Exit();
            break;
    }
}
```

任务6 出租人信息模块的设计与功能实现

出租人信息模块包括两个部分：Renter 和 RenterManage。Renter 为界面表现层，主要用来显示所有的出租人信息，以及添加一个新的出租人时必须指定的出租人的属性；RenterManage 为业务逻辑层，主要用来实现数据库的交互，例如从数据库中查询所有的出租人信息和把一个新的出租人添加到数据库中。

1. 界面表现层 Renter

"出租人信息"窗体需要在加载的时候从数据库中查询出所有的出租人信息，并显示在 DataGrid 控件中，因此需要一个该窗体的 Load 事件，查询并显示出租人信息。Load 事件对应的代码如下：

```csharp
private void Renter_Load(object sender, System.EventArgs e)
{
    this.strSql = "select RenterName 姓名,Contact 联系方式,ContractID 合同编号," +
                  "RenterRental 出租人租金,Remark 备注,RenterID 出租人编号" +
                  "from Renter ";
    this.FillDataGrid(strSql);
}
private void FillDataGrid(string sql)
{
    if(this.sqlConnection1.State == ConnectionState.Closed)
        this.sqlConnection1.Open();
    Console.WriteLine(sql);
    SqlDataAdapter adapter = new SqlDataAdapter(sql,sqlConnection1);
    ds = new DataSet("t_renter");
    adapter.Fill(ds,"t_renter");
    this.dataGrid1.SetDataBinding(ds,"t_renter");
}
```

在"出租人信息"界面中，用户可以添加出租人信息，如姓名、编号、合同编号、联系方式、租金等。保存新添加的信息到数据库以供查询，同时在界面上显示所有的出租人信息。

"出租人信息"界面如图 10-11 所示。

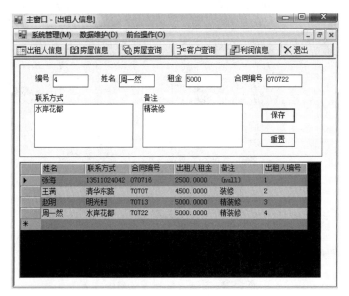

图 10-11 "出租人信息"界面

"出租人信息"界面中"保存"按钮的单击事件代码如下：

```csharp
private void btSave_Click(object sender, System.EventArgs e)
    {
        this.add = true;
if(textContractID.Text == ""||textRenterID.Text == ""||textRenterRental.Text == "")
        {
            MessageBox.Show("请输入完整信息!","提示?");
            return;
        }
        int renterID = Convert.ToInt16( this.textRenterID.Text);
        string renterName = this.textRenterName.Text;
        float renterRental = Convert.ToSingle(this.textRenterRental.Text);
        int contractID = Convert.ToInt32(this.textContractID.Text);
        string contact = this.textContact.Text;
        string remark = this.textRemark.Text;
        if(add)
        {
this.renterManage.Renter_Add(renterID,renterName,renterRental,contractID,contact,remark);
            MessageBox.Show("保存成功!");
            this.FillDataGrid(this.strSql);
        }
        else
        {
   if(this.renterManage.Renter_Modify(renterID,renterName,renterRental,contractID,contact,remark))
            {
MessageBox.Show("修改成功!","提示",MessageBoxButtons.OK,MessageBoxIcon.Information);
                this.FillDataGrid(this.strSql);
            }
            else
            {
MessageBox.Show("修改失败!","提示",MessageBoxButtons.OK,MessageBoxIcon.Information);
            }
```

```csharp
        this.sqlCommand1.CommandText = this.strSql;
        try
        {
            this.sqlConnection1.Open();
            this.sqlCommand1.ExecuteNonQuery();
            this.FillDataGrid(this.strSql);
        }
        catch(System.Exception E)
        {
            MessageBox.Show(E.ToString());
        }
        finally
        {
            this.sqlConnection1.Close();
        }
        this.add = false;
    }
}
```

"出租人信息"界面中"重置"按钮的单击事件代码如下:

```csharp
private void btNew_Click(object sender, System.EventArgs e)
{
    this.textContact.Clear();
    this.textContractID.Clear();
    this.textRenterID.Clear();
    this.textRenterName.Clear();
    this.textRenterRental.Clear();
    this.textRemark.Clear();
}
```

2. 业务逻辑层 RenterManage

RenterManage 提供了出租人信息模块的数据库操作接口,用户界面 Renter 只要调用业务逻辑层实现的方法,便可以实现与数据库的交互。

RenterManage.cs 文件代码如下:

```csharp
public class RenterManage
{
    private SqlConnection sqlConnection1 = null;
    private SqlCommand sqlCommand1 = null;
    private string strSql = null;

    public RenterManage()
    {
        this.sqlConnection1 = new SqlConnection(dbconnection.connection);
        this.sqlCommand1 = new SqlCommand();
        this.sqlCommand1.CommandType = CommandType.Text;
        this.sqlCommand1.Connection = this.sqlConnection1;
        // TODO: 在此处添加构造函数逻辑
    }
```

```csharp
        public void Renter_Add(int renterID, string renterName, float renterRental, int contractID, string contact, string remark)
        {
            this.strSql = "insert into Renter (RenterID,RenterName,RenterRental,ContractID,Contact,Remark)" + " values(" + renterID + ",'" + renterName + "'," + renterRental + "," + contractID + ",'" + contact + "','" + remark + "')";
            this.sqlCommand1.CommandText = this.strSql;
            try
            {
                this.sqlConnection1.Open();
                this.sqlCommand1.ExecuteNonQuery();
            }
            catch(System.Exception E)
            {
                Console.WriteLine(E.ToString());
            }
            finally
            {
                this.sqlConnection1.Close();
            }
        }

        public bool Renter_Modify(int renterID, string renterName, float renterRental, int contractID, string contact, string remark)
        {
            this.strSql = "update Renter set RenterName = " + renterName + "," + "RenterRental = " + renterRental +"," + " ContractID = " + contractID + "," + " Contact = " + contact + "," + "Remark = " + remark + " where RenterID = " + "'" + renterID + "'";
            this.sqlCommand1.CommandText = this.strSql;
            try
            {
                this.sqlConnection1.Open();
                this.sqlCommand1.ExecuteNonQuery();
                return true;
            }
            catch(System.Exception E)
            {
                Console.WriteLine(E.ToString());
                return false;
            }
            finally
            {
                this.sqlConnection1.Close();
            }
        }

        public void Renter_Del(int renterID)
        {
            this.strSql = "delete from Renter where RenterID =  " + "'" + renterID + "'";
            this.sqlCommand1.CommandText = this.strSql;
            try
            {
                this.sqlConnection1.Open();
```

```
            this.sqlCommand1.ExecuteNonQuery();
        }
        catch(System.Exception E)
        {
            Console.WriteLine(E.ToString());
        }
        finally
        {
            this.sqlConnection1.Close();
        }
    }
}
```

任务7　房屋信息模块的设计与功能实现

房屋信息模块包括两个部分：Room（界面表现层）和 RoomManage（业务逻辑层）。

1. 界面表现层（Room）

在"房屋信息"界面中，用户可以添加房屋信息，如出租人编号、房屋编号、面积、价格等，选择是否带有电视、空调等。保存新添加的房屋信息到数据库以供查询，同时在界面上显示所有的房屋信息。

"房屋信息"界面如图10-12所示。

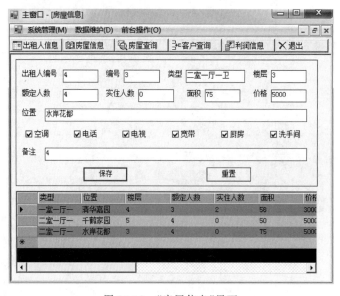

图10-12　"房屋信息"界面

"房屋信息"界面中"保存"按钮的单击事件代码如下：

```
private void btSave_Click(object sender, System.EventArgs e)
{
    this.add = true;
    if(textPrice.Text == ""||textRenterID.Text == ""||textRoomID.Text == "")
    {
```

```csharp
            MessageBox.Show("请输入完整信息!","提示");
            return;
        }
        int roomID = Convert.ToInt16(this.textRoomID.Text);
        int renterID = Convert.ToInt16(this.textRenterID.Text);
        string roomtype = this.textRoomType.Text;
        string location = this.textLocation.Text;
        string floor = this.textFloor.Text;
        int ratingNum = Convert.ToInt16(this.textRatingNum.Text);
        int trueNum = Convert.ToInt16(this.textTrueNum.Text);
        int area = Convert.ToInt16(this.textArea.Text);
        float price = Convert.ToSingle(this.textPrice.Text);
        int airCondition = Convert.ToInt16(this.checkAircondition.Checked);
        int telephone = Convert.ToInt16(this.checkTelephone.Checked);
        int TV = Convert.ToInt16(this.checkTV.Checked);
        int washRoom = Convert.ToInt16(this.checkWashRoom.Checked);
        int kitchen = Convert.ToInt16(this.checkKitchen.Checked);
        int internet = Convert.ToInt16(this.checkInternet.Checked);
        string remark = this.textRemark.Text;

        if(add)
        {
this.roomManage.room_Add(roomID,renterID,roomtype,location,floor,ratingNum,trueNum,area,
            price,airCondition,telephone,TV,washRoom,kitchen,internet,remark);
            MessageBox.Show("保存成功!");
            this.FillDataGrid(strSql);
        }
        else
        {}
        this.sqlCommand1.CommandText = this.strSql;
        try
        {
            this.sqlConnection1.Open();
            this.sqlCommand1.ExecuteNonQuery();
            this.FillDataGrid(this.strSql);
        }
        catch(System.Exception E)
        {
            MessageBox.Show(E.ToString());
        }
        finally
        {
            this.sqlConnection1.Close();
        }
        this.add = false;
    }
    private void FillDataGrid(string sql)
    {
        if(this.sqlConnection1.State == ConnectionState.Closed)
            this.sqlConnection1.Open();
        Console.WriteLine(sql);
        SqlDataAdapter adapter = new SqlDataAdapter(sql,sqlConnection1);
        ds = new DataSet("t_room");
        adapter.Fill(ds,"t_room");
        this.dataGrid1.SetDataBinding(ds,"t_room");
    }
```

"房屋信息"界面中"重置"按钮的单击事件代码如下：

```csharp
private void btNew_Click(object sender, System.EventArgs e)
{
    this.textArea.Clear();
    this.textFloor.Clear();
    this.textLocation.Clear();
    this.textPrice.Clear();
    this.textRatingNum.Clear();
    this.textRemark.Clear();
    this.textRenterID.Clear();
    this.textRoomID.Clear();
    this.textRoomType.Clear();
    this.textTrueNum.Clear();
    this.checkAircondition.Checked = false;
    this.checkInternet.Checked = false;
    this.checkKitchen.Checked = false;
    this.checkTelephone.Checked = false;
    this.checkTV.Checked = false;
    this.checkWashRoom.Checked = false;
}
```

2．业务逻辑层（RoomManage）

RoomManage 提供了房屋信息模块的数据库操作接口，用户界面 Room 只要调用业务逻辑层实现的方法，便可以实现与数据库的交互。

RoomManage.cs 文件代码如下：

```csharp
public class RoomManange
{
    private SqlConnection sqlConnection1 = null;
    private SqlCommand sqlCommand1 = null;
    private string strSql = null;

    public RoomManange()
    {
        this.sqlConnection1 = new SqlConnection(RentManage.database.dbconnection.connection);
        this.sqlCommand1 = new SqlCommand();
        this.sqlCommand1.CommandType = CommandType.Text;
        this.sqlCommand1.Connection = this.sqlConnection1;
        // TODO: 在此处添加构造函数逻辑
    }

    public void room_Add(int roomID, int renterID, string roomtype, string location, string floor, int ratingNum,
        int trueNum, int area, float price, int airCondition, int telephone, int TV, int washRoom, int kitchen,
        int internet, string remark)
    {
        this.strSql = "insert into RoomInfo (RoomID, RenterID, RoomType, Location, Floor, RatingNum, TrueNum, Area, " +
                      "Price, AirCondition, Telephone, TV, WashRoom, Kitchen, Internet, Remark) values (" + roomID + "," + renterID + "," +
                      "'" + roomtype + "','" + location + "','" + floor + "'," + ratingNum + "," + trueNum + "," + area + "," + price + "," +
```

```
                      "" + airCondition + "," + telephone + "," + TV + "," + washRoom + "," +
kitchen + "," + internet + ",'" + remark + "')";
                this.sqlCommand1.CommandText = this.strSql;
                try
                {
                    this.sqlConnection1.Open();
                    this.sqlCommand1.ExecuteNonQuery();
                }
                catch(System.Exception E)
                {
                    Console.WriteLine(E.ToString());
                }
                finally
                {
                    this.sqlConnection1.Close();
                }
            }
        }
```

任务8 房屋查询模块的设计与功能实现

在"房屋查询"界面中,用户可以输入相应的查询条件,单击"查询"按钮查询房屋信息,如图10-13所示。

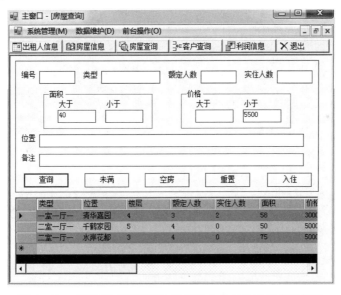

图10-13 在"房屋查询"界面,根据输入的条件查询房屋信息

"房屋查询"界面中"查询"按钮的单击事件代码如下:

```
private void btQuery_Click(object sender, System.EventArgs e)
    {
        bool flag = true;
        this.strSql = " select RoomType 类型,Location 位置,Floor 楼层,RatingNum 额定人数," +
```

```csharp
                    "TrueNum 实住人数,Area 面积,Price 价格," +
                    " case AirCondition when 1 then '有' when 0 then '无' end 空调," +
                    " case Telephone when 1 then '有' when 0 then '无' end 电话," +
                    " case TV when 1 then '有' when 0 then '无' end 电视," +
                    " case WashRoom when 1 then '有' when 0 then '无' end 卫生间?," +
                    " case Kitchen when 1 then '有' when 0 then '无' end 厨房," +
                    " case Internet when 1 then '有' when 0 then '无' end 宽带," +
                    " Remark 备注,RoomID 房屋编号,RenterID 出租人编号" +
                    " from RoomInfo where ";
if(this.textRoomID.Text != "")
    this.strSql = this.strSql + " RoomID = " + "'" + this.textRoomID.Text + "'";
else
{
    if(this.textRoomType.Text != "")
    {
        this.strSql = this.strSql + " RoomType like " + "'%" + this.textRoomType.Text + "%'";
        flag = false;
    }
    if(this.textRatingNum.Text != "")
    {
        if(flag)
            this.strSql = this.strSql + " RatingNum = " + "'" + this.textRatingNum.Text + "'";
        else
            this.strSql = this.strSql + " and RatingNum = " + "'" + this.textRatingNum.Text + "'";
        flag = false;
    }
    if(this.textTrueNum.Text != "")
    {
        if(flag)
            this.strSql = this.strSql + " TrueNum = " + "'" + this.textTrueNum.Text + "'";
        else
            this.strSql = this.strSql + " and TrueNum = " + "'" + this.textTrueNum.Text + "'";
        flag = false;
    }
    if(this.textMinArea.Text != "")
    {
        if(flag)
            this.strSql = this.strSql + " Area >= " + "'" + this.textMinArea.Text + "'";
        else
            this.strSql = this.strSql + " and Area >= " + "'" + this.textMinArea.Text + "'";
        flag = false;
    }
    if(this.textMaxArea.Text != "")
    {
        if(flag)
            this.strSql = this.strSql + " Area <= " + "'" + this.textMaxArea.Text + "'";
        else
            this.strSql = this.strSql + " and Area <= " + "'" + this.textMaxArea.Text + "'";
        flag = false;
    }
```

```csharp
            if(this.textMinPrice.Text != "")
            {
                if(flag)
                    this.strSql = this.strSql + " Price >= " + this.textMinPrice.Text + "";
                else
                    this.strSql = this.strSql + " and Price >= " + this.textMinPrice.Text + "";
                flag = false;
            }
            if(this.textMaxPrice.Text != "")
            {
                if(flag)
                    this.strSql = this.strSql + " Price <= " + this.textMaxPrice.Text + "";
                else
                    this.strSql = this.strSql + " and Price <= " + this.textMaxPrice.Text + "";
                flag = false;
            }
            if(this.textLocation.Text != "")
            {
                if(flag)
                    this.strSql = this.strSql + " Location like " + "' %" + this.textLocation.Text + "% '";
                else
                    this.strSql = this.strSql + " and Location like " + "' %" + this.textLocation.Text + "% '";
                flag = false;
            }
            if(this.textRemark.Text != "")
            {
                if(flag)
                    this.strSql = this.strSql + " Remark like " + "' %" + this.textRemark.Text + "% '";
                else
                    this.strSql = this.strSql + " and Remark like " + "' %" + this.textRemark.Text + "% '";
            }
            else
            {
                MessageBox.Show("请输入查询条件!","提示");
                return;
            }
        }
        this.FillDataGrid(strSql);
    }
    public void FillDataGrid(string sql)
    {
        if(this.sqlConnection1.State == ConnectionState.Closed)
            this.sqlConnection1.Open();
        Console.WriteLine(sql);
        SqlDataAdapter adapter = new SqlDataAdapter(sql,sqlConnection1);
        ds = new DataSet("t_roomQuery");
        adapter.Fill(ds,"t_roomQuery");
        this.dataGrid1.SetDataBinding(ds,"t_roomQuery");
    }
```

查询到房屋后，单击某条房间信息，例如单击"房屋编号"为3的房屋信息，然后单击"入住"按钮，将弹出如图10-14所示的"客户入住"窗口。

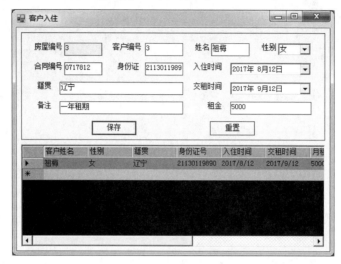

图 10-14　"客户入住"窗口

"房屋查询"界面中"入住"按钮的单击事件代码如下：

```
private void btCheckIn_Click(object sender, System.EventArgs e)
    {
        try
        {
Customer customer = new Customer(dataGrid1[this.dataGrid1.CurrentCell.RowNumber,14].ToString());
            customer.Show();
        }
        catch
        {
            MessageBox.Show("请先选择房间!","提示");
        }
    }
```

客户入住模块包括两个部分：Customer（界面表现层）和CustomerManage（业务逻辑层）。

1. 界面表现层（Customer）

在"客户入住"界面中，用户可以填写入住客户的相关信息，单击"保存"按钮保存到数据库中以供查询。

"客户入住"界面中"保存"按钮的单击事件代码如下：

```
private void btSave_Click(object sender, System.EventArgs e)
    {
        add = true;
        if(textContractID.Text == "" || textCustomerID.Text == "" || textCustomerRental.Text == "" || textRoomID.Text == "")
        {
            MessageBox.Show("请输入完整信息!","提示");
```

```csharp
            return;
        }
        int customerID = Convert.ToInt16(textCustomerID.Text);
        string customerName = textName.Text;
        string sex = comSex.Text;
        string nativePlace = textNativePlace.Text;
        string IDCard = textIDCard.Text;
        string roomID = textRoomID.Text;
        System.DateTime indate = Convert.ToDateTime(dateCheckIn.Text);
        System.DateTime rentalDate = Convert.ToDateTime(dateRental.Text);
        int contractID = Convert.ToInt32(textContractID.Text);
        float customerRental = Convert.ToSingle(textCustomerRental.Text);
        string remark = textRemark.Text;
        if(add)
        {
            customerManage.Customer_Add(customerID, customerName, sex, nativePlace,
IDCard, roomID, indate, rentalDate, contractID, customerRental, remark);
            MessageBox.Show("保存成功!");
            FillDataGrid(strSql);
        }
        else
        {
            MessageBox.Show("保存失败!");
        }
        this.add = false;
    }
```

"客户入住"界面中"重置"按钮的单击事件代码如下：

```csharp
private void btNew_Click(object sender, System.EventArgs e)
    {
        textContractID.Clear();
        textCustomerID.Clear();
        textCustomerRental.Clear();
        textIDCard.Clear();
        textName.Clear();
        textNativePlace.Clear();
        textRemark.Clear();
        comSex.Text = "";
        dateCheckIn.Text = "";
        dateRental.Text = Convert.ToString(DateTime.Now);
    }
```

2. 业务逻辑层（CustomerManage）

CustomerManage 提供了客户入住模块的数据库操作接口，用户界面 Customer 只要调用业务逻辑层实现的方法，便可以实现与数据库的交互。

CustomerManage.cs 文件代码如下：

```csharp
public class CustomerManage
    {
        private SqlConnection sqlConnection1 = null;
        private SqlCommand sqlCommand1 = null;
```

```csharp
            private SqlCommand sqlCommand2 = null;
            private string strSql = null;

            public CustomerManage()
            {
                sqlConnection1 = new SqlConnection(RentManage.database.dbconnection.connection);
                sqlCommand1 = new SqlCommand();
                sqlCommand1.CommandType = CommandType.Text;
                sqlCommand1.Connection = sqlConnection1;
                sqlCommand2 = new SqlCommand();
                sqlCommand2.CommandType = CommandType.Text;
                sqlCommand2.Connection = sqlConnection1;
                // TODO: 在此处添加构造函数逻辑
            }

            public void Customer_Add(int customerID, string customerName, string sex, string nativePlace, string IDCard, string roomID,
                System.DateTime indate, System.DateTime rentalDate, int contractID, float customerRental, string remark)
            {
                strSql = "insert into Customer (CustomerID,CustomerName,Sex,NativePlace,IDCard,RoomID,InDate,RentalDate," +
                    "ContractID,CustomerRental,Remark) values (" + customerID + ",'" +
                    customerName + "','" + sex + "','" + nativePlace + "'," +
                    "'" + IDCard + "," + roomID + ",'" + indate + "','" + rentalDate + "'," +
                    contractID + "," + customerRental + ",'" + remark + "')";
                sqlCommand1.CommandText = strSql;
                try
                {
                    sqlConnection1.Open();
                    sqlCommand1.ExecuteNonQuery();
                    trueNum_add(roomID);
                }
                catch(System.Exception E)
                {
                    Console.WriteLine(E.ToString());
                }
                finally
                {
                    sqlConnection1.Close();
                }
            }

            public void trueNum_add(string roomID)
            {
                strSql = "Update RoomInfo Set TrueNum = TrueNum + 1 Where RoomID = " + "'" + roomID + "'";
                sqlCommand2.CommandText = strSql;

                try
                {
                    if(sqlConnection1.State == ConnectionState.Closed)
                        sqlConnection1.Open();
```

```
            sqlCommand2.ExecuteNonQuery();
        }
        catch(System.Exception e)
        {
            Console.WriteLine(e.ToString());
        }
        finally
        {
            sqlConnection1.Close();
        }
    }
}
```

在"房屋查询"界面中,单击"未满"按钮查询未满房屋信息,如图 10-15 所示。

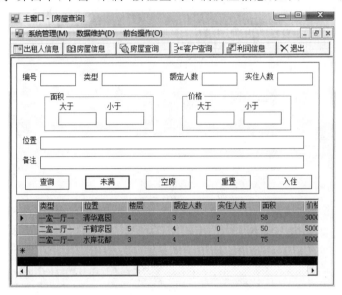

图 10-15 在"房屋查询"界面查询"未满"房屋信息

"房屋查询"界面中"未满"按钮的单击事件代码如下:

```
private void btNotfull_Click(object sender, System.EventArgs e)
{
    this.strSql = " select RoomType 类型,Location 位置,Floor 楼层,RatingNum 额定人数," +
                "TrueNum 实住人数,Area 面积,Price 价格," +
                " case AirCondition when 1 then '有' when 0 then '无' end 空调," +
                " case Telephone when 1 then '有' when 0 then '无' end 电话," +
                " case TV when 1 then '有' when 0 then '无' end 电视," +
                " case WashRoom when 1 then '有' when 0 then '无' end 卫生间," +
                " case Kitchen when 1 then '有' when 0 then '无' end 厨房," +
                " case Internet when 1 then '有' when 0 then '无' end 宽带," +
                " Remark 备注,RoomID 房屋编号,RenterID 出租人编号" +
                " from RoomInfo where RatingNum > TrueNum";
    this.FillDataGrid(strSql);
}
```

在"房屋查询"界面中,单击"空房"按钮查询空房房屋信息,如图 10-16 所示。

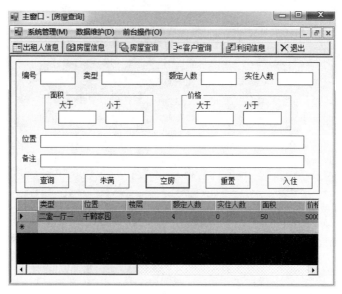

图 10-16 在"房屋查询"界面查询"空房"房屋信息

"房屋查询"界面中"空房"按钮的单击事件代码如下：

```csharp
private void btEmpty_Click(object sender, System.EventArgs e)
{
    this.strSql = " select RoomType 类型,Location 位置,Floor 楼层,RatingNum 额定人数," +
                    "TrueNum 实住人数,Area 面积,Price 价格," +
                    " case AirCondition when 1 then '有' when 0 then '无' end 空调," +
                    " case Telephone when 1 then '有' when 0 then '无' end 电话," +
                    " case TV when 1 then '有' when 0 then '无' end 电视," +
                    " case WashRoom when 1 then '有' when 0 then '无' end 卫生间," +
                    " case Kitchen when 1 then '有' when 0 then '无' end 厨房," +
                    " case Internet when 1 then '有' when 0 then '无' end 宽带," +
                    " Remark 备注,RoomID 房屋编号,RenterID 出租人编号" +
                    " from RoomInfo where TrueNum = 0";
    this.FillDataGrid(strSql);
}
```

"房屋查询"界面中"重置"按钮的单击事件代码如下：

```csharp
private void btNew_Click(object sender, System.EventArgs e)
{
    this.textLocation.Clear();
    this.textMaxArea.Clear();
    this.textMinArea.Clear();
    this.textMaxPrice.Clear();
    this.textMinPrice.Clear();
    this.textRatingNum.Clear();
    this.textTrueNum.Clear();
    this.textRemark.Clear();
    this.textRoomID.Clear();
    this.textRoomType.Clear();
}
```

任务9　客户查询模块的设计与功能实现

在"客户查询"界面中,单击"全部"按钮,可以查询所有客户的租房信息,如图 10-17 所示。用户也可以输入相应的查询条件,单击"查询"按钮,根据查询条件查询客户的租房信息,如图 10-18 所示。

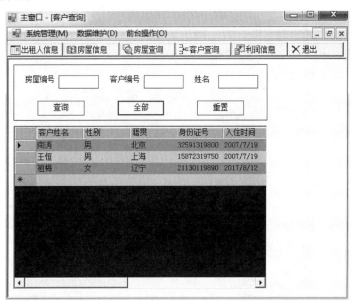

图 10-17　在"客户查询"界面查询所有客户的租房信息

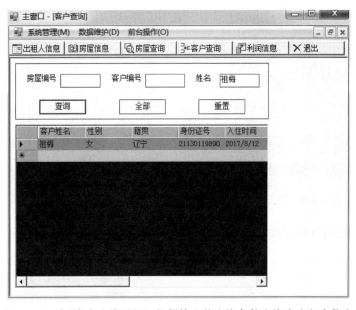

图 10-18　在"客户查询"界面,根据输入的查询条件查询客户租房信息

"客户查询"界面中"全部"按钮的单击事件代码如下：

```csharp
private void btAll_Click(object sender, System.EventArgs e)
    {
            strSql = " select CustomerName 客户姓名,Sex 性别,NativePlace 籍贯,IDCard 身份证号,InDate 入住时间," + "RentalDate 交租时间,CustomerRental 月租,ContractID 合同编号,Remark 备注,CustomerID 客户编号," + "RoomID 房屋编号 from Customer";
            sqlCommand1.CommandText = strSql;
            FillDataGrid(strSql);
    }
```

"客户查询"界面中"查询"按钮的单击事件代码如下：

```csharp
private void btQuery_Click(object sender, System.EventArgs e)
    {
            strSql = " select CustomerName 客户姓名,Sex 性别,NativePlace 籍贯,IDCard 身份证号,InDate 入住时间," + "RentalDate 交租时间,CustomerRental 月租,ContractID 合同编号,Remark 备注,CustomerID 客户编号," + "RoomID 房屋编号 from Customer where ";
            if(textRoomID.Text != "")
                strSql = strSql + "RoomID = " + "'" + textRoomID.Text + "'";
            else if(textCustomerID.Text != "")
                strSql = strSql + "CustomerID = " + "'" + textCustomerID.Text + "'";
            else if(textName.Text != "")
                strSql = strSql + "CustomerName like" + "'%" + textName.Text + "%'";
            else
            {
                MessageBox.Show("请选择查询条件!","提示");
                return;
            }

            FillDataGrid(strSql);
    }
public void FillDataGrid(string sql)
    {
            if(sqlConnection1.State == ConnectionState.Closed)
                sqlConnection1.Open();
            Console.WriteLine(sql);
            ds = new DataSet("t_customer");
            SqlDataAdapter adapter = new SqlDataAdapter(sql,sqlConnection1);
            adapter.Fill(ds,"t_customer");
            dataGrid1.SetDataBinding(ds,"t_customer");
    }
```

任务 10　利润信息模块的设计与功能实现

在"利润信息"界面，根据特定公式计算已经出租的房屋利润，如图 10-19 所示。

利润信息窗体需要在加载的时候从数据库中查询出所有的利润信息，并显示在 DataGrid 控件中，因此需要一个该窗体的 Load 事件，查询并显示利润信息。"利润信息"窗体的加载事件代码如下：

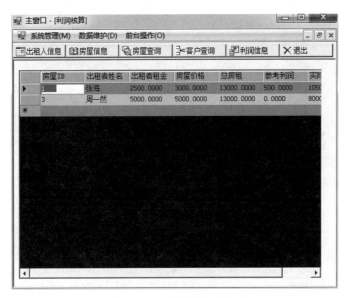

图 10-19 "利润信息"界面

```
private void Profit_Load(object sender, System.EventArgs e)
    {
        strSql = "SELECT distinct RoomInfo.RoomID 房屋 ID,Renter.RenterName 出租者姓名,
Renter.RenterRental 出租者租金," +
            "RoomInfo.Price 房屋价格," +
            "(SELECT distinct SUM(Customer.CustomerRental) FROM Customer WHERE
Customer.RoomID = Customer.RoomID)" +
            " as 总房租," +
            "RoomInfo.Price - Renter.RenterRental AS 参考利润," +
            "(SELECT distinct SUM(Customer.CustomerRental) FROM Customer WHERE
Customer.RoomID = Customer.RoomID)" +
            " - Renter.RenterRental as 实际利润" +
            " FROM Customer INNER JOIN" +
            " RoomInfo ON Customer.RoomID = RoomInfo.RoomID INNER JOIN" +
            " Renter ON RoomInfo.RenterID = Renter.RenterID";
        FillDataGrid(strSql);
    }
public void FillDataGrid(string sql)
    {
        if(this.sqlConnection1.State == ConnectionState.Closed)
            this.sqlConnection1.Open();
        Console.WriteLine(sql);
        SqlDataAdapter adapter = new SqlDataAdapter(sql,sqlConnection1);
        ds = new DataSet("profit");
        adapter.Fill(ds,"profit");
        this.dataGrid1.SetDataBinding(ds,"profit");
    }
```

提示：上面各任务中显示查询结果使用的都是 DataGrid 控件，也可以使用 DataGridView 控件，以任务 9 中的"利润信息"界面为例，将其中的 DataGrid 控件换成 DataGridView 控件，如图 10-20 所示。

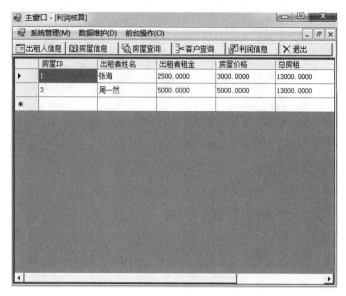

图 10-20 在"利润信息"界面使用 DataGridView 控件

需要修改 Profit.cs 中的部分代码如下:

```
public void FillDataGrid(string sql)
{
    if (this.sqlConnection1.State == ConnectionState.Closed)
        this.sqlConnection1.Open();
    Console.WriteLine(sql);
    SqlDataAdapter adapter = new SqlDataAdapter(sql, sqlConnection1);
    ds = new DataSet("profit");
    adapter.Fill(ds, "profit");
    this.dataGridView1.DataSource = ds.Tables["profit"];    //需要修改的部分
}
```

项 目 小 结

本项目通过 10 个任务讲解了基于 C/S 结构的房屋出租管理系统的设计与实现,详细介绍了该系统从概念设计、数据库设计、公共类设计到各功能模块的设计与实现的整个过程,尤其重点讲解了 ADO.NET 数据访问模型的用法。通过本项目的学习,读者可以综合运用前面项目所学的知识开发一个基于 C/S 结构的信息管理系统,锻炼学生运用所学知识解决实际问题的能力。

拓 展 实 训

一、实训的目的和要求

1. 训练目的

(1) 熟练掌握 C#语言的基本技能,巩固 C#语言的编程知识。

(2) 基本掌握面向对象程序设计的基本思路和方法。

(3) 利用所学的基本知识和技能,解决简单的面向对象程序设计问题。

(4) 掌握撰写程序设计开发文档的能力。

(5) 通过查阅手册和文献资料,培养学生独立分析问题和解决问题的能力。

2. 训练要求

(1) 要求利用面向对象的方法以及 C♯ 的编程思想来完成系统的设计。

(2) 要求在设计的过程中建立清晰的类层次。

(3) 在系统中至少要定义三个类,每个类中要有各自的属性和方法。

(4) 在系统设计中,至少要用到面向对象的两种机制。

(5) 用数据库存储数据。

二、实训内容:电器商场库存管理系统

1. 项目概述

本项目以电器商品商场为例,利用 C♯ Windows 窗体应用程序实现用户对商场物品的库存管理,达到提高工作效益、及时动态地了解库存物品相关信息等目的。

某电器商品商场主要有三类商品:普通电视机、带网络播放器的电视机和高级网络播放器。其共有的信息包括商品编号、商品名称、售价、品牌、数量等。每类商品特有的信息,请根据实际情况自行添加。

带网络播放器的电视机的售价计算方法如下:

带网络播放器的电视机售价=(普通电视机单价+高级网络播放器单价)×85%

2. 实现功能

(1) 添加功能:能够添加相应的记录,商品编号在生成商品信息时同时自动生成,每输入一个商品信息,编号顺序加 1,编号不能重复,商品名称可以重复。添加的内容包括商品编号、商品名称、售价、品牌、数量等信息,每类商品特有的信息,请根据实际情况自行添加。

(2) 删除功能:根据查找结果完成具体记录的删除。

(3) 编辑功能:根据查找结果能对相应的记录进行修改。

(4) 查询功能:能根据编号或者名称分别进行模糊查询,并显示相应的记录信息。显示内容包括商品编号、商品名称、售价、品牌、数量等。

(5) 排序功能:能按照编号、名称、数量分别进行排序,并输出相应的记录信息。

(6) 统计功能:能按照品牌、商品名称分别统计库存数量。

(7) 保存功能:能将添加、修改、删除结果保存到文本文件中。

(8) 退出功能:能退出应用程序;对于多级菜单,子菜单能返回主菜单。

习 题

一、选择题

1. 如果想使用 SqlCommand 对象对 SQL Server 数据库进行操作,应该引入(　　)命名空间。

  A. System.Data.OldeDb   B. System.Data.SqlClient

  C. System.Data.Odbc   D. System.Data.OracleClient

2. 在 ADO.NET 中进行数据库连接时利用的对象是(　　)。
   A. SQLCommand　　　　　　　　B. SQLDataAdapter
   C. SQLDataReader　　　　　　　D. SQLConnection
3. 插入、删除数据可用 SqlCommand 对象的(　　)方法。
   A. ExecuteReader　　　　　　　B. ExecuteScalar
   C. ExecuteNonQuery　　　　　　D. EndExecuteNonQuery
4. 在 ADO.NET 中,为访问 DataTable 对象从数据源提取的数据行,可使用 DataTable 对象的(　　)属性。
   A. Rows　　　　B. Columns　　　C. Constraints　　　D. DataSet
5. SQL Server 的 Windows 身份验证机制是指,当网络用户尝试连接到 SQL Server 数据库时,以下哪个说法是正确的(　　)。
   A. Windows 获取用户输入的账号和密码,并提交给 SQL Server 进行身份验证,以此决定用户的数据库访问权限
   B. SQL Server 根据用户输入的账号和密码,并提交给 Windows 进行身份验证,以此决定用户的数据库访问权限
   C. SQL Server 根据已在 Windows 网络中登录的用户的网络安全属性,对用户身份进行验证,以此决定用户的数据库访问权限
   D. 登录本地 Windows 的用户均可无限制访问 SQL Server 数据库
6. 下列哪个类型的对象是 ADO.NET 在非连接模式下处理数据内容的主要对象?(　　)
   A. Command　　B. Connection　　C. DataAdapter　　D. DataSet
7. 若将数据集中所作更改更新回数据库,应调用 SqlDataAdapter 的(　　)方法。
   A. Open　　　　B. Close　　　　C. Fill　　　　D. Update
8. 若将数据库中的数据填充到数据集,应调用 SqlDataAdapter 的(　　)方法。
   A. Open　　　　B. Close　　　　C. Fill　　　　D. Update
9. .NET 框架中的 SqlCommand 对象的 ExecuteReader 方法返回一个(　　)。
   A. SqlDataReader　B. DataSet　　C. SqlDataAdapter　D. XmlReader
10. 使用 SqlDataReader 一次可以读取(　　)条记录。
    A. 0　　　　　B. 1　　　　　C. 2　　　　　D. 3

二、填空题

请将下面的代码补充完整,以便在 dataGridView1 控件中显示查询到的数据。

```
private void Form1_Load(object sender, EventArgs e)
{
    string strCon = "Server=(local);User Id=sa;Pwd=;DataBase=db_EMS";
    SqlConnection sqlcon = new SqlConnection(strCon);
    SqlDataAdapter sqlda = new SqlDataAdapter("select * from tb_PDic",sqlcon);
    DataSet myds = new DataSet();
    sqlda.Fill(myds,"tabName");
    _____
}
```

三、简答题

1. 简述 DataSet 和 DataReader 的区别。
2. 简述 ExecuteNonQuery 和 ExecuteReader 的区别。

参 考 文 献

[1] 黄兴荣,李昌领,张廷秀,等.C♯边做边学[M].北京:清华大学出版社,2021.
[2] 曾宪权,曹玉松,鄢靖丰.C♯程序设计与开发[M].北京:清华大学出版社,2021.
[3] 罗福强,杨剑,张敏辉.C♯程序设计经典教程[M].北京:清华大学出版社,2012.
[4] 杨恒.C♯课程设计案例精编[M].2版.北京:清华大学出版社,2016.

图书资源支持

感谢您一直以来对清华版图书的支持和爱护。为了配合本书的使用,本书提供配套的资源,有需求的读者请扫描下方的"书圈"微信公众号二维码,在图书专区下载,也可以拨打电话或发送电子邮件咨询。

如果您在使用本书的过程中遇到了什么问题,或者有相关图书出版计划,也请您发邮件告诉我们,以便我们更好地为您服务。

我们的联系方式:

清华大学出版社计算机与信息分社网站:https://www.shuimushuhui.com/

地　　址:北京市海淀区双清路学研大厦 A 座 714

邮　　编:100084

电　　话:010-83470236　010-83470237

客服邮箱:2301891038@qq.com

QQ:2301891038(请写明您的单位和姓名)

资源下载:关注公众号"书圈"下载配套资源。

资源下载、样书申请

书　圈

图书案例

清华计算机学堂

观看课程直播